DROEMER

Über das Buch:
„Niemand darf einem Tier ohne vernünftigen Grund Schmerzen, Leiden oder Schäden zufügen." Trotz des Tierschutzgesetzes leiden viele der 30 Millionen Haustiere in Deutschland unter falsch verstandener Tierliebe, Unkenntnis oder fataler Vermenschlichung. Hunde und Katzen werden nach krankmachenden Schönheitsidealen gezüchtet, Pferde dem sportlichen Ehrgeiz geopfert und Kaninchen regelrecht zu Tode geküsst.

„Erst auf dem Seziertisch sehe ich, wie wir unsere besten Freunde zu Tode lieben", erklärt Tierpathologe Prof. Dr. Achim Gruber. In seinem Bestseller kritisiert er eine Haltung und Zucht, die menschliche Wünsche über das Tierwohl stellen. Aus seinem Forensik-Alltag berichtet er über die Aufklärung rätselhafter Todesfälle, kriminelle Gewalt, Killerkeime sowie den Egoismus von Haltern und fragwürdigen Züchtern.

Über den Autor:
Prof. Dr. Achim Gruber, Jahrgang 1966, ist Direktor des Instituts für Tierpathologie an der Freien Universität Berlin. Er ist Mitherausgeber und Co-Autor der beiden deutschen Standardwerke zur Tierpathologie und als einziger Tiermediziner ordentliches Mitglied der Berlin-Brandenburgischen Akademie der Wissenschaften. »Das Kuscheltierdrama« ist nach mehr als 300 Veröffentlichungen in wissenschaftlichen Fachzeitschriften sein erstes populäres Sachbuch und wurde von den Leser*innen und von der Kritik begeistert aufgenommen. Sein Buch »Geschundene Gefährten« (Droemer 2023) zeigt Irrwege in der Rassezucht und Auswege daraus, um unserer Verantwortung für Hund und Katze gerecht zu werden. Der Tierpathologe ist ein gefragter Gesprächspartner der Medien. Er ist verheiratet und Vater von drei Kindern. Zur Familie gehörten immer schon Hunde.

Achim Gruber

mit Shirley Michaela Seul

DAS KUSCHELTIER DRAMA

Ein Tierpathologe über das stille Leiden der Haustiere

Mit einem Vorwort von Michael Tsokos

Illustrationen von Linus Beckmann

DROEMER

Besuchen Sie uns im Internet:
www.droemer.de

Ein Imprint der Verlagsgruppe
Droemer Knaur GmbH & Co. KG
Landsberger Straße 346, 80687 München

Redaktion: Dr. Ulrike Strerath-Bolz
Covergestaltung: ZERO Werbeagentur, München
Coverabbildung: © FinePic / shutterstock.com
Satz: Adobe InDesign im Verlag
Printed in Germany
ISBN 978-3-426-30202-6

Kontaktadresse nach EU-Produktsicherheitsverordnung:
produktsicherheit@droemer-knaur.de

8 7 6 5 4

Die »Tiergeschichten« in diesem Buch haben sich so oder so ähnlich zugetragen. Namen und Orte wurden verändert, um Tiere und Personen zu schützen.

Wegen der überwiegenden Zahl von Frauen im tierärztlichen Beruf wird in diesem Buch die weibliche Form »Tierärztin« stets für beide Geschlechter verwendet.

Die in diesem Buch dargestellten Bewertungen sind Standpunkte des Autors und nicht unbedingt der Freien Universität Berlin.

Inhalt

Niemand darf einem Tier ohne vernünftigen Grund Schmerzen, Leiden oder Schäden zufügen.
Wer ein Tier hält, betreut oder zu betreuen hat, muss das Tier seiner Art und seinen Bedürfnissen entsprechend angemessen ernähren, pflegen und verhaltensgerecht unterbringen.

Aus § 1 und § 2, Tierschutzgesetz

Vorwort

Es ist noch keine zwei Jahre her, dass ich einen Vormittag mit Achim Gruber in dem von ihm geleiteten Institut für Tierpathologie der Freien Universität Berlin verbringen durfte.

Als Rechtsmediziner mit über zwei Jahrzehnten praktischer Erfahrung an Tatorten und in Sektions- und Gerichtssälen ist mir eigentlich nichts Skurriles und Bizarres mehr fremd, was Menschen sich und ganz besonders anderen Lebewesen antun, egal wie ungewöhnlich und schräg diese Geschichten auch sind. Das dachte ich zumindest.

Und dann wurde ich an diesem Vormittag in Berlin-Dahlem eines Besseren belehrt. Denn diesmal war nicht ich es, der spannende Geschichten aus seinem Berufsalltag erzählte und mein Gegenüber lauschte verblüfft und sprachlos, was da wohl noch alles kommen würde. Nein, diesmal war es genau andersherum. In diesem Moment war ich es, der staunend nicht genug von den Geschichten bekommen konnte, die Achim Gruber mir von seinen Begegnungen mit seinen vierbeinigen, gefiederten oder schwimmenden Patienten erzählte und von seinen Schilderungen der Untersuchung ihrer toten Körper, knöchernen Überreste oder der mikroskopischen Spuren ihrer winzig kleinen Killer.

»Tierpathologen lösen auch Kriminalfälle«, schreibt Gruber. In der Tat, forensische Fragestellungen werden auch in der Tierpathologie bearbeitet. Und das hat seine absolute Berechtigung. Das weiß ich spätestens, seit ich vor fünfundzwanzig Jahren das erste Mal, und dann immer wieder, in der Rechtsmedizin mit entsprechenden Fragestellungen konfrontiert wurde, die ich in meinen Anfangsjahren, damals noch in Hamburg, gemeinsam mit einem Hamburger Tierarzt bearbeitete:

Von wem wurde das Reh mit einem Speerwurf getötet; gibt es vielleicht DNA-Spuren des Täters am Speer? Wurde der auf einem Bahndamm gefundene verbrannte Igel mit Brandbeschleuniger übergossen und angezündet oder Opfer eines Waldbrandes in der Nähe, von wo er sich noch wegschleppte? Hätte der von einem Polizeibeamten erschossene Bullterrier den ersten Schuss in sein linkes Vorderbein überlebt, wenn der Beamte nicht noch sechs weitere Schüsse auf den Kopf des nach dem ersten Schuss schon handlungsunfähigen Tieres abgefeuert hätte? Ist der Dackel erfroren oder eines natürlichen Todes gestorben, nachdem er von seinem überdrüssigen Besitzer bei Minusgraden an einer Landstraße ausgesetzt wurde?

Dass ich als Rechtsmediziner, dessen Profession es ist, unklare oder gewaltsame Todesfälle von Menschen aufzuklären, mit der Untersuchung von Tierkadavern beauftragt wurde, basierte damals offenbar auf der Unkenntnis meiner Auftraggeber über die Profession der Tierpathologen. Tierpathologen sind speziell ausgebildet für Tierkrankheiten, vergleichende Medizin zwischen den Arten und die besonderen Gesetzesvorschriften, die für die Bewertung von Gewalt an Tieren andere Regeln bereithalten als etwa die bei Gewalt am Menschen in Deutschland angewendete Strafprozessordnung.

Achim Gruber nimmt uns mit an die Schauplätze seiner Geschichten, wir blicken ihm im Sektionssaal über die Schulter und mit ihm gemeinsam durchs Mikroskop. Ich habe bei der Lektüre dieses Buches, aus der Perspektive des Tierpathologen und -forensikers, einen ganz neuen Blickwinkel auf Abgründe in unserer Gesellschaft kennengelernt, und ich habe viele Ähnlichkeiten bei der Arbeit und Vorgehensweise von Tierpathologen und Rechtsmedizinern erkennen können.

Auch der Tierpathologe schaut bei den Fragestellungen, die er bearbeitet, wie der Rechtsmediziner, ständig über den Tellerrand seiner Profession. Gruber sezierte 2011 im Team den über die Stadtgrenzen Berlins hinaus bekannten Eisbären Knut. Drei Jahre zuvor, 2008, obduzierte ich in der Berliner Rechtsmedizin seinen Pflegevater, den Tierpfleger, der das von seiner Mutter nach der Geburt verstoßene Eisbärbaby Knut von Hand aufzog. Der Mensch und das Tier. Beide verdienen eine Klärung ihrer Todesumstände und Todesursachen.

Achim Gruber erzählte mir in seinem Institut seine tierischen Erlebnisse und Projektionen auf die menschliche Gesellschaft in einer ihm eigenen, leichten und lockeren Art, die er auch in diesem Buch anschlägt und mit der er immer den richtigen Ton findet, auch wenn es um tragische, grausame und bestürzende Details seiner bewegenden Fälle geht. Aus jedem Kapitel in diesem Buch klingt ein sehr humaner Ansatz Grubers heraus, mit den animalischen Geschichten umzugehen. Und insofern glaubt man ihm sofort, wenn er zum Schluss seines Buches reflektiert, dass die Art, wie wir mit Tieren umgehen, den Grad unserer Humanität widerspiegelt. Wobei diese Aussage ohne Abstriche für unseren Umgang mit allen Schwachen und Schwächsten unserer Gesellschaft Gültigkeit hat – nicht nur im Tierreich.

Michael Tsokos

Eröffnung

»Du, der hat da doch was.«
»Was soll der haben?«
»Doch, fühl mal. Da ist doch ein Knubbel.«
»Hm. Stimmt. Seltsam, ist mir noch gar nicht aufgefallen. Dabei kraul ich ihn jeden Tag.«
»Das fühlt sich echt komisch an. Geh mal lieber zur Tierärztin.«

Wir lieben unsere Haustiere, aber weil wir Menschen sind, machen wir Fehler im Umgang mit ihnen. Manche Begleittiere erheben wir auf die Stufe von menschlichen Gefährten, wenngleich es für ihr Wohl oft besser wäre, sie ihrer tierischen Natur entsprechend zu behandeln. Das würde auch einige Krankheiten vermeiden, unter denen Haustiere heute leiden. Denn sie sind uns anvertraut und ausgeliefert, sie sind von uns abhängig – zuweilen auch vom Geldbeutel des Halters. Wir entscheiden über sie in der Hoffnung, das Beste für sie zu wählen. Dabei wissen wir häufig nicht gleich, was das Beste ist. Manchmal machen wir den Fehler, zu glauben, was für uns gut ist, was wir mögen, gefällt auch dem Tier. Und irren dabei. An Tierliebe und guter Absicht, auch Moral, mangelt es den meisten von uns nicht, eher an Wissen und konsequentem Handeln.

Unsere Beziehung zu und unser Umgang mit Tieren sind auch Spiegel unserer Gesellschaft und stehen – heute vielleicht mehr denn je – unter dem Einfluss des Zeiten- und Kulturwandels. Unsere freie Zeit, unser Wohlstand und unsere Bedürfnisse, die in unseren zwischenmenschlichen Beziehungen nicht immer ganz erfüllt werden, haben unser Verhältnis zu unseren tierischen Freunden in den letzten Jahren und Jahrzehnten geprägt wie nie zuvor. In unserer modernen Gesellschaft haben wir für die Grundanstrengungen der Menschheit, die unsere Evolution und damit unsere Biologie und unser Verhalten bestimmten, den Autopiloten eingeschaltet. Nahrungsbeschaffung, Vermeidung von Krankheit und Schutz vor Gewalt dominieren unseren Alltag in der Regel nicht mehr. Die so verfügbar gewordene Zeit, auch wenn wir gern klagen, sie sei zu knapp, können wir mit angenehmeren Dingen verbringen: mit Kultur, Hobbys, Sport und natürlich mit unseren Tieren. Manchmal kommen sie im Alltagsstress zu kurz, manchmal erhalten sie zu viel Aufmerksamkeit. Ja, für einige Menschen sind ihre Haustiere die wichtigsten Geschöpfe auf Erden, ihre Lebensgefährten, und zuweilen sollen sie die Einsamkeit des Menschen lindern. Damit bürden wir unseren tierischen Freunden eine Last auf, weil sie ihrem Wesen nach nicht anstreben, partnerschaftlich auf gleicher Ebene mit Menschen zu leben. Partnerschaftlichkeit und Augenhöhe sind keine Generaltugenden, auch nicht im Wolfsrudel, dort geht es um Hierarchien, Beutegemeinschaft und Rollenverteilung. Hinzu kommt, dass Hund und Mensch recht unterschiedliche Vorstellungen von Höflichkeit haben. Im Umgang mit einem Hund empfiehlt sich Kürze und Klarheit – er wird uns dennoch nicht als verroht wahrnehmen. Im Gegenteil: Wenn wir ihm menschliche Verhaltensweisen entgegenbringen und im Gegenzug dieselben erwarten, säen wir Missverständnisse. Tiere sind keine Menschen – wobei sie den Platz auf dem Sofa natürlich nicht zurückweisen. Doch werden unsere Kuscheltiere zum Ersatz für fehlende Sozialpartner, so bekommt ihnen das nicht immer gut.

Als Tierpathologe bin ich auch Zeitzeuge einer Gesellschaft, in der das Spektrum von abgöttischer, oft blinder Tierliebe bis hin zur verabscheuungswürdigen Ausbeutung reicht. Als Leiter des Instituts für Tierpathologie an der Freien Universität Berlin blicke ich auf ein breites und vielfältiges Tätigkeitsfeld, und manchmal auch in Abgründe des Mensch-Tier-Verhältnisses. Von Fischen über

Vögel zu Reptilien und Panzernashörnern; ich arbeite mit Zootieren, Exoten, Versuchstieren, landwirtschaftlichen Nutztieren und natürlich Haustieren, von denen ich in diesem Buch am meisten erzählen werde.

Warum gerade Haustiere? Das lässt sich leicht erklären. Nutztiere stehen in den letzten Jahren regelmäßig im Fokus der kritischen Berichterstattung und betreffen einen wichtigen Teil der Mensch-Tier-Beziehung, die sich ständig im Wandel befindet. Unsere Heimtiere aber, mit denen wir uns täglich umgeben, leiden ebenfalls unter uns, wenn auch oft im Verborgenen. In diesem Buch geht es um die Albträume bei uns zu Hause, nicht um das Leiden in Ställen oder Versuchstierhaltungen. Niemand bricht in ein Wohnzimmer ein und filmt Haustierelend. Auf dem Sektionstisch jedoch offenbaren sich Schicksale, die oft ungewollt oder fahrlässig, manchmal aber auch bewusst und absichtlich durch Menschenhand herbeigeführt wurden – Vernachlässigung, Qualzucht, Doping und Gewalt bis hin zur Sodomie.

Und ja, Tierpathologen lösen auch Kriminalfälle. Hat der Nachbar die Katze vergiftet, oder ist sie eines natürlichen Todes gestorben? Ist beim Tod des hoch lebensversicherten Zuchthengstes nachgeholfen worden? Hat der verstorbene Welpe seine tödliche Erkrankung vom Züchter mitgebracht oder sich erst bei seinen Besitzern angesteckt? Lag ein Behandlungsfehler der Tierärztin vor? In solchen und vielen anderen Streitigkeiten werde ich von Gerichten als Gutachter bestellt.

In fast jedem zweiten deutschen Haushalt lebt ein Haustier, Tendenz deutlich steigend. Wir halten rund 34 Millionen von ihnen, darunter fast 14 Millionen Katzen und mehr als 9 Millionen (steuerlich gemeldete) Hunde. Dazu zählen auch 6 Millionen zumeist in Kinderzimmern wohnende Kleintiere wie Kaninchen, Hamster, Chinchillas und Meerschweinchen sowie gut 5 Millionen Ziervögel. Rund eine Million Pferde kommen in Freizeit und Sport zum Einsatz. Darüber hinaus tummeln sich in 4 Millionen deutschen

Aquarien, Terrarien und Teichen etwa 100 Millionen Fische und Reptilien. Alle diese Tiere stehen unter dem besonderen Schutz des Tierschutzgesetzes. Als Tierpathologe gehört es zu meinen Aufgaben, Missstände aufzudecken und Tierqualen auf die Spur zu kommen. Das ist nicht immer einfach, es erfordert manchmal auch detektivischen Spürsinn.

Aus Tieren als Subjekten der Natur haben wir über die letzten mehr als zwanzigtausend Jahre Objekte des Menschen gemacht. Tiere werden als Wirtschaftsgüter gehandelt, als Pelz getragen und verzehrt. Wilde Tiere leiden unter den Folgen der Globalisierung und des Klimawandels. Heute wie nie zuvor perfektionieren wir diese Prozesse auf allen Ebenen. Aus herrschaftlichen, freien Kreaturen wurden Untertanen. Wie heißt es in der Bibel: »Und Gott segnete sie und sprach zu ihnen: … Machet sie euch untertan und herrschet über die Fische im Meer und über die Vögel des Himmels und über alles Getier, was auf Erden kriecht.« (1. Mose 1,28) Als Zeitzeuge am Obduktionstisch bekomme ich oft in erschreckender Weise zu sehen, was das heißen kann. Das Mikroskop des Tierpathologen ist auch ein Kaleidoskop in die Mensch-Tier-Beziehung.

Wir Obertanen entscheiden über unsere Untertanen. Bekommen sie eine Wurmtablette, eine neue Hüfte, oder müssen sie mit der alten kriechen, kriegen sie Zahnbehandlung, eine Chemotherapie oder Euthanasie? Wir schöpfen aber auch großen Wert aus diesen »Untertanen«, denn Tierhalter leben gesünder. Der Kontakt mit Haustieren wirkt sich günstig auf Blutdruck, Kreislauf und die Gemütslage aus, und wer einen Hund hält, wird sich öfter an der frischen Luft bewegen. Und Tiere halten ihr Fell für uns hin. Nicht nur auf dem Teller, in der Forschung und in Kriegen, sondern auch jeden Tag in unseren Wohnzimmern und Tierarztpraxen. Wären Tiere und Menschen wirklich gleichberechtigt, wie manche Tierrechtler fordern, müssten Tiere ganz anders behandelt werden.

Auch ich wünsche mir einen fairen Umgang mit unseren tierischen Freunden, doch dieser kennzeichnet ein Dilemma. Unsere heutige Gesellschaft bejaht das Leid der Tiere zum Nutzen der Menschen. Das Paradoxe ist, dass wir zwar Krankheiten bei Tieren heilen, dass wir Tiere aber oft auch krank machen, indem wir ihnen Gutes tun wollen oder nur an unser eigenes Wohl denken, indem wir uns Menschen als Krone der Schöpfung sehen. Während wir uns selbst in mancher Beziehung dem Status von Göttern annähern, erheben wir Tiere in den Menschenstand und fügen ihnen damit Leid zu. Der Untertan wird dann zum Obertan und sitzt neben Frauchen auf dem Sofa, bestimmt den Tagesablauf und teilt des Nachts das Bett – wenn auch heimlich. Denn wer gibt so was schon zu? Hunde gehören nicht in Menschenbetten, zumindest in der Theorie.

Manches »tierunliebe« Verhalten mag zwingend notwendig sein, anderes geschieht vielleicht nur aus Gewohnheit und vieles aus Unwissenheit. Aus Unwissenheit tun Menschen Tieren auch Schreckliches an. Manchmal, wenn ich an meinem Mikroskop sitze und schlechte Nachrichten für Patienten und Besitzer erspähe, frage ich mich, wie man dieses Leid durch frühzeitige Aufklärung hätte vermeiden können. Unwissenheit möchte ich, so gut ich kann, mit diesem Buch beseitigen und Ihnen den einen oder anderen Tipp an die Hand geben, wie Sie jeden Tag und besonders im Krankheitsfall mit Ihrem Tier fair, artgerecht und zum Wohle aller Beteiligten umgehen können.

Im Folgenden schildere ich beispielhafte Einzelschicksale meiner tierischen Helden. Aus der Perspektive des Pathologen mit Sezierbesteck und Mikroskop blicke ich auch auf die Hintergründe des Umgangs mit den Tieren, die wir als Haustiere in unsere Familien aufgenommen haben. Drei separate Themenbereiche spiegeln aus verschiedenen Blickwinkeln die dynamischen Veränderungen dieser Mensch-Haustier-Beziehung über die letzten Jahrzehnte.

Zunächst werden tierische Kriminalfälle dokumentiert, die ich als forensischer, also gerichtsmedizinischer Gutachter begleiten durfte. Das Spektrum reicht von mysteriösen Todesfällen über brutale Tierquälereien bis hin zu Kannibalismus, Mord und Totschlag.

Darauffolgend rücken uns Infektionskrankheiten auf den Pelz, die durch die immer engeren Kontakte zwischen Tier und Mensch zwischen den Arten übertragen werden. Manche tierischen Erreger befallen uns Menschen, und nicht weniger Killerkeime halten wir selbst für unsere Heimtiere bereit. Durch Globalisierung und Klimawandel importieren wir zusätzlich neue und tödliche Infektionen aus den entlegensten Regionen der Erde in unsere Wohn- und Kinderzimmer. Wie wir uns davor schützen können – auch das ist Thema dieses Buches, in dem es mir um das Tier- wie um das Menschenwohl geht.

Abschließend melden sich Opfer von falsch verstandener Züchtung zu Wort. Denn wir formen unsere Kuscheltiere, wie es uns gefällt, und übersehen das Leid, das wir ihnen damit antun – Liebe, die weh tut. Unsere Weste ist in Bezug auf unsere gezüchteten Familienmitglieder nicht so rein, wie wir es uns gern einreden. Hierfür möchte ich sensibilisieren, auch mit den Abbildungen im Bildtafelteil.

Jeder kann in seinem Umgang mit Tieren, oft auch im Umgang mit dem scheinbar vertrauten Haustier, noch etwas besser machen. Für das Tier und damit irgendwie auch für uns, denn geht es dem Tier gut, freut sich der Mensch. Sie tun uns so gut, diese befellten oder geflügelten oder beflossten Geschöpfe! Obwohl sie scheinbar Zeit kosten in ihrer Hege und Pflege, schenken sie uns Zeit, weil die mit ihnen verbrachten Minuten und Stunden aus der Zeit fallen. Jeder Tierfreund kennt das. Man hat nichts gemacht, außer mit dem Hund, der Katze gespielt, das Pferd gestriegelt, die Fische beobachtet – und fühlt sich entspannt, bereichert, aufgetankt. Dieses Buch soll dazu beitragen, dass dies immer wieder sorglos geschehen kann.

Auf der Fährte des Tierpathologen

Wenn ein lieb gewonnenes Tier erkrankt, leiden wir mit ihm. Leiden wir dann wie das Tier oder wie ein Mensch? Leidet das Tier womöglich ohnehin genau wie ein Mensch? Und was ist mit den Wildtieren, die nicht in der Obhut eines Menschen stehen? Leiden sie weniger, wie oft behauptet wird? Oder nur unbemerkt? Sind unsere Haustiere etwa verweichlicht wie wir, degeneriert und naturentfremdet?

Trotz aller Forschung wissen wir nicht, wie Tiere Schmerz empfinden und ob sie anders damit umgehen als Menschen. Wir können lediglich jene Signale lesen, die wir mit unseren menscheneigenen Sinnen empfangen, und das sind nicht allzu viele, wie wir heute wissen. Verzieht jemand das Gesicht schmerzlich, tut ihm etwas weh, und wenn er Aua sagt oder vor Pein weint, sind wir sicher. Tiere sagen nicht Aua. Aber verbergen sie ihren Schmerz tatsächlich, um ihre Fraßfeinde nicht aufmerksam zu machen oder nicht vom Rudel verstoßen zu werden? Trotz aller Nähe tappen wir, was die Emotionen unserer tierischen Freunde betrifft, oft im Dunkeln.

»Aber ich spür doch, was mit meinem Tier los ist«, sagen viele Tierfreunde. Auch ich spüre im Umgang mit unseren tierischen Familienmitgliedern etwas. Doch als Wissenschaftler verlasse ich mich nicht aufs Spüren. Ich will *wissen,* um dann besser im Interesse des Tieres handeln zu können. Deshalb schaue ich durchs Mikroskop, und was ich dort erkenne, übersetzt das Befinden und Leid der Tiere präziser als mein vages Gespür. Meine mächtigste Waffe der Erkenntnis ist das Mikroskop, denn jede Krankheit hinterlässt ihren Fingerabdruck im Gewebe. Pathologen sind Spurensucher. Eine Tierärztin mag vermuten, bei einem Knötchen könnte es sich um Krebs handeln, und eine Gewebeprobe einschicken.

Der Blick durch das Mikroskop auf die Biopsie des Knötchens verrät mir, ob es wirklich Krebs ist und wenn ja, welcher. Die rechtzeitige pathologische Diagnose ist eine Abkürzung; sie versetzt uns in die Lage, viel Leid, Aufwand und Kosten zu ersparen, und nicht selten ist sie lebensrettend. Nach der Diagnose des Tierpathologen schlägt die Tierärztin dem Tierhalter ein Maßnahmenspektrum mit möglichen Vorgehensweisen vor und kann Aussagen über den damit verbundenen Aufwand und die Kosten machen. Vor allem aber über die unterschiedlichen Konsequenzen, also Prognosen, für das Tier. Die Prognose ist der Blick in die Zukunft, die Glaskugel des Pathologen. Der Halter wägt schließlich ab und entscheidet, je nach seinen Möglichkeiten, moralischer Einstellung und Geldbeutel.

Leider erfolgen Biopsieuntersuchungen beim Pathologen oft erst nach einem regelrechten Tierarzt-Hopping, nicht selten mit viel Kummer, Ängsten, Frustration und Kosten, und dann ist es manchmal leider zu spät. Knötchen können völlig harmlos sein. Sie können aber auch wachsen, sich ausbreiten und eine Operation erfordern. Je mehr Zeit ein Tumor für sein Wachstum erhält, desto höher wird das Risiko eines schlechten Ausgangs für den Patienten. Das ist bei Menschen nicht anders. Deshalb wundere ich mich oft, warum Besitzer ihre Kaninchen, Katzen oder Hunde erst bei der Tierärztin vorstellen, wenn Tumoren bereits golf-, tennis- oder handballgroß sind. Ob die Operation klein, mit schmalen Rändern und Bikininarbe endet oder viel benachbartes Fleisch weggeschnitten werden muss, hängt wesentlich von der Diagnose des Pathologen ab. Ist der Tumor gutartig und oberflächlich, ist er in der Tiefe verwurzelt oder besteht das Risiko einer Metastasierung in andere Organe? Vielleicht muss auch ein Bein amputiert werden. Mit einer solchen Maßnahme stößt ein Tierhalter mancherorts auf wenig Verständnis. *Ist doch nur ein Tier. Warum lässt du es nicht einschläfern?* Nach meiner Erfahrung leiden Nachbarn und verständnislose Beobachter viel mehr unter einer Amputation als das betroffene Tier selbst und sein Besitzer.

Hat der Patient wirklich Glück gehabt, weil er noch am Leben ist, wenn auch auf drei Beinen? Wie ein Tierhalter mit einem Befund umgeht, reflektiert sein eigenes Mensch-Tier-Verhältnis. Das Tier, der Patient, um den sich alles dreht, hat kein Stimmrecht. Es muss schlucken, wofür sich Tierärztin, Frauchen und Herrchen entscheiden. Und auch seine Lebensumstände muss ein Tier hinnehmen. Es kann Glück haben oder Pech.

In den letzten Jahren hat die Medizin rasante Fortschritte gemacht. Die Verfahren zur Identifizierung des genetischen Codes und veränderter Moleküle bei Krankheit werden immer schneller und immer bezahlbarer. Wir wissen heute, dass Krebs nicht gleich Krebs ist. Wir können Hunderte von Arten unterscheiden, an denen wir erkranken können. Die Erkenntnisse der Humanmedizin schwappen mit einiger Verzögerung auch in die Tiermedizin, wo wir zunehmend ähnlich differenzieren. Man spricht beim Menschen von personalisierter Medizin oder Präzisionsmedizin, wenn der individuelle Patient mit seiner ihm ganz eigenen Krankheit diagnostiziert und therapiert wird. Medizinverständnis bis auf Molekülebene, modernste Diagnostik und innovative Medikamente haben zu vielen segensreichen Durchbrüchen in der Therapie beim Menschen geführt, und die Entwicklung schreitet auf allen Ebenen voran. Personalisierte Medizin und Präzisionsmedizin lösen grobes Schubladendenken ab und verbessern die Heilungschancen wesentlich, besonders auch bei früher tödlichen Krebserkrankungen. Die personalisierte Tiermedizin dagegen steckt noch in den Welpenschuhen, auch wenn der Trend dahin deutlich zu erkennen ist. Die Methoden dafür sind vorhanden oder können etabliert werden. In welchem Ausmaß allerdings Präzisionsmedizin auch für Tiere auf breiter Front bezahlbar wird und der Ethik der Patientenbesitzer entspricht, wird erst die Zukunft zeigen.

Ein kurzer Blick auf die Tierpathologie

Die Tiermedizin blickt auf eine lange Tradition zurück, wenngleich Tiere über viele Jahrhunderte nicht operiert wurden, um ihnen zu helfen, sondern obduziert, um die Neugier des Menschen zu befriedigen. Damals hatten Tiere noch keine Seele. Ob sie ihnen in den letzten Jahrzehnten gewachsen ist? Oder ob der Mensch gereift ist und nun den Tieren eine Seele zugesteht?

Über die längste Zeit unserer Geschichte wurden Tierkörper eröffnet, um Erkenntnisse über Anatomie, Physiologie und Krankheiten des Menschen zu erhalten. Der menschliche Körper, besonders der von Verstorbenen, war aus moralischen Gründen tabu für solche Eingriffe. Da es sich ja »nur« um Tiere handelte, die damals ganz offenbar keiner auch nur annähernd vergleichbaren Ethik unterlagen, schreckte man nicht vor Vivisektionen zurück, also Eingriffen an lebenden Tieren, sehr wahrscheinlich ohne jede Betäubung. Es liegen historische Schilderungen aus 450 v. Chr. vor, wie etwa lebenden Hunden die Sehnerven durchtrennt wurden, um die Folgen auf das Augenlicht zu studieren. An lebenden Schweinen wurde das schlagende Herz untersucht. Galenos von Pergamon, der berühmte griechische Arzt und Anatom (129–201), zerstörte bei lebenden Hunden, Affen, Ziegen und Schweinen systematisch einzelne Organe, um deren Funktion zu studieren. Auch in der frühchristlichen Zeit galten Menschenleichen für derartige Zwecke als unantastbar. Leichenöffnungen an Tieren hingegen und die Demonstration ihrer Organe wurden im Mittelalter als Spektakel auch öffentlich gegen Zahlung eines Eintrittsgelds abgehalten. Eine angewandte Form der Tierpathologie (Pathologie = griech. für *pathos,* Leiden oder Krankheit, und *logos,* Lehre) zum Nutzen des Menschen besteht seit Jahrtausenden in der Untersuchung von Schlachttierkörpern durch Metzger und Abdecker. Die Unbedenklichkeit von für den menschlichen

Verzehr vorgesehenen Tieren und deren Organen zählt zu den elementaren Speisevorschriften verschiedener Religionen. Fleischbeschau an Schlachthöfen stellt bis heute eine unverzichtbare Anwendung tierpathologischer Expertise dar.

Eine gesellschaftliche Bedeutung pathologischer Untersuchungen für die Tiere selbst erhielten systematische Tierobduktionen erst im 18. und 19. Jahrhundert, als verheerende Seuchen unter landwirtschaftlichen Nutztieren grassierten. Die historischen Viehseuchen wie Rinderpest, Maul- und Klauenseuche, Schafpocken, Lungenseuche und Rotz hinterlassen in den Kadavern mit bloßem Auge erkennbare charakteristische, manchmal sogar beweisende – wir nennen das dann pathognomonische – Muster an den Organen. Tollwut und viele andere Erkrankungen ließen sich jedoch erst an mikroskopischen Präparaten erkrankter Gewebe nachweisen und verstehen, also deutlich nach der Erfindung des Mikroskops durch Malpighi (1628–1694) in Bologna und Leeuwenhoek (1632–1723) in Delft. Die tiermedizinische und -pathologische Kunst stand im 18. und 19. Jahrhundert auch beim Militär hoch im Kurs zur Gesunderhaltung der Kavalleriepferde. In der heutigen industrialisierten Tierproduktion, besonders auch bei der Erkennung eingeschleppter oder neu entstandener Infektionskrankheiten, sind die Tierpathologen der in Deutschland flächendeckend existierenden Veterinäruntersuchungsämter unverzichtbar, mit ihrem bloßen Auge, mit Mikroskop und vielen Spezialtechniken. Die Pathologie der Heimtiere war die längste Zeit der Geschichte hingegen völlig unbedeutend; erst in den letzten Jahren kümmern sich mehr Tierpathologen um Heimtiere als um Nutztiere.

Eine Redewendung besagt: Pathologen haben keine Freunde. Denn Pathologen überbringen schlechte Nachrichten. Immer wieder kommt es vor, dass Pharmakonzerne Millionen in die Entwicklung eines neuen Medikaments investieren, bis ein Pathologe das hoffnungsvolle Produkt beerdigt, weil es unerwünschte Nebenwirkungen entfaltet. Nein, so jemand macht sich keine Freunde. Doch die Pathologie ist eine Wissenschaft für das Leben. Wir erforschen Krankheiten, um den Kranken zu helfen und die Gesunden davor zu bewahren. Im Gegensatz zur Annahme, dass Pathologen lediglich Tote untersuchen, beschäftigen wir uns viel öfter – und lieber – mit lebenden Tieren. Die toten Tiere machen nur einen kleinen Teil der Arbeit aus. Meistens kümmere ich mich darum, dass die Lebendigen weiter am Leben bleiben, und dabei geht es um die Tiere, aber manchmal auch um die Menschen in ihrem Umfeld.

Die kleine Sarah ist schwer krank, und niemand findet heraus, was dem Kind fehlt. Und nun ist auch noch ihr Wellensittich gestorben. Das arme Mädchen. Kaum eine Tierärztin würde wegen eines toten Wellensittichs den Tierpathologen hinzuziehen. Doch als sie von der Erkrankung des Mädchens erfährt, bekommt sie Elefantenohren: Verrät der tote Wellensittich dem Tierpathologen, woran Sarah erkrankt ist? Es gibt nicht wenige Tierkrankheiten, die auf Menschen übertragen werden können. Und umgekehrt. Deshalb sollten Menschen mit Lippenherpes beispielsweise keine Kaninchen oder Chinchillas küssen. Es wäre ein Todeskuss.

Unsere Expertisen betreffen nicht nur offensichtliche Krankheiten, sondern auch Verhaltensauffälligkeiten. Ein aggressiver Hund soll eingeschläfert werden. Was aber, wenn seinem aggressiven Verhalten eine organische Ursache zugrunde liegt? Hatte der Fuchs, der die Gans stahl und danach den Jäger biss, Tollwut oder einen Gehirntumor? Was wirklich dahintersteckt, entlarvt der Pathologe.

In der Praxis

Manchmal werde ich gefragt, ob ich schon als Kind aus Neugier gern tote Vögel und Regenwürmer seziert hätte. Die Antwort lautet: Nein. Meine Begeisterung galt stets den lebenden Tieren. Sie begleiten mich, meinen Eltern sei Dank, seit ich auf der Welt bin. Bei uns zu Hause gab es immer einen Hund, außerdem Schildkröten, Kaninchen, Wellensittiche, Nymphensittiche, Kanarienvögel. Bevor ich zum Gymnasium ging, war ich schon Aquarianer mit einer Handvoll Amazonasfischen. Gemeinsam mit meinen Geschwistern schaute ich unseren Mäuschen beim Tanzen zu. Diese Tanzmäuse waren damals »in«: possierliche, schwarz-weiße Tierchen, die sich den ganzen Tag im Kreis drehten und nur zum Schlafen und Fressen still hielten. Wie putzig. Nein, nicht putzig, wie ich heute weiß. Diese armen Kreaturen mussten tanzen, weil sie an einem Gendefekt litten. Auch der sogenannte Dancing Dobermann ist kein vierbeiniges Fred-Astaire-Talent, sondern ein Opfer von Züchtung. Seine Halter ahnen das vielleicht nicht. Man lacht, man führt ihn vor. Wie die Bodenpurzler-Tauben. Sie können kaum noch fliegen und nicht mehr richtig laufen, ihre reingezüchteten Bewegungsdefekte erquicken dennoch das Herz ihrer Züchter. Damals kümmerte das niemanden.

Als Schuljunge hatte ich genug Zeit für unsere Tiere; damals hatten Kinder ja allgemein viel Muße, ihren Interessen nachzugehen. Unser Langhaardackel Nicki lag mir besonders am Herzen. Oft streifte ich mit ihr durch Wald und Feld, und wenn ich mal groß sein würde, wollte ich Tierarzt werden. In der Pubertät war Nicki meine engste Vertraute. Mit ihr sinnierte ich über die wichtigen Themen und auch über meine erste Fünf in Latein. Und danach war die Welt wieder im Lot.

Die starke Prägung durch Tiere in meinem Umfeld und meine Faszination für das Spannungsfeld Mensch – Natur – Technik führten mich zum Studium der Tiermedizin in Hannover. Als Student arbeitete ich in Heimtierpraxen mit und verbrachte viel Zeit in der Kleintierklinik der Universität. So bereitete ich mich geradlinig auf meine eigene Praxis als Kleintierarzt vor. Die meisten Tierärzte spezialisieren sich: auf Kleintiere – Hund und kleiner –, Pferde oder landwirtschaftliche Nutztiere.

Die Tätigkeit in den Tierarztpraxen befriedigte mich aber nicht, denn sie ließ mir zu viele Fragen offen. Tiere erfolgreich zu behandeln war ein tolles Gefühl, doch das reichte mir nicht, wenn ich mir unklar darüber war, woran die Tiere wirklich litten und warum. Manche wurden gesund, andere nicht. Woran lag das? Ein Hund mit Durchfall wurde mir vorgestellt, ich verordnete ein Medikament, zwei Tage später war der Durchfall weg, die Halterin bedankte sich überschwänglich mit einer Flasche Wein. Das war mir unangenehm, denn ich wusste nicht, ob meine Therapie geholfen hatte oder ob der Hund auch ohne das Medikament gesund geworden wäre. Mein Lehrtierarzt meinte, ich solle mich an der Flasche Wein als Bestätigung meiner Arbeit freuen – gesundes Tier *und* glückliche Patientenbesitzerin, was will man mehr? Ja, das war in gewisser Weise das Ziel, doch ich hätte meinen Patienten manchmal gern besser geholfen, also gezielt, denn es gab ja auch schwierigere Fälle als Wald-und-Wiesen-Durchfall. Und natürlich wollte meine Forscherseele mehr wissen. Letztlich war ich für die Praxis einfach zu neugierig. So entschloss ich mich konsequent für die Tierpathologie, um den offenen Fragen auf den Grund gehen zu können.

Unsere zweibeinigen Kollegen, so nenne ich die Humanpathologen gern mit einem interdisziplinären Augenzwinkern, haben es nur mit einer einzigen Spezies zu tun, während bei meinen vierbeinigen Kollegen und mir gerade die vergleichende Pathologie, die Würdigung von Unterschieden zwischen den Arten, im Vordergrund steht. Unterschiede nicht nur in der Anatomie, dem Verhalten und den Körperfunktionen, viel mehr noch in den

Krankheiten und Todesursachen. Ein kleiner Hund mag von Weitem aussehen wie eine Katze, er ist aber keine. Ein Hund kann an Krankheiten leiden, die bei einer Katze niemals auftreten würden – Staupe zum Beispiel. Tierärzte und Tierpathologen müssen prinzipiell alle Krankheiten aller Tiere kennen, ob Ratte oder Nilpferd. Nicht selten hilft auch der Blick über den Tellerrand auf die Krankheiten des Menschen, denn der Mensch ist für uns lediglich eine weitere Spezies. Diese tierartlich-vergleichende Perspektive hilft uns immer wieder bei scheinbar neuen Krankheiten oder besonders schwierigen oder seltenen Fällen. So war es neulich bei einem Hund, der uns nach seiner Euthanasie mit rätselhaftem Krankheitsbild zur Untersuchung gebracht wurde. Der Kopf des noch jungen Labradorwelpen war immer größer geworden, und keine Tierärztin wusste Rat. Erst hatte man es für einen Wespenstich gehalten, aber als der Schädel gigantische Ausmaße annahm, der Arme durch Gebissentstellung nicht mehr fressen konnte und auch das verzweifelte Tierarzthopping nicht half, entschied man sich für den letzten Weg (siehe Bildtafelteil, Abb. 1).

Den Patientenbesitzern ließ das unerklärliche Schicksal ihres jungen Hundes keine Ruhe. Hatten sie selbst vielleicht etwas falsch gemacht? Gab es eine Gefahrenquelle in ihrer Umgebung? Sie baten mich um Klärung der Todesursache, weil sie sich in absehbarer Zukunft wieder einen Hund anschaffen und einen möglichen Fehler vermeiden wollten. Der Obduktionsbefund erinnerte mich sofort an die Großkopfkrankheit der Pferde, und so fanden wir den Grund schnell und die Patientenbesitzer konnten trotz ihrer Trauer aufatmen: Es handelte sich um eine beim Junghund nur sehr selten vorkommende Entwicklungsstörung der Knochen als Zeichen einer schleichenden Phosphatvergiftung. Bei diesem Welpen war eine Nierenmissbildung die Ursache, fahrlässiges Verhalten oder gar eine Schuld der Besitzer waren auszuschließen. Auch bestand keine Gefahr für einen neuen Hund. Bei Pferden dagegen liegt oft ein Fütterungsfehler vor, also ein leicht abstellbarer Irrtum des Halters. Leicht abstellbar, wenn man die Zusammenhänge kennt.

Die Krankheiten der Tiere mit ihren oft entscheidenden Unterschieden zwischen den Spezies stellen die Kernkompetenz allein des Tierpathologen dar. Menschenpathologen – dies muss hier einmal betont werden – sind weder für Tierkrankheiten noch für Speziesunterschiede ausgebildet. Leider werde ich vereinzelt um eine Zweitmeinung gebeten bei fraglichen Diagnosen, die von zweibeinigen Pathologen zu vierbeinigen Gewebeproben gestellt wurden, oft mit fatalen Fehleinschätzungen, teils auch mit tödlichen Konsequenzen für die betroffenen Tiere. Dabei handelt es sich auch um ein förmliches Übernahmevergehen nach den Kammergesetzen. Andersherum weise ich Untersuchungen von Menschenproben zurück, die von Tierärztinnen schon mal von sich selbst, ihren Familienmitgliedern oder Freunden entnommen und mir anvertraut werden, weil sie meine tierischen Kompetenzen schätzen.

Aufschneider

Der Beruf des Tierarztes wird mit Augenzwinkern als der zweitälteste Beruf der Welt bezeichnet, weil Menschen mit Tieren schon sehr lange zusammenleben. Aufgrund gemeinsamer Bestattungsfunde von Menschen mit Hunden vor etwa 14 000 Jahren datiert man erste Domestikationen in mindestens diesen Zeitraum, andere Schätzungen gehen von weit über 20 000 Jahren aus. Da zu diesem Zeitpunkt auch die ersten Tiere in Menschenobhut gestorben sind, postuliere ich die Tierpathologie als drittältesten Beruf der Welt.

Der Ausbildungsweg zum Beruf des Tierpathologen ist lang. Das ist leicht erklärbar durch die große Stofffülle und den hohen

Anspruch, prinzipiell über alle Krankheiten der Tiere Bescheid zu wissen. Von meinen Studierenden verlange ich: »Sie müssen alle wichtigen und häufigen Krankheiten der bei uns lebenden Tiere kennen, plus solche Krankheiten, die sozusagen vor der Tür stehen, wie Seuchen, die leicht eingeschleppt werden können, plus Tierkrankheiten, die auf den Menschen übertragen werden können und umgekehrt.« Damit ist der theoretische Anspruch umrissen. Zugegeben, ich selbst kenne auch nicht alle Blutgefäßparasitosen in Afrika. Aber das verrate ich niemandem.

Nach dem Tiermedizinstudium erfolgt eine Fachtierarztausbildung an einer der dafür zugelassenen Ausbildungsstellen, die ein möglichst breites Spektrum an Tierarten und Krankheiten bieten soll. Die Mindestdauer zum »Fachtierarzt für Pathologie« zählt mit fünf Jahren im Anschluss an das fünfeinhalbjährige Studium der Tiermedizin zu den längsten Spezialisierungen. Die Promotion zum Dr. med. vet. wird in der Regel darin abgeschlossen. Heute arbeiten in Deutschland etwa zweihundertfünfzig Fachtierärzte für Pathologie in Diagnostiklaboren, der Tierseuchenbekämpfung, Industrie, Forschung, an den Universitäten und ganz wenige auch als niedergelassene Tierpathologen.

»Wie können Sie als Tierfreund einen Beruf wählen, in dem man Tiere aufschneidet?«, werde ich gelegentlich gefragt. Ja, als »Aufschneider« werden Pathologen manchmal bezeichnet, es gibt sogar einen Film dieses Titels über meine zweibeinigen Kollegen. Aber um den lebenden Tieren und auch ihren Besitzern zu helfen, müssen wir zwangsläufig für den Laien völlig unzumutbare Tätigkeiten verrichten. Dies gilt jedoch, wenn auch in etwas milderer Form, für alle praktizierenden Tiermediziner, die in der kurativen Praxis zum Teil schlimme Anblicke aushalten müssen – entstellte Hunde nach schweren Autounfällen oder vom Pferderipper entsetzlich zugerichtete Stuten. Eine gewisse Abhärtung und sachliche Distanz sind nötig, um sich schnell auf die helfenden Handgriffe konzentrieren zu können. Zu starke eigene emotionale

Betroffenheit kann den Blick und das Urteilsvermögen trüben. Tierärzte und viel mehr noch Pathologen sind also nicht abgebrüht, sondern gehen während ihrer Ausbildung durch eine lange, versachlichende Schule, die bereits im ersten Semester mit Anatomie-Präparierkursen beginnt. Gewöhnung stellt sich ein, zumeist jedoch keine Abstumpfung. Ich selbst würde nie ein eigenes Tier oder ein Tier, das ich zu Lebzeiten gut kannte, obduzieren. Falls dies einmal wirklich nötig sein sollte, würde ich Kollegen bitten und Distanz wahren. Umso mehr erstaunt es mich, wenn Studierende ab und zu ihre eigenen verstorbenen Lieblinge vorbeibringen und selbst bei uns obduzieren wollen, aus Neugier und mit unserer Hilfe. Auch hier erfahre ich immer wieder, wie unterschiedlich das Verhältnis von Menschen zu ihren Tieren sein kann und dass Tierliebe viele Gesichter hat.

Erweiterte Euthanasie

Der Leichnam eines vierundsiebzigjährigen Mannes wurde in einem Waldstück von Spaziergängern gefunden. Genauer gesagt: vom Hund eines Spaziergängers. Neben dem Leichnam lag ein Kadaver. Tote Menschen heißen Leichen, tote Tiere heißen Kadaver.

Die Umstände des Geschehens erschienen mysteriös. Die Staatsanwaltschaft beauftragte Humanforensiker, den Leichnam zu untersuchen, und wir Tierforensiker sollten uns dem Hund widmen. Zunächst war noch nicht erwiesen, ob es sich bei dem Tod des Mannes um Selbstmord handelte, eine Fremdeinwirkung mit Todesfolge für beide war ebenso vorstellbar. Auch suchte man nach dem Motiv für den Fall einer Selbsttötung. Konnten Hund und Mann oder nur der Mann, nur der Hund krank gewesen sein, und der Hundehalter wollte den Hund erlösen oder sich selbst töten und den Hund nicht zurücklassen, denn wer würde sich um ihn kümmern? Bei einem Menschen, der andere in den Tod »mitnimmt«, spricht man von einem erweiterten Suizid. Dieser kann auch mit Zustimmung der mitgenommenen Person erfolgen. Ein

Tier kann nicht zustimmen. Auch bei der Euthanasie ist es seinem Halter ausgeliefert. Er bestimmt über Leben und Tod – üblicherweise nach tierärztlicher Beratung und unter Berücksichtigung des Tierschutzgesetzes. Handelte es sich hier um einen erweiterten Suizid mit dem primären Motiv der Selbsttötung und Mitnahme des Hundes, um ihn vor Umstellungen und Vernachlässigung zu schützen? Oder um eine erweiterte Euthanasie mit Mitnahme des Besitzers? Wollte er das Tier erlösen? Aber wovon? Mit dieser Fragestellung machte ich mich an die Obduktion des Hundes.

Die Schäferhündin war laut Impfpass acht Jahre alt. Die Zahnaltersbestimmung und der übrige Habitus waren damit vereinbar. Pflegezustand sehr gut. Äußere Besichtigung: Die Stirn wies ein neun Millimeter durchmessendes, kreisrundes Loch mit schwarzen, pulvrigen Schmauchspuren und einem schmalen Verbrennungsrand am Fell auf. Das Gehirn und die Schädelbasis waren vollständig fragmentiert, im Keilbein steckte ein neun mal neunzehn Millimeter großes Vollmantelgeschoss. Das Kaliber, so stellte sich wenig später heraus, stimmte mit dem Kaliber überein, das von meinen zweibeinigen Kollegen im Schädel des daneben liegenden Mannes gefunden wurde. Schwere Sickerblutungen fanden sich im angrenzenden Gewebe, durch die Trümmerfraktur des Keilbeins hindurch war geronnenes Blut auch im Rachenraum nachweisbar. Als Todesursache stand damit schnell ein Nahschuss fest, wahrscheinlich aus einer Pistole mit diesem Kaliber.

Die weitere Sektion lieferte jedoch zusätzliche Befunde von erheblicher Bedeutung: Bereits bei der äußeren Besichtigung fielen zwei jeweils etwa sechsundzwanzig Zentimeter lange Narben über den beiden vollständig fehlenden Milchleisten auf, etwa zwei bis drei Monate alt mit bereits fest verwachsenen Wundrändern, Nahtmaterial nicht nachweisbar. Die gesamte Milchdrüse und beide Leistenlymphknoten waren chirurgisch entfernt worden. Die Untersuchung der inneren Organe folgte dem Standardobduktionsgang für Hunde. Hauptbefund war eine über achtzigprozentige Durchwachsung der Lunge mit Metastasen eines Adenokarzinoms (Drüsenkrebs), das an den Krebsnabeln eindeutig erkannt werden konnte. Ähnliche Metastasen fanden sich in geringerer Zahl in der Leber, Milz, im Bauch- und Brustfell sowie im Markraum mehrerer langer Röhrenknochen. Die inneren Darmbeinlymphknoten und die Lungenlymphknoten wiesen bereits makroskopisch erkennbare Tumormetastasen auf. Der Magen war sehr gut gefüllt mit nur wenig zerkauten Wurststücken. Eine typische Henkersmahlzeit, die wir in dieser Form öfter sehen. Die mikroskopische Untersuchung identifizierte ein metastatisches Schauergeschehen in praktisch allen untersuchten Organen, wobei das Muster der Tumorzellen auf ein hochmalignes Adenokarzinom des Milchdrüsenepithels hinwies. Die Zerstörung der Lunge war so weit vorgeschritten, dass die Hündin sehr wahrscheinlich bereits unter schwerer Atemnot litt, zumindest bei Belastung. Metastasierender Milchdrüsenkrebs im Endstadium, ohne nachweisbare Milchdrüse.

Jeder dritte Hund stirbt infolge von Krebs, ganz ähnlich wie bei uns Menschen. Die Ursache bleibt auch bei unseren vierbeinigen Begleitern oft im Dunkeln. Manche Auslöser jedoch teilen sie mit uns, zum Beispiel das Passivrauchen. Wenn Frauchen oder Herrchen regelmäßig zur Zigarette greifen, erhöhen sie auch das Krebsrisiko ihres Tieres, oft ohne schlechtes Gewissen. Das Leiden kann schrecklich sein, doch bei Tieren bestimmen wir mit hoffentlich gutem Gewissen, wann die Zeit für eine möglichst schmerzfreie Erlösung gekommen ist. Ich stellte die Hypothese auf, dass der Besitzer seine Hündin mit seiner Pistole quasi euthanasiert hatte, um ihren Qualen ein Ende zu bereiten. Die offenbar kurz zuvor erfolgte Entfernung des Primärtumors in der Milchdrüse mit radikaler Mastektomie (Totaloperation) einschließlich Entfernung der Lymphknoten war zu spät erfolgt, der Tumor hatte bereits vor der OP in den Körper gestreut.

Tragisch an diesem Fall war, dass viele Arten von Brustkrebs bei Hunden, hier Milchdrüsenkrebs genannt, langsam entstehen.

Es dauert, bis der Krebs bösartig wird, und es dauert noch einmal eine Weile, ehe er metastasiert. Das Muster des hier angetroffenen Adenokarzinoms entsprach einer Krebsart, die erst über sehr viele Monate bis Jahre bösartig wird. Wahrscheinlich wäre genug Zeit für eine Operation gewesen, mit hoher Heilungschance. Sobald Metastasen in die Lunge oder andere innere Organe gestreut haben, gibt es jedoch keine Hoffnung mehr. Viele Tumorarten wachsen zunächst langsam und streuen erst spät. Bei ihnen kann durch frühe Erkennung und frühes Eingreifen ein schlimmes Ende verhindert werden. Beim Tier wie beim Menschen, ähnlich einigen Brustkrebsarten der Frau oder Karzinomen von Prostata und Dickdarm.

Ich schätzte anhand der mikroskopischen Befunde aus dem Narbenbereich, dass die Operation der Schäferhündin vor etwa acht Wochen erfolgt war. Die Hündin musste in ihren letzten Lebenswochen und -tagen stark gehustet haben. Ein solcher Hundehusten klingt furchtbar. Sie muss am Ende sehr schwach gewesen sein. Womöglich hatte die Tierärztin die Hündin geröntgt und dem Besitzer dann das Todesurteil mitgeteilt: Infaust – eine schlechte Prognose, Chemotherapie oder Bestrahlung ausgeschlossen, Heilung unmöglich.

»Warum sind Sie denn nicht früher gekommen?«, hat er dann vermutlich gefragt.

Vierundsiebzig Jahre alt der Hundehalter. Vielleicht selbst krank oder die Frau gestorben, vielleicht an Krebs, die Kinder weit weg, wenn er welche hatte. Geblieben ist ihm allein seine Hella. Und jetzt würde er sie auch noch verlieren. Dann hätte er niemanden mehr. Ohne Hella, das will er sich nicht mal vorstellen. Mit wem soll er dann noch reden? Wer würde ihm zuhören? Wer würde sich über ihn freuen? Ihm die Füße wärmen? Wer würde ihn anschauen? Und wer würde einfach da sein, an seiner Seite atmen, Tag und Nacht?

Ohne Hella will ich auch nicht mehr.

So etwas geht mir schon einmal durch den Kopf, wenn ich mehr als nur ein paar Knochenreste auf dem Obduktionstisch vor mir habe. Viele Menschen machen sich Vorwürfe, weil sie nicht rechtzeitig zum Tierarzt gegangen sind. Wenn ein Tier stirbt, das hätte gerettet werden können, ist das oft nur schwer zu verkraften. Oder wenn ein Bein amputiert werden muss, weil der Tumor bereits ein Gelenk zerstört hat, nachdem der Besitzer zu spät zur Tierärztin ging. Meistens kommuniziere ich mit Tierärzten, doch hin und wieder ruft mich auch ein Patientenbesitzer an und will wissen: »Herr Professor, hätte ich denn noch etwas tun können?«

Die Wahrheit wäre in vielen Fällen: ja. Ja, er hätte etwas tun können. Er hätte früh genug zur Tierärztin gehen können, und die Tierärztin hätte frühzeitig eine Gewebeprobe schicken sollen, dann hätte es eine reelle Chance gegeben. Hätte, hätte, Fahrradkette. Aber soll ich einem trauernden Menschen jetzt auch noch Schuld aufbürden?

»Wie alt ist er denn geworden?«, frage ich dann, und wenn ich Glück habe, erreichte der Hund den zweistelligen Bereich. Dann kann ich sagen: »Das ist doch ein schönes Alter. Und bestimmt hat er es gut gehabt bei Ihnen. Mehr können Sie von einem Tierleben nicht erwarten.«

»Da können Sie sicher sein, Herr Professor, dass er es gut bei mir hatte.«

»Ja, das glaube ich. Und es ist nun einmal so: An irgendetwas sterben unsere Hunde im Alter.«

Wenn Tier und Mensch Tisch und Bett teilen

Die Vereinsamung nicht nur älterer Menschen ist ein großes und erschreckendes Thema unserer Zeit. Für immer mehr Menschen sind ihre Haustiere die einzigen Ansprechpartner. Und so werden Wellensittiche, Graupapageien, Hunde und Katzen in den Stand von Sozialpartnern erhoben. Sie sollen die Leere füllen, trösten, das Herz wärmen, die weggezogenen Kinder oder den verstorbenen Partner ersetzen und dem Leben einen Sinn geben. Wenn man für ein Tier sorgt, hat man eine Aufgabe. Früher war man für andere Menschen da. Nun wird das Tier zum Lebenspartner auf Augenhöhe.

Über dieses Phänomen der »aus der Art schlagenden« Mensch-Tier-Beziehung lässt sich vieles sagen, gerade auch in Bezug auf die Tierrechte, die beschädigt werden, wenn das Tier kein Tier mehr sein darf. Doch ich meine, dass wir die Einsamkeit eines Menschen mit berücksichtigen müssen, wenn wir über seinen Umgang mit einem Tier urteilen. Das Phänomen ist auch nicht neu. So teilte bereits Friedrich der Große Bett und Tisch mit seinen Windspielen, und in seinen letzten Lebensjahren zog er ihre Gesellschaft der seiner Mitmenschen vor. Zu jener Zeit lächelte man über das Privileg des schrägen Königs, heute ist es bei vielen der Normalzustand.

Der bekannte Hundetrainer Martin Rütter erzählte im Fernsehen einmal von einer alten Dame, die ihre Mahlzeiten gemeinsam mit ihrem Schoßhund auf dem Tisch und von einem Teller einnehme. Ich sah die beiden gleich bildhaft vor mir, die Dame mit dem bläulich schimmernden Lockenkopf und das Hündchen mit rosa Schleifchen, jeder auf seinem Sessel, das Hündchen auf zwei Kissen mit Hundemotiv. Ein Löffel für dich, ein Löffel für mich. Als Hygieniker würde mich als Erstes interessieren, ob der Hund richtig entwurmt ist. Als Tierarzt hoffe ich, der Hund bekommt keine Zwiebeln, keine Weintrauben, keine Rosinen, keine Schokolade und vor allem keinen Süßstoff mit Xylitol, denn daran könnte er sterben. Sicherer wäre es, die Dame würde Hundedosenfutter zu sich nehmen; nicht selten ist heutiges Heimtierfutter nahrhafter und ernährungsphysiologisch sinnvoller als manches, was wir in unseren eigenen Regalen finden.

Bleibt die Frage: Darf man das? Früher wäre sie kategorisch verneint worden. Die alte Dame wäre als senil bezeichnet worden oder verkindlicht, kurz: »Die hat nicht mehr alle Tassen im

Schrank.« Heute sehen viele Menschen das anders: Warum soll sie es nicht dürfen? Wenn es ihr Freude macht. Und dem Hund nicht schadet. Und wen geht das überhaupt etwas an? Genau so hat auch Herr Rütter argumentiert.

Nun, es geht auch den Tierschutz etwas an. Ist das noch artgerecht? Artgerechte Haltung ist die Pflicht eines jeden Hundebesitzers. Nach dem Tierschutzgesetz ist jeder, der ein Tier hält, nicht nur verpflichtet, Schmerzen, Leiden und Schäden von dem Tier fernzuhalten, sondern auch, es artgerecht zu halten. Und was ist, wenn es Fiffi seit seiner Welpenzeit nicht anders kennt? Er würde sicher viel mehr leiden, wenn er plötzlich wieder wie ein Hund fressen müsste, denke ich mir. Mir sind Menschen, die Hunde am oder auf dem Tisch füttern, lieber als diejenigen, die ihre Hunde mit Steinen um den Hals lebend in den Fluss werfen. Denn ja, auch so was gibt es.

Teilen verboten

Manche Hundebesitzer teilen nicht nur Bett und Essen, sondern auch ihre Medikamente mit ihrem Liebling. Der Gedanke liegt besonders in fortgeschrittenen Jahren nicht fern, denn sowohl Menschensenioren als auch Seniorhunde leiden im Alter oft unter ähnlichen Problemen. Beide bekommen dann, zum Beispiel, Herztabletten. Was liegt näher, als auch die Pillen zu teilen? Mancher mag geneigt sein, darin Vorteile zu erkennen. Geteiltes Leid ist halbes Leid. Da Omas Herztabletten von der Versicherung bezahlt werden, könnte die Rentnerinnenkasse geschont werden, wenn Fiffi anstelle teurer eigener Tabletten einfach Omas Pillen mit nimmt. Doch hier ist das Verhängnis vorprogrammiert, denn was dem Menschen hilft, kann den Hund umbringen, und umgekehrt. Hunde und alle anderen Tiere müssen ohne Ausnahme ihre eigenen Medikamente nach tierärztlicher Verordnung bekommen. Und schon gar nicht die Hälfte von Omas Tabletten! Auch das kommt vor mit dem Risiko, dass Omas Dosis unwirksam und die für Fiffi gefährlich oder sogar tödlich ist. Oder einer hilft dem anderen aus, wenn dessen Tablettendöschen mal alle ist, falls es überhaupt zwei Dosen gibt. Natürlich gilt das nicht nur für Herzmedikamente, denn betagte Menschen und Hunde teilen viele Sorgen wie Hüfte, Knie, Rücken, Ischias, Zucker (Katzen!) und natürlich Demenz. Von der gut gemeinten Praxis des Pillenteilens muss also dringend und ausnahmslos abgeraten werden. Bitte fragen Sie erst gar nicht Ihren Arzt, Ihre Tierärztin oder Ihre Apothekerin! Bewahren Sie Ihr Tier vor der Menschwerdung, wenn es um Arzneimittel geht.

Unvergessen ist mir ein kurioser, wenn auch unbeabsichtigter Fall von Medikamententeilen aus meiner Biopsiediagnostik, der erst nach detektivischer Recherchearbeit aufgeklärt werden konnte. Ein Rüde verlor fast alle Haare, seine Hoden schrumpften, und er interessierte sich nicht mehr für die sonst stürmisch umschwärmten Nachbarhündinnen. Den Verlust seiner Libido bedauerte die Besitzerin mitnichten, doch mit dem Fellverlust wollte sie sich nicht abfinden. Gassigehen wurde zum Spießrutenlauf; alle wollten wissen: Was hat er denn? Man vermutete Läuse, Flöhe, die soziale Isolation drohte. Und natürlich tat ihr der Hund leid, dessen Wesen sich stark verändert hatte. War er ernsthaft krank?

Mehrere Tierärztinnen wurden nacheinander konsultiert, die alle keine Ursache finden konnten. Meine mikroskopische Diagnose der Hautbiopsien lautete: »Stoffwechselstörung der Epidermis und Haarfollikel mit Haarzwiebelfibrose wie bei schwerer Hormonstörung.« Mit viel Aufwand und Kosten wurden alle verfügbaren Labortests auf die üblichen Krankheiten der hormonproduzierenden Organe durchgeführt, ohne Ergebnis. Gab es eine Ursache von außen? War das Futter hormonbelastet? Eine Tierkreiszeichendeuterin vermutete die Ursache in der Konstellation der Venus, während die Tierkommunikatorin eine unglückliche Liebesgeschichte übersetzte. Dem konnte der Tierhomöopath nicht zustimmen, doch leider vergrößerten seine D14-Kügelchen die Schrumpfhoden auch nicht. Selbst die spirituelle Heilerin wusste keinen anderen Rat als jenen, das Karma des Hundes anzunehmen und daraus zu lernen.

Und dann? Dann stellte sich heraus, dass die Ursache für den Fellausfall und die Hodenschrumpfung bei der Besitzerin selbst lag: Der Rüde schlief stets in ihrem Bett, beide genossen die Nähe und kuschelten gern. Um die Begleiterscheinungen ihrer Wechseljahre wie Hitzewallungen, Schweißausbrüche, Schlafstörungen und Stimmungsschwankungen in den Griff zu bekommen, hatte Frauchen regelmäßig Östrogencreme auf ihre Haut aufgetragen. Und diese hatte den Rüden in einen Eunuchen verwandelt.

Diese Story ist nun schon einige Jahre her, und seitdem häufen sich ähnliche Fälle mit zunehmendem Einsatz einer Hormonersatztherapie bei wahrscheinlich ebenso zunehmendem Körperkontakt mit Hunden. Bemerkenswert finde ich, dass die Partner der Damen auf der anderen Betthälfte nie betroffen zu sein scheinen. Was sagt das über die Kontakte aus?

Metamorphosen

Hunde sind natürlich noch lange keine Menschen, aber auch schon lange keine Wölfe mehr. Seit wahrscheinlich mehr als vierzehntausend Jahren verändern wir durch Züchtung ihre Gene, wodurch sich nicht nur viele Körpermerkmale, sondern auch ihr Stoffwechsel und zahlreiche Verhaltensmuster stark verändert haben. Die Angleichung an das menschliche Umfeld ist wissenschaftlich vielfach messbar, auch in Bezug auf die Ernährung. So spielt und spielte Stärke in der Ernährung von Wölfen nie eine Rolle; ihre Verdaulichkeit ist für den wilden Jäger sehr begrenzt. Unsere Hunde dagegen können nach mehrfachen Duplikationen der verantwortlichen Gene (ein Vorgang, der sich über Jahrtausende hingezogen hat) problemlos erhebliche Mengen von gekochten Kartoffeln, Reis und Weizen verdauen. Die Fütterung von Hunden durch hauptsächlich von Ackerbau lebenden Vorzeitmenschen hat hier klare Spuren im Hundeerbgut hinterlassen. Ein Wolf würde sich wahrscheinlich übergeben oder Durchfall bekommen, bekäme er Kartoffelbrei, Bienenstich und Frankfurter Kranz vorgesetzt. Fiffi schleckt sich die Schnauze und verträgt das alles in der Regel wunderbar, auch wenn der Kuchen sicher keine Idealnahrung darstellt. Eine Vielzahl anderer ernährungsrelevanter Gene weist beim Hund Abweichungen zum Wolf auf. Wer die Fütterung eines Hundes bewerten will, darf nicht einfach auf die natürliche Ernährung von Wölfen schauen.

Hunde sind nicht nur für ihre Besitzer, sondern auch in ihren Genen schon lange keine Wölfe mehr. Und das gilt nicht nur für ihre Ernährung. So kennen wir heute mindestens 122 Hundegene mit wesentlichen Unterschieden zum Wolf durch Domestikation. Viele davon betreffen Gehirnfunktionen, die Entwicklung des Zentralnervensystems sowie bestimmte Verhaltensmuster. Dass sich Charakter und Wesen unserer besten Freunde stark durch genetische Variationen, also Zucht, beeinflussen lassen, ist Kennern der vielen Hunderassen längst bewusst.

Wie schnell drastische Verhaltensänderungen jedoch durch menschlichen Einfluss in den Genen festgeschrieben werden können, zeigt ein aktuelles Beispiel aus Russland. So konnten Züchter von Polarfüchsen den Tieren innerhalb von sechzig Jahren ein menschenfreundliches Verhalten anzüchten, wie wir es an unseren Hunden so schätzen. Gerade bei den eigentlich sehr scheuen Füchsen war dies für undenkbar gehalten worden, zumindest in so kurzer Zeit und ohne engen Menschenkontakt, der zu einer Gewöhnung der einzelnen Tiere hätte führen können. Selbst das Schwanzwedeln als Zeichen der Freude bei Menschenkontakt eigneten sich diese wunderschönen Tiere an. Und man kann sie sogar Gassi führen. Für etwa 5000 Euro können Sie sich einen solchen zahmen Pelzexoten kaufen. Vorteilhaft wäre es allerdings, wenn man nichts gegen strengen Moschusgeruch hat. Denn den konnten die Forscher nicht wegzaubern. Füchse riechen. Und

Füchse markieren mit ihrem stark riechenden Urin alles, was sie für ihr Eigentum halten. Andererseits: Was sind schon sechzig Jahre?

Doch ist ein solcher Versuch richtig? Ist es richtig, Füchse in Haustiere zu verwandeln? Ist unser Wissen über die Möglichkeiten der Zucht wirklich nur ein Segen oder nicht auch ein Fluch, wenn wir eingreifen, wo etwas doch eigentlich perfekt war? Zu welchem Zweck tut man so etwas – und zu welchem Preis?

Manchmal machen gerade auch sehr tierliebe Menschen aus Unwissenheit schreckliche Fehler, unter denen ihre schutzbefohlenen Freunde grausam leiden – wie wir im letzten Kapitel über die »reinrassigen Irrwege« noch sehen werden.

Im Sektionssaal

Bei uns in der Tierpathologie ist fast alles wie in der Humanpathologie. Kacheln, Edelstahl, grelles Licht, »der Tisch« und Sauberkeit, die man sich in jeder Küche wünschen würde. Nur die Werkzeuge unterscheiden sich voneinander. Wir arbeiten schon mal mit Kettensägen; das kommt in der Humanpathologie nicht vor beziehungsweise ist höchstens in ganz schlimmen Fällen vorgekommen, bei einem Unfall oder Mord. Wir verwenden die Kettensäge für Elefanten, Nashörner und Co. Solche Schwergewichte werden mit einem Kran von unserer Lkw-Laderampe in den Sektionssaal gehievt. Mehr als drei Tonnen sollen sie allerdings nicht wiegen, sonst arbeiten wir draußen vor der Tür.

Unser Werkzeugkasten beinhaltet aber nicht nur grobes Besteck, sondern auch das ganz feine: mikrofeine Skalpelle, die Human-Augenärzte benutzen, benötigen wir beispielsweise für Obduktionen von mongolischen Wüstenrennmäusen und Buntbarschen. Ja, auch Fisch kommt bei uns auf den Tisch. Und unsere mobilen Obduktionskisten, die wir zuweilen zu Jobs in Zoos oder Tierkörperbeseitigungsanstalten mitnehmen, enthalten Gerätschaften, die man keiner medizinischen Disziplin so ohne Weiteres zuordnen würde.

Es gibt wahrscheinlich sehr viel mehr mögliche Gründe für eine Tiersektion oder -obduktion (beides meint dasselbe) als für eine Menschensektion. Neugier des Besitzers oder der klinischen Kollegin, Verdacht auf eine Ansteckungsgefahr für andere Tiere oder Menschen sowie der Schutz durch zielgerichtete Therapien von ähnlich erkrankten Tieren im Umfeld gehören zu den wichtigsten. Die Erkennung von Tierseuchen mit Ausbreitungsgefahr ist rechtlich streng geregelt und wird meist von Pathologinnen in Veterinäruntersuchungsämtern durchgeführt. Auch professionelles Qualitätsmanagement bei größeren Tierhaltungen, in erster Linie in der landwirtschaftlichen Nutztierhaltung, in Zoos, Wildparks und auch in der Versuchstierhaltung, erfordert die lückenlose Aufklärung von unklaren Todesfällen.

Nicht selten werden Tiersektionen durch die Polizei oder Staatsanwaltschaft beauftragt, wenn der Verdacht auf ein strafrechtlich relevantes Vergehen im Raum steht. Dabei können neben Verstößen gegen das Tierschutzgesetz zahlreiche andere Rechtsvorschriften verletzt worden sein. Ähnlich häufig geben, völlig anders als bei Menschensektionen, zivilrechtliche Streitigkeiten, beispielsweise Ansprüche infolge einer Eigentumsbeschädigung, Anlass für eine Untersuchung des toten Tieres.

Ein weiterer Unterschied zur zweibeinigen Pathologie besteht darin, dass bei uns etwa fünfzig Prozent der Patienten, die ihren letzten Weg durch unsere Hallen antreten, euthanasiert wurden, um als Akt der Gnade Leiden abzukürzen. Bei ihnen steht die Frage nach den Krankheitsursachen oder möglichen Gründen für ein Therapieversagen im Vordergrund. Die Frage nach der eigentlichen Todesursache stellt sich in der anderen Hälfte der Fälle: Vergiftet? Eine Infektion? Eine gewaltsame, äußere Todesursache?

Vernachlässigt? Ein ungewollter Haltungs- oder Managementfehler? Folgen einer nachteiligen Züchtung? Oder bloß eine typische Alterserkrankung, ein Tumor?

Wenn es bei uns Tierpathologen richtig zur Sache geht, würde so mancher hartgesottene Humanpathologe ins Staunen geraten. Gigantische Tumoren im Bauch von Pferden, Abszesse – also Eiterbeulen – in der Lunge von Kühen und Bandwurmfinnen im Gehirn von Schafen sind weitaus größer als Vergleichbares beim Menschen. Wenn eine Giraffe infolge der Aufnahme eines spitzen Fremdkörpers durch den Magen in die Bauchhöhle verblutet ist, erhält die Farbe Rot eine ganz andere Dimension auf der Schutzkleidung und dem Fußboden. Und wenn ein Elefantendickdarm geplatzt ist, können die Gummistiefel gar nicht hoch genug sein. Ich habe die rund zehntausend Tiere, an denen ich im Sektionssaal bisher arbeitete, auch nicht alle schön bequem vor mir auf dem Tisch liegen gehabt, wie das bei unseren humanpathologischen Kollegen der Fall ist. Tierpathologen arbeiten auch mal im Knien oder über Kopf, klettern in Brusthöhlen – eine gewisse Beweglichkeit ist da durchaus von Nutzen. Häufig sind wir Schaltstellen und Knotenpunkte von Spurensuchen, wenn wir aufgrund unserer Befunde Gewebeproben an Speziallabore weiterschicken, die exotische Viren, Abstammungsverhältnisse, Gifte oder Arzneimittelreste nachweisen. Deren Befunde arbeiten wir dann in unsere Abschlussberichte ein, die jeden Fall mit allen Puzzleteilen komplex und abschließend beleuchten.

Unser wertvollstes Werkzeug bei der Spurensuche am Sektionstisch, der systematische Obduktionsgang, variiert infolge unterschiedlicher Anatomien der Tiere erheblich. Die Studierenden, die das alles lernen müssen, kann es schon mal in den Wahnsinn treiben. Nicht nur die Größe der Tiere ist entscheidend, vielmehr wurden über Hunderte von Jahren die Schnitt- und Sägeführungen den besonderen Anatomien der völlig verschiedenen Tiere entsprechend perfektioniert. Allein die unterschiedlichen Schädelformen und genauen Lagen der Stirnhöhlen machen für uns einen einheitlichen Sägeschnitt für die Entnahme des Gehirns, wie er beim Menschen üblich ist, undenkbar. Selbst das Geschlecht ist zuweilen zu beachten, wenn das Geweih oder ein Gehörn – zwei völlig verschiedene Schädelauswüchse, auch wenn sie sprachlich oft gleichgesetzt werden – eine Abweichung der Sägeführung erforderlich machen.

Noch folgenreichere Unterschiede für den Sektionsgang verursachen die sehr unterschiedlichen Magen-Darm-Systeme, evolutionär angepasst an die verschiedenen Ernährungsweisen. So besitzen die meisten Pflanzenfresser große Gärkammern, das Rind den riesigen Pansen vor dem eigentlichen Magen und das Pferd den Dickdarm, der acht Meter lang und einhundertfünfzig Kilogramm schwer werden kann. Diese Gärkammern müssen nah am Ausgang liegen, um regelmäßig das loslassen zu können, was man heute zu den Treibhausgasen zählt. Technik und Geschick sowie die richtige Reihenfolge der einzelnen Präparationsschritte sind entscheidend, um Riesensauereien zu verhindern. Studierende und Jung-Tierpathologen gehen oft durch eine harte Schule. Und in vielen Fällen ist diese Schule eher weich bis dickbreiig mit zuweilen tsunamiartigen Unfällen.

Manche Obduktionen wollen gut vorbereitet sein, zumal wenn es sich um größere Tiere handelt. Die Obduktion eines ausgewachsenen Elefanten erfordert vierzig Pathologenstunden. Also: Entweder obduzieren vierzig Tierpathologen eine Stunde lang gemeinsam oder einer allein vierzig Stunden. Die Praxis liegt irgendwo in der Mitte, wobei nicht nur Studierende mit anpacken, sondern auch unser technisches Sektionspersonal, das wir wie unsere zweibeinigen Kollegen Präparatoren nennen und das entsprechend ausgebildet ist. Zudem kann sich die Entsorgung der Riesenmengen an sterblichen Überresten gelegentlich aufwendig gestalten.

Die »Braut des Pathologen«

Unser wichtigstes Gerät im Anschluss an die Sektion ist und bleibt das Mikroskop, die »Braut des Pathologen«. Durch das Okular untersuchen wir pathologische Muster, also krankhafte Veränderungen der Organe bei bis zu eintausendfacher Vergrößerung. Objekte und krankhafte Muster von bis zu einem Tausendstel Millimeter Größe, etwa ein einzelnes Bakterium, können wir damit sichtbar machen. Man legt die Gewebeproben nicht einfach so unters Mikroskop; sie werden mit mehrstufigen Präparationen durch verschiedene Lösungsmittel und Chemikalien behandelt, sodass sie hart werden. Dann kann man sie mit ultrascharfen Messern in wenige Tausendstel Millimeter Dicke schneiden und schließlich anfärben und mikroskopieren.

Ich verbringe viele Stunden täglich über dem Mikroskop, denn weit mehr als die Hälfte unserer Obduktionsfälle erfordert mikroskopische Hilfe. Noch wichtiger ist das Mikroskop bei der Untersuchung von Biopsien, also kleinen Gewebeproben von noch lebenden Tieren, die zu praktisch einhundert Prozent mikroskopisch untersucht und geklärt werden. Die Untersuchung der Biopsien von Heimtieren, zu denen an späterer Stelle noch mehr zu sagen sein wird, stellt die am stärksten expandierende und bei Jungpathologen wohl populärste Spezialisierung unter den vielen Teildisziplinen unserer Zunft dar. Unter unseren Jungpathologen finden sich heute übrigens mit etwa achtzig Prozent deutlich mehr Frauen als Männer, mit weiterhin steigender Tendenz. Deshalb werde ich ab jetzt – stellvertretend für beide Geschlechter und wie auch bei den Tierärztinnen – überwiegend von Pathologinnen reden.

Pathologinnen sind Mustererkenner. Als Muster bezeichnen wir optische Informationen – egal ob mit Auge, Mikroskop oder Elektronenmikroskop –, die als krankhafte Gewebeveränderungen, Erreger oder andere Spuren zur Klärung des Falles beitragen. Glatte oder ausgefranste Wundränder? Entscheidend! Blaue Zunge bei einem Schaf? Alles klar. Golfballgroße Kugel am Schwanzende eines Frettchens? Ich weiß, was es ist. Kleine runde Bakterien im abgestorbenen Gewebe haben eine völlig andere Bedeutung als dicke, stäbchenförmige. Ob ein Viruseinschlusskörperchen im Kern oder im Leib der Nervenzelle liegt und ob es rosa oder blau ist, kann uns im Kontext der Pathologie sofort seinen Namen verraten.

Mustererkennung ist aber keineswegs den Pathologinnen vorbehalten. Auch Sie stellen schnell einen Zusammenhang her zwischen dem Markenzeichen eines Autos und dem Monatsgehalt seines Besitzers – oder möglicherweise auch seinem Geltungsbedürfnis. Und so wie Sie sich dabei irren können, gilt auch bei uns: Muster können beweisend – pathognomonisch – sein wie ein Fingerabdruck oder nur ein vages Indiz, manchmal sogar irreführend. Oft ist der Kontext entscheidend, das Wissen über Ausnahmen oder tierartliche Unterschiede. Erst die Kombination aus präzisem Erkennen relevanter Muster und ihren vielen, in Lehrbüchern akribisch dokumentierten Hintergrundinformationen entscheidet über den Erfolg der Kunst der Pathologinnen.

Muster können dabei nicht nur über Ursachen, Folgen, Alter und Mechanismen von Krankheiten zu Lebzeiten Auskunft geben. Auch postmortale, also nach dem Todeseintritt entstandene Muster helfen bei der Klärung vieler wichtiger Fragen. Wie lange ist das Tier schon tot? Hierfür identifizieren und vermessen auch wir Fliegenlarven auf den Kadavern, genau wie unsere zweibeinigen Kollegen. Sind die schweren Verletzungen zu Lebzeiten entstanden oder durch Fraß von Krähen oder Füchsen am Kadaver? Was verraten die Muster über die Umstände des Verbleibs der Leiche nach ihrem Tod? Die stärksten und abstoßendsten postmortalen Muster meiner bisherigen Tätigkeit waren die bizarren Entstellungen von armen Geschöpfen, die Opfer einer gut gemeinten Einführung neuer Gesetze wurden.

Kampfhunde an der Leine

Es stand tagelang in der Lokalpresse, und das Entsetzen in der Bevölkerung war groß. Zuerst war es nur einer, dann noch einer, dann viele. Und das Schlimme war, dass spielende Kinder die »Monster«, wie es in der Presse hieß, fanden. Auf den ersten Blick konnte man tatsächlich kaum mehr erkennen, worum es sich handelte. Die Kadaver hatten sehr lange im Wasser gelegen, bis sie an der Leine in Hannover – dem Stadtfluss der niedersächsischen Metropole – auftauchten. Und sie trieben nicht nur in der Leine, sie hingen auch alle an einer Leine. An einer Hundeleine, an deren Ende ein etwa fünf Kilo schwerer Stein befestigt war. Man hatte die Tiere bei lebendigem Leibe mit Gehwegplatten um den Hals in den Fluss geworfen. Wohl in der Hoffnung, sie würden nie wieder auftauchen. Doch Fäulnisgase, die durch Bakterien aus den Därmen entstanden, hatten die Leiber so stark aufgebläht, dass sie trotz des Gewichtes an die Oberfläche trieben.

In vielen Bundesländern ist die Hundesteuer für sogenannte Kampfhunde hoch oder Halter müssen einen Wesenstest vorweisen – leider nur der Hunde. Das eigentliche Problem liegt tatsächlich nicht beim Tier, sondern am anderen Ende der Leine. Kampfhunde sind nicht per se Killermaschinen, wie man Anfang der Zweitausender immer wieder hörte, nachdem alle paar Wochen von einem durch einen Hund verletztes Kind berichtet wurde. Im Jahr 2000 war der sechsjährige Volkan auf seinem Hamburger Schulhof beim Ballspielen von einem stadtteilbekannten Kampfhund im Blutrausch auf brutalste Weise totgebissen worden. Eine Lawine von öffentlichen Diskussionen und Gesetzesverschärfungen folgte – in den ersten Jahren ohne jeden wissenschaftlichen Sachverstand. Heute sind sich die Experten weitgehend einig, dass nicht die Rassegene, sondern erst das Scharfmachen durch den Halter oder andere schwere Umgangsfehler den Hund in eine Killermaschine verwandeln. Es gibt »lammfromme« Kampfhunde. Und damit berühren wir eine Frage, die auch Menschen betrifft:

Warum bin ich so, wie ich bin? Wie groß ist der Einfluss meiner ererbten Gene und wie groß der meiner frühkindlichen Prägungen durch meine Eltern und das soziale Umfeld?

Zu den sogenannten Kampfhunden werden heute im Wesentlichen vier Rassen und ihre Kreuzungen, auch die mit Nichtkampfhunden, gezählt: American Staffordshire Terrier, Bullterrier, Pit Bull Terrier und Staffordshire Bullterrier. In manchen Listen finden sich darüber hinaus der Bullmastiff, Cane Corso, Dogo Argentino und die Bordeaux Dogge. Die Auswahl der Rassen erfolgt zumeist durch den Gesetzgeber, der Verordnungen mit Haltungsbeschränkungen, Maulkorbzwang oder erhöhter Hundesteuer erlässt. Die vielen Unterschiede zwischen den Kampfhundeverordnungen und Hundehaltungsverordnungen der einzelnen Bundesländer spiegeln auch heute noch eine gewisse Unsicherheit und Unschärfe im Umgang mit diesem Thema.

Klassische Kampfhunde zeichnen sich durch bestimmte Körpermerkmale aus, die im jeweiligen Rassestandard festgelegt sind und die historischen Ziele der Zucht widerspiegeln. Tatsächlich verfolgten die Zuchten vieler dieser Rassen ehemals das Ziel, Champions für Hundekämpfe oder für Kämpfe zwischen Hunden und Bullen, Ratten und anderen Gegnern zu produzieren. Die Gesinnung der Züchter und Besitzer, die mit solchen Tierkämpfen nicht nur Geld verdienen wollten, könnte die Frage provozieren, welche Spezies hier die »Bestie« ist. Doch wir sollten stets die jeweilige Zeit und ihre Sitten berücksichtigen.

Kampfhunderassen verfügen über ein mächtiges Gebiss, gedrungene Köpfe mit tief liegenden, kaum noch verletzbaren Augen, kompakte Körperformen mit auffallend starker Bemuskelung und hoher Ausdauer. Für den Kampferfolg förderliche Wesensmerkmale wie Angriffswille, Beißlust, Zähigkeit, Schmerzunempfindlichkeit und die Bereitschaft, selbst unter Schmerzen weiterzukämpfen, werden recht unscharf mit dem Begriff *Gameness* zusammengefasst. Einige dieser Charakterzüge waren ehemals in

Zuchtzielen formuliert, scheinen sich jedoch weniger in den Genen niedergeschlagen zu haben als die äußeren Körpermerkmale. Manche dieser früher teils in der Zucht favorisierten Verhaltensmuster wie etwa der Blutrausch oder die Eigenschaft, nach einem Verbeißen viel später abzulassen als ein Durchschnittshund, werden aktuell noch einigen dieser Hunde zugeschrieben. Große Unterschiede zwischen den genannten Rassen und auch einzelnen Zuchtlinien verbieten jedoch jede allgemeine Aussage. Heute enthalten die offiziellen Zuchtstandards nicht mehr das Ziel von Tierkämpfen, die bei uns streng verboten, jedoch in gewissen Kreisen und Ländern nach wie vor beliebt sind und weiterhin praktiziert werden. Jenseits der Öffentlichkeit geschieht hier schier Unglaubliches, Tag für Tag.

In mehreren Bundesländern und Städten sind Korrekturen und Anpassungen der jeweiligen Verordnungen bis heute Streitpunkt für Politiker, Hundehalter, Züchter, Tierschützer und Tierrechtler sowie selbst ernannte und auch echte Experten. Aggressive und gefährliche Hunde sehen wir genauso in anderen Hunderassen, hier als unerwünschte Nebeneffekte, wenn Aussehen und nicht Wesensmerkmale die Zuchtentscheidung dominieren. Das Thema ist ganz offenbar zu komplex für einfache Lösungen. Wissenschaftlich orientierte Verhaltenskundler sind sich jedoch mittlerweile einig, dass der Einfluss ihrer rassetypischen Gene auf die von sogenannten Kampfhunden ausgehende Gefahr früher völlig überschätzt wurde. Unterschätzt wurde dagegen die Rolle der Halter. Entsprechend haltlos sind manche aktuell rechtsgültigen Verordnungen dazu.

Zurück zu unserer Geschichte vom Anfang des Kapitels: Als 2002 das niedersächsische Gesetz über das Halten von Hunden den Besitz und das Führen von sogenannten Kampfhunden mit erheblichen Einschränkungen versah, machten einige Halter kurzen Prozess. Zu kompliziert, zu stressig, zu teuer, weg damit. Besonders erbarmungslos zeigten sich Zuhälter aus dem Milieu des

Steintorviertels, bei denen diese Hunde weit verbreitet waren. In dieser Zeit war ich Assistent in der Pathologie der Tierärztlichen Hochschule Hannover, kurz TiHo. Unsere Obduktionen sollten dem Verdacht auf Verstöße gegen das Tierschutzgesetz nachgehen und Hinweise auf die Besitzer und damit mutmaßlichen Täter liefern.

Die Kampfhunde von der Leine boten den scheußlichsten Anblick, den ich bis heute auf Seziertischen gesehen habe. Wasserleichen kombiniert mit Fäulnisgasbildungen – wir sprechen von Fäulnisemphysemen – bringen die skurrilsten Entstellungen hervor. Das Körpervolumen etwa verdoppelt, alle Gliedmaßen, die Ohren und der Schwanz wie prall aufgeblasen straff von der Körpermitte weit nach außen ragend. Die Zitzen der Milchdrüse golfballgroß mit aus ihren Öffnungen hervorquellendem, fauligem Gewebe. Der Anus weit geöffnet mit austretender Rektumschleimhaut, grüngrau verfärbt, geschwollen und vom Wasser blank gespült, ein ähnliches Bild am weiblichen Genitale. Das Maul weit geöffnet, die Zunge prall gefüllt mit Fäulnisgas und weit nach vorne unten bizarr hervorstehend. Augen praktisch vollständig aus den Höhlen hervorgetreten, eine Mischung aus Blassrosa, Dunkelgrau und Fäulnisgrün, mit vollständig grau getrübter Hornhaut, Iris und ebenso getrübte Linse dahinter kaum noch zu erkennen. Die praktisch haarlose, grüngraue Haut in schmierigen Fetzen bei leichtester Berührung abgehend, darunter breiiges Fettgewebe und Muskulatur, die bei Berührung knistern. Die Totenstarre war durch die Zersetzungsprozesse längst wieder gelöst. Die Gasbildung ist Folge der Fäulnis unter Sauerstoffabschluss durch bestimmte Bakterien, voran Clostridien, die von allen anderen Darmbakterien am Schluss übrig bleiben und über die Blutgefäße in sämtliche Organe kriechen.

Zersetzungen von Leichen werden durch Autolyse und Heterolyse verursacht. Autolyse ist ein Selbstverdau durch Enzyme, also Wirkstoffe der eigenen Gewebe, allen voran der Bauchspeicheldrüse, aber auch vieler anderer Organe, einschließlich der Immunzellen. Heterolyse, auch als Fäulnis bezeichnet, erfolgt durch bakterielle Zersetzungsprozesse und überwiegt in der Regel deutlich. Wasserleichen kombinieren diese Effekte mit zusätzlichen Veränderungen, die teils durch direkte Wassereinflüsse entstehen – wie Aufquellen, Verdünnungen und Ausspülungen –, oft aber von gewissen konservierenden Effekten durch die kühlen Temperaturen am Grund eines Flusses oder Sees überlagert werden. Der Verlust der roten Blutfarbe folgt der Zersetzung der roten Blutkörperchen durch Auto- und Heterolyse und dem Ausschwemmen des dadurch frei gewordenen roten Blutfarbstoffes, des Hämoglobins. Wasserleichen erscheinen durch den zusätzlichen Verdünnungs- und Spüleffekt des Wassers deshalb besonders farblos. Der grüne Farbton entsteht ebenso durch einen bakteriellen, also heterolytischen Fäulnisprozess, bei dem der von Darmbakterien gebildete Schwefelwasserstoff mit dem roten Blutfarbstoff das grünliche Sulfmethämoglobin und Schwefeleisen bildet. Da ehemalige Darmbakterien diesen Prozess verursachen, stellt sich die Grünfärbung zunächst in der hinteren Bauchregion ein, kann sich aber auf den gesamten Körper ausdehnen. Alle diese Prozesse können vermessen und zur Todeszeitpunktbestimmung – auch Liegezeit genannt – herangezogen werden, wobei jedoch viele äußere Faktoren, besonders die Temperatur, mit berücksichtigt werden müssen.

»Wie kann man nur eine so eklige Arbeit machen?«, werde ich manchmal gefragt. Doch abstoßende Eindrücke durch Verwesungsprozesse kommen in der tierpathologischen Arbeit wesentlich seltener vor als angenommen. Unsere Leichen sind oft frischer als Menschenleichen, die erst nach vielen Tagen von Angehörigen zur Obduktion freigegeben werden. Und wenn die Tierkörper sehr lange gelegen haben, werden sie irgendwann wieder richtig ansehnlich. Ich erinnere mich an die Exhumierung eines White West Highland Terriers, der ein gutes halbes Jahr nach seiner Bestattung in einer hübschen hölzernen Weinkiste im Garten des Halters wieder ausgebuddelt werden musste, weil sich nachträglich der Verdacht auf eine Vergiftung ergeben hatte. Die Knochen waren blitzeblank, das Fell leuchtete wie ein strahlend weißes Mikrofasertuch, sonst war nichts übrig. Eine sehr saubere Angelegenheit.

Der abscheuliche Anblick der Kampfhunde an der Leine konnte mein Mitgefühl nicht trüben, und ich hoffte, die Besitzer würden ermittelt. In zwei Fällen gelang dies tatsächlich: Die Hunde waren gechipt, also mit einem kleinen Sender in der Unterhaut am Hals versehen, der mit einem speziellen Lesegerät seinen individuellen Code auslesen lässt. Ein solches Lesegerät steht heute in jeder tierpathologischen Sektionshalle. Wie vorgesehen, waren auch hier von der ehemals behandelnden Tierärztin bei einer Zentralstelle die Besitzernamen registriert worden. Doch der Chip bewies noch keine Täterschaft, und so redeten sich die beiden polizeibekannten Zuhälter auch heraus. Sie doch nicht! Sie liebten ihre Hunde! Über alles! Vermissten sie schon so lange. Da war mal ein Türsteher, dem sie vertraut hätten, weil sie doch so gutherzige Menschen wären, ein Russe, Pole, Kroate, Bulgare, Chinese, ja, der hätte den Hund entführt, na klar, und bestimmt gegessen, das weiß man doch, Chinesen und Hunde. Keinem der Verdächtigen war etwas nachzuweisen – und so verschwammen die Täter im Milieu.

Ausgestopft

Die Zuhälter hatten keinen Gedanken an eine würdevolle Bestattung ihrer Hunde verschwendet, gewiss nicht. Doch viele Tierfreunde wünschen sich das und, mehr noch, dass ihre lieben Begleiter nach der Obduktion wieder schön hergerichtet werden. Leider dürfen wir – im Gegensatz zu den USA – keine kosmetischen Obduktionen durchführen, die Tiere also nicht wieder zunähen und ihren Haltern aushändigen, damit sie sie bestatten können. Bislang ist dies nur bei menschlichen Leichen üblich, nach deren Obduktion idealerweise niemand erkennt, was vorgefallen ist.

Die Pflicht zur unschädlichen Entsorgung aller sterblichen Überreste unserer obduzierten Tiere bringt uns immer wieder in Konfliktsituationen, wenn Patientenbesitzer ihre Liebsten nach der letzten Untersuchung wiederhaben wollen. Ich verstehe sehr gut den innigen Wunsch, den langjährigen Gefährten im eigenen Garten begraben zu wollen. Dies ist auch für verstorbene Tiere ohne Obduktion in Deutschland auf eigenem Grundstück erlaubt, wobei Unterschiede in den Details zwischen den Bundesländern zu beachten sind. Nach amerikanischem Vorbild sehen wir uns jedoch immer öfter mit der Bitte konfrontiert, eine »nur kosmetische« Obduktion durchzuführen und Sissi anschließend wieder spurenlos zuzunähen und aufzuföhnen. Und dann möglichst vollständig dem trauernden Besitzer zurückzugeben. Man wolle sie danach für immer auf den Kaminsims stellen oder ins gewohnte Körbchen legen, denn eigentlich schlafe sie ja nur. »Können Sie das für uns machen, Herr Professor?«

Nein, das kann ich nicht, auch wenn die Plastination in unserem Institut längst etabliert ist. Bei meiner Berufung nach Berlin machte ich die Einstellung eines Präparators, der bei Gunther von Hagens gelernt hat, zur Bedingung. Für die Ausbildung von jungen Tiermedizinern hat sich die Plastination kranker Organe bestens bewährt. So können wir auch schwangere und immungeschwächte Studierende gefahrlos in Pathologie unterrichten. Für die Konservierung und Abgabe von ganzen Tierleichen nach ihrer Obduktion ist diese Technik jedoch in Deutschland unzulässig. Daher müssen wir uns auf das Angebot an Patientenbesitzer beschränken, die sterblichen Überreste von Sissi an ein zertifiziertes Tierkrematorium zu übergeben, das über einen dafür zugelassenen Schornstein verfügt. Für die Aufbewahrung der Asche an einem passenden Ort wird eine erstaunliche Vielfalt an hübschen Urnen jeder Preisklasse angeboten, die nach Farbe und Umfeld des Kaminsims und persönlichem Geschmack ausgewählt werden können. Gleichzeitig werden andächtige, sogar religiöse Zeremonien in würdevollen Hallen zum letzten Geleit offeriert. So etwas bedient bei einem Teil der Tierbesitzer ein echtes und ernst zu nehmendes Bedürfnis, bei einem anderen Teil löst es Kopfschütteln aus – und bei Kirchenvertretern heftigste Verdammnis. Das Interesse an individualisierten Tierkremierungen hat in den letzten Jahren stark zugenommen; oft finden sich gleich mehrere Anbieter in einer Region. Die Kosten variieren von erschwinglich bis Luxusklasse. Der höchste mir bekannt gewordene Preis wurde für die Verbrennung und würdevolle Urnen-Endlagerung eines Pferdes fällig.

Der Preis für eine Hamsterkremierung darf übrigens nicht nach Gewicht umgerechnet werden, denn eine Hamsterurne ist nicht sehr viel kleiner als eine Pferdeurne. Auch diese Entwicklung spiegelt unser zunehmend diversifiziertes und individualisiertes Verhältnis zu Tieren. Wenn diese Praxis heute auch noch nicht zulässig ist, so bin ich doch davon überzeugt, dass es auf Druck der Besitzer zukünftig Gesetzesänderungen geben wird.

Technisch möglich wären kosmetische und gleichzeitig hygienisch unbedenkliche Obduktionen bei Tieren bereits heute, alles eine Frage des Aufwandes und damit auch des Preises. Im selben Maße, wie Tiere in den Menschenstand erhoben werden, nähern wir uns zukünftig wahrscheinlich mehr und mehr den kosmetischen Leichenpräparationen in der Humanpathologie an. Aus dem Kadaver wird die Leiche, und die soll schön sein, gerade so, als würde sie im offenen Sarg aufgebahrt. Das habe ich selbst bei einer Promi-Tierleiche noch nie erlebt. Doch was nicht ist, kann ja noch werden …

Promi-Leichen

Wir Tierpathologen treten aus unserem Schattendasein ins grelle Scheinwerferlicht, sobald eine Promi-Leiche auf dem Seziertisch liegt. Als Knut der Eisbär 2011 starb, weinte nicht nur ganz Berlin. Bei der Obduktion versuchten Paparazzi mit armlangen Teleobjektiven aus den Wohnzimmerfenstern im dritten Stock gegenüber Fotos aus dem Sektionssaal zu erhaschen. Das Telefon stand tagelang nicht still, jeder wollte Details, eine heiße Story vom kühlen Knut, und die vielen Eisbär-Fans aus dem Zoo kannten seine »wahre« Todesursache lange vor uns, und besser. Viele Anrufer wussten auch gleich, wer die Schuld trug.

Ein anderer Promi-Fall war die legendäre Wölfin Bärbel, die 2002 aus einem Gehege ausbüxte und ihre Freiheit 192 Tage lang im Vogtland und in Tschechien auslebte. Damals wie heute erregte ein freier Wolf in Deutschland alle Gemüter. Schließlich wurde Bärbel von einem Jäger in Notwehr erschossen. Empörung und Emotionen schäumten über, sowohl pro als auch kontra deutscher Wolf. Die Kult-Wölfin wurde von Tierschützern zwischenzeitlich heiliggesprochen. Und sie wurde natürlich amtlich in der Tierpathologie obduziert. Schusswinkel und Schussentfernung wurden festgestellt, um die Aussagen des Jägers zu prüfen, unter großem Druck der Öffentlichkeit und Presse. Das Fetisch-Interesse ging so weit, dass im Institut des Nachts eingebrochen wurde und das für eine Dermoplastik – früher sagte man »Ausstopfen« – vorgesehene Fell von Bärbel geraubt wurde. Mit wilden Verwüstungen in der Sektionshalle. In welchem Hobbykeller Bärbel mutmaßlich laienhaft ausgestopft nun wohl steht? Wenn überhaupt? Vielleicht wurde sie ja auch von Rotkäppchen wieder zugenäht und streift noch immer durch die Wälder.

Das Flusspferd Bulette war nicht nur die Tochter, sondern auch die spätere Geliebte der Flusspferdlegende Knautschke – im Tierreich wird das nicht so eng gesehen. Knautschke, das seinerzeit eineinhalbjährige Flusspferdbaby, überlebte 1945 als einziges Großtier des Berliner Zoos die alliierten Bombenangriffe der letzten Kriegstage. Und so wurde er in den ersten Nachkriegsjahren zum Symbol des Überlebenswillens der Berliner und mit für die damalige Zeit vergleichsweise hohem Aufwand gefüttert, gepflegt und mit Wassereimern regelmäßig nass gehalten. Wie Knautschke selbst, der im Berliner Zoo in hohem Alter verstarb, erreichte seine bei den Zoobesuchern äußerst beliebte Tochter Bulette mit dreiundfünfzig Jahren ein für Flusspferde ungewöhnlich hohes Alter, bevor sie aus Tierschutzgründen euthanasiert werden musste. Einzige Auffälligkeit in den letzten Jahren vor ihrem Tod war Bulettes ungewöhnliches Verhalten nach dem Fressen von Grünfutter. Davon verzehrte sie üblicherweise nicht zu knapp, nämlich um die sechzig Kilogramm täglich. Aber einen beträchtlichen Teil nieste sie nach der Mahlzeit wieder aus. Ja, durch die Nase. Dies war weder bei anderen Tieren vorher beobachtet worden, noch konnten sich die Pfleger und Tierärzte des Zoos diese Absonderlichkeit erklären. Erst bei der Obduktion kam Licht ins Dunkel. Zunächst wurde eine Vielzahl von bei Menschen und Tieren bekannten Altersveränderungen protokolliert, etwa Arthrosen der großen Gelenke, eine Reduktion der Gehirnmasse und Muskulatur sowie, und das wäre beim Menschen nicht unentdeckt geblieben, ein gutartiger Schilddrüsentumor von etwa Handballgröße. Schließlich fand sich auch die Ursache für Bulettes Niesattacken: eine etwa golfballgroße oronasale Gaumenfistel, also ein Loch im Gaumen, das die Maul- mit der Nasenhöhle verbindet. Bulettes Fistel lag direkt neben einem seit Langem zerbrochenen und einem benachbarten fehlenden Backenzahn und war dort offenbar über viele Jahre im Rahmen einer knocheneinschmelzenden Zahnwurzel- und Kieferknochenentzündung entstanden. Dieser Befund überraschte alle, denn Bulette hatte nie Zahnschmerzen oder andere hinweisende Symptome erkennen lassen (siehe Bildtafelteil, Abb. 2).

Oronasale Gaumenfisteln sind, wenn auch sehr selten, bei anderen Tierarten als Folge von Verletzungen und Infektionen am

Zahnfach beschrieben worden, jedoch noch nie in diesem Ausmaß. Auch beim Menschen sind derartige Veränderungen historisch bekannt, sollten jedoch bei zahnärztlicher Begleitung heute nicht mehr auftreten. Bulettes Maul-Nasen-Kanal war sehr alt und an den Rändern praktisch vollständig verheilt. Lediglich die Öffnung als Folge des Knochenverlustes war übrig geblieben, mit vollständig verheilter Schleimhautauskleidung. Das Ausniesen von Futter wurde leicht erklärbar durch das Eindrücken von Pflanzenteilen durch die Fistel in die Nasenhöhle beim Kauen. Daraufhin verspürte Bulette einen (sicher erheblichen!) Fremdkörperreiz in der Nase und erleichterte sich durch ihr spektakuläres Niesen.

Wir sind immer wieder erstaunt, wie Tiere sich mit besonderen Umständen langfristig arrangieren. Das zeigt auch, dass wir unsere Befindlichkeiten als Menschen nicht einfach auf Tiere übertragen können oder für Tiere denken/fühlen sollen, die beneidenswert unkompliziert mit mancher Einschränkung zurechtkommen – so der Eindruck. Trotz aller Forschung wissen wir noch immer sehr wenig darüber, wie es ist, ein Tier zu sein. Aber genau genommen wissen wir ja nicht einmal, wie es ist, ein anderer Mensch zu sein als wir selbst.

Der Große Panda Bao Bao (chinesisch: Schätzchen) war auf mehrfache Weise berühmt geworden, bevor er im hohen Alter von vierunddreißig Jahren die Berliner Tierpathologie beehrte. Im zarten Pandaalter von zwei Jahren wurde er 1980 mit viel Symbolik, offiziellem Protokoll und Begleitung durch Pressefotografen vom chinesischen Partei- und Regierungschef Hua Guofeng dem damaligen Bundeskanzler Helmut Schmidt als Staatsgeschenk übergeben. Zusammen mit dem ihn begleitenden Pandamädchen Tjen Tjen (chinesisch: Himmelchen) hatte Bao Bao davor in einem chinesischen Naturschutzgebiet gelebt. Die beiden sympathischen Bambusfresser wurden dem West-Berliner Zoo anvertraut, wo sie schnell zu Publikumsmagneten wurden und den Jahresumsatz um dreißig Prozent steigerten. Leider starb Tjen Tjen im Alter von sechs Jahren, vermutlich an einer Virusinfektion, noch bevor Bao Bao geschlechtsreif wurde. Pandabärinnen waren seinerzeit in westlichen Zoos rar, und ein aufwändiger Versuch, Bao Bao im Londoner Zoo mit der Pandabärin Ming Ming (chinesisch: Lichtlein) zu verkuppeln, endete mit einem fast abgebissenen Ohr schmerzhaft für Ming Ming. Weitere Liaisons mit Nachhilfe und Assistenz blieben ebenso erfolglos, Schätzchen vermisste wohl noch immer sein Himmelchen. Als Publikumsliebling und Filmstar in mehreren Fernsehproduktionen gelangte er zu Ruhm – aber nicht zu Vaterfreuden. 2012 starb er als ältester großer Pandabär, der je in einem zoologischen Garten dokumentiert wurde.

Während seiner letzten Jahre habe ich Bao Bao mehrfach im Zoologischen Garten Berlin gemeinsam mit meinen Kindern erlebt und spürte die Würde seines Alters, die er ausstrahlte. Seine Bewegungen waren langsam, der Körper zunehmend eingefallen, und wenn das Publikum trotz seiner Schwerhörigkeit seine Aufmerksamkeit erlangen konnte, blickte er uns durch zwei vom grauen Star getrübte Augen unsicher fragend an. Die Obduktion Bao Baos diente nicht so sehr der Feststellung der Todesursache – hier hätte die Diagnose »Altersschwäche mit Herzversagen« ausgereicht –, vielmehr bestand wissenschaftliches Interesse an den geriatrischen, also altersbedingten Organveränderungen eines so alt gewordenen Pandas. Die postmortale Untersuchung von Zootieren erfolgt heute als Routine, um mögliche, auch für andere Tiere ansteckende Erkrankungen zu diagnostizieren, aus zoologisch-wissenschaftlichem Interesse und aus Gründen der Qualitätssicherung in Zoos. Nicht nur das Wohl der Tiere selbst gilt es zu schützen, auch wir Menschen können uns schließlich an manchen Krankheiten der Tiere anstecken. Doch die Zeiten ändern sich auch hier. Während zur Zeit meiner Kindheit die Zoobesucher vor den Erregern der Zootiere geschützt werden mussten, ist es heute oft umgekehrt.

Auch Alterskrankheiten können zunehmend systematisch untersucht werden, da Zootiere heute aufgrund immer besserer Haltungsbedingungen oft ein biblisches Alter erreichen, das in freier Wildbahn unvorstellbar wäre. In der Natur kennen wir kaum Greise; diese werden vorher gefressen, verstoßen, vom Futter verdrängt oder erliegen Verletzungen oder Krankheiten, die nicht medizinisch versorgt wurden. Auch was das Altern betrifft, vermenschlichen wir also unsere Tiere. Und so kommen auf die nachfolgenden Generationen nicht nur Probleme in Bezug auf die Versorgung älterer Mitbürger zu. Auch die tierischen Bewohner in Zoos erreichen ein immer höheres Alter. Wir werden uns um die optimale Unterbringung, Betreuung, Ernährung und medizinische, also geriatrische Versorgung von Zootier-Senioren kümmern müssen. Darin unterscheiden sie sich dann nicht mehr von unseren Hunden und Katzen, bei denen dieser Trend bereits seit Jahren auf vielfache Weise umgesetzt wird. Altersgerechtes Futter, barrierefreie Mobilität mit angepassten Bewegungsrhythmen, Rücksicht auf veränderte Sinnesleistungen und besonders eine spezifisch auf ältere Tiere angepasste Medizin, die Tiergeriatrie, werden auch in Zoos immer wichtiger. Dabei können wir Tierärzte viel von der Menschenmedizin lernen, jedoch sollten wir für Tiere das Beste aus der Sicht des Tieres und seiner Natur auswählen, nicht aus unserem eigenen Blickwinkel. Wie sieht sie aus, die eigene, naturnahe Perspektive eines alten Tieres? Diese Frage konnte mir bislang niemand beantworten, da die meisten alten Tiere in der Natur keine Perspektive haben. Und wie gehen wir damit um in unserem Wunsch, Tiere artgerecht zu halten?

Bao Bao konnten keine Tierärzte mehr helfen, er hatte sein langes Leben gelebt – und hielt bei seiner Obduktion noch einige Geschenke für die Pathologen bereit. Die Degenerationen der Augen, Verlust der Gehirnmasse, Gefäßwandveränderungen, Herzmuskelnarben, uralte Nierenentzündungen und Arthrosen sahen wir in diesem Ausmaß sonst höchstens bei sehr alt gewordenen

Elefanten und anderen Bärenarten. Von Papageienvögeln und Schildkröten, die ebenso sehr alt werden können, kennen wir andere geriatrische Pathologien, Säugetiere sind aber nun mal keine Vögel und keine Reptilien. Bao Bao hatte darüber hinaus zwei pathologische Juwelen in seinem Inneren verborgen: einen Hodentumor und einen kleinen Dickdarmkrebs. An beiden war er nicht gestorben, sondern »mit ihnen«, wie wir sagen. Heute hängt ein Poster zu Bao Bao und seiner Pathologie gemeinsam mit vielen anderen Promi-Falldokumentationen in unserem Institut, und zahlreiche seiner Details haben Eingang in die studentische Lehre gefunden. Ich wünsche mir sehr, dass ich die beiden neuen, seit 2017 im Berliner Zoo lebenden Großen Pandas Meng Meng und Jiao Qing nicht in meinen Dienstjahren obduzieren muss.

Angeklagt

Jährlich gelangen deutschlandweit über sechstausend Verstöße gegen das Tierschutzgesetz zur Anzeige (Bundeskriminalamt Statistik 2017), wovon nur etwas mehr als die Hälfte aufgeklärt werden können. Die Dunkelziffer ist wahrscheinlich sehr viel höher. Zu den spannendsten meiner Aufgaben gehört die Tierforensik – also Gerichts-Tiermedizin –, denn hier geht es darum, allen Parteien und besonders auch dem Tier gerecht zu werden. Tierpathologie kann helfen, Ursachen festzustellen, Tathergänge zu rekonstruieren und manchmal auch Täter zu überführen. Vom Gericht werde ich als Gutachter oder, falls bereits zwei sich widersprechende Gutachten vorliegen, als Obergutachter bestellt.

Dabei führe ich die Untersuchungen nicht immer selbst durch, sondern werde als externer Experte auch gebeten, Stellung zu nehmen zu Befunden Dritter. Ziel eines forensischen Gutachtens oder einer Stellungnahme vor Gericht ist in der Regel die Beantwortung konkreter Fragen des Richters, deren Klärung wesentlichen Einfluss auf sein Urteil nehmen wird. Ist der Schuss auf den Wolf wirklich von vorn aus kurzer Distanz erfolgt, was die Aussage des angeblich aus Notwehr handelnden Jägers bestätigen würde? Oder doch von hinten auf größere Distanz? Wie lange wurde das Tier vernachlässigt, und ist es wirklich verhungert und verdurstet? Hatte das Tier Vorerkrankungen, die seinen materiellen Wert im Rahmen einer Entschädigung reduziert haben könnten? Jeder Fall birgt neue Überraschungen und Herausforderungen, weshalb die Forensik zu meinen liebsten Tätigkeiten zählt – auch wenn ich dabei oft in menschliche Abgründe blicke.

Ein fundamentaler Unterschied zu unseren zweibeinigen Kollegen besteht darin, dass »wir Vierbeiner« nicht zwischen Pathologie und Forensik trennen. Für den Menschen werden diese Disziplinen separat behandelt, ausgebildet und gelebt. Es gibt große Institute für Menschen-Pathologie und große Institute für Menschen-Forensik. Selbst nach meiner fünfundzwanzigjährigen Erfahrung als Pathologe und Forensiker für Tiere habe ich das immer noch nicht verstanden.

»Das ist doch ganz leicht«, versuchen mich die Getrennten zu überzeugen. »Wenn staatsanwaltschaftliches, also strafrechtliches Interesse erkennbar wird, ist die postmortale Untersuchung durch den Forensiker fällig. Wenn man einfach nur wissen will, woran jemand starb, führt der Pathologe das Messer.« Die Unterschiede gehen aber noch viel weiter. So machen die Forensiker üblicherweise keine feingeweblichen, also mikroskopischen Untersuchungen und bitten den Pathologen nur sporadisch um Hilfe bei vierhundertfacher Vergrößerung. Es gibt namhafte Forensikinstitute, die besitzen nicht mal ein Mikroskop.

In der Tiermedizin wäre diese Trennung völlig undenkbar. Nicht selten ergibt sich der Verdacht auf eine Straftat erst bei der Obduktion. Und natürlich ziehen wir bei fast jedem forensischen Fall das Mikroskop hinzu, denn Hinweise auf bestimmte Gifte oder die Ermittlung der Dauer von Veränderungen wären ohne dieses Hilfsmittel schlichtweg unmöglich. Wahrscheinlich spielt bei uns auch eine große Rolle, dass viele Tierobduktionen aus rechtlichem Interesse durchgeführt werden, ohne dass Strafrecht oder ein Staatsanwalt im Spiel sind. Da Tiere vor dem Gesetz bei Fragen des Eigentums den Sachen weitgehend gleichgestellt sind, entsteht beim Tod eines Tieres nicht selten ein Entschädigungsanspruch, über den anhand des Obduktionsbefundes entschieden wird. In einem Teil der Fälle arbeiten wir im Übrigen auch mit Humanforensikern zusammen, wenn der Tod eines Tieres mit einem Menschentod in Zusammenhang steht und helfen kann, diesen zu klären.

Im Laufe langer Jahre als Gutachter haben mich meine Fälle nicht nur fachlich interessiert; viele davon haben mich auch persönlich berührt. Manche haben mich verblüfft oder nachdenklich gestimmt, andere überrascht, einige aber auch erschreckt und abgestoßen. Sie alle beleuchten das Verhältnis von Menschen zu Tieren. Dass sich der Stellenwert der Tiere in unserer Gesellschaft verändert hat, kann man auch in der Gesetzgebung ablesen. Wir stellen Handlungen unter Strafe, die gegen die guten Sitten, gegen die Rechte oder gegen den Willen eines anderen verstoßen. Die guten Sitten sind allerdings nicht dauerhaft zementiert, sondern verändern sich. Je weiter man zurückblickt, desto brutaler erscheinen die vormals »guten Sitten«. Öffentliche Hinrichtungen gehörten einst dazu, Homosexualität war eine Straftat, Frauen und Kinder wurden vor dem Gesetz als Menschen zweiter Klasse behandelt. Und mit Tieren konnte man lange Zeit machen, was man wollte. Die Wissenschaft ging ohnehin davon aus, sie hätten keine Seele und würden nichts fühlen, auch keinen Schmerz, weshalb man sie in vergangenen Jahrhunderten, wie beschrieben, bei lebendigem Leibe vivisezierte. Ihre Klagelaute interpretierte man als bloße Reflexäußerungen. Die harthörigen Menschen von damals waren nicht besonders hartherzig, sie waren einfach nur Menschen ihrer Zeit.

Ich selbst erinnere mich, dass es in meiner Jugend ein alltäglicher Anblick war, wenn ein Kind in der Öffentlichkeit geohrfeigt wurde. Kaum einer empörte sich darüber, es war ebenso normal wie schlagende Lehrer, was heute unvorstellbar anmutet. Genauso ist es beim Umgang mit Tieren. Ein Hundebesitzer, der seinen Vierbeiner anbrüllte, schlug oder an der Kette hielt, erregte im letzten Jahrhundert kein Aufsehen. Ein solcher Umgang mit dem Hund verstieß nicht gegen den gesellschaftlichen Konsens des guten Benehmens. Eher hätte das demokratische Verhältnis, das manche Menschen heute mit ihren tierischen Mitbewohnern anstreben, für Belustigung gesorgt. Der partnerschaftliche Umgang wird oft gewünscht, ist vielleicht ein Spleen, vielleicht aber auch normal, abhängig vom Betrachter. Hingegen müsste ein gewalttätiger Tierhalter mit einer Anzeige rechnen.

Auch wer Hunde schlachtet, um sie zu essen, würde mit dem Gesetz in Konflikt geraten. Der Verzehr von geschlachteten Hunden war in manchen Regionen Deutschlands bis vor weniger als einhundert Jahren noch üblich. Zwischen 1904 und 1924 wurden in München, Chemnitz und Breslau insgesamt rund 42 400 Hunde geschlachtet und verspeist. Die Fleischbeschau von Hundeschlachtkörpern durch Tierärzte war, wie die von anderen Schlachttieren, per Verordnung geregelt. Und wir sprechen hier von deutschen Essgewohnheiten, nicht von manchen asiatischen Kulturen, in denen auch heute noch Hunde verspeist werden. Erst 1986 wurde die Hundeschlachtung zur Fleischgewinnung bei uns per Gesetz verboten.

Man sieht, die Zeiten haben sich geändert. Verbrechen ist der Verstoß gegen die jeweils aktuell geltende, gesetzlich formulierte gesellschaftliche Norm. Diese Norm ist abhängig vom Zeitalter der Betrachtung und vom Kulturkreis. Die Dynamiken dieser Veränderungsprozesse offenbaren vieles über die jeweilige Gesellschaft.

Meine gutachterlichen Tätigkeiten für Gerichte, Versicherungen und auch Privatpersonen betreffen strafrechtliche und zivilrechtliche Konflikte. Wenn einem Tier – ohne vernünftigen Grund gemäß Tierschutzgesetz – Leid angetan wird und es dadurch stirbt, fällt dies zunächst in den Zuständigkeitsbereich der Staatsanwaltschaft. Neben dem Tierschutzgesetz kann auch eine Vielzahl anderer Gesetze in strafrechtlichem Sinne gebrochen worden sein, wie etwa das Tiergesundheitsgesetz, das Bundesjagdgesetz oder das Waffengesetz, wenn mit Waffen und Munition missbräuchlich und leichtfertig umgegangen wurde. Wenn im strafrechtlichen Verfahren ein Urteil mit Schuldspruch erfolgt, kommt es danach nicht selten zu einem zweiten, zivilrechtlichen Verfahren über die Geltendmachung eines Erstattungsanspruches des materiellen

Wertes, da Tiere vor dem heutigen Gesetz bei ihrer Wertermittlung den Sachen weitgehend gleichgestellt sind.

Um hier Missverständnissen vorzubeugen, der Wortlaut im Bürgerlichen Gesetzbuch § 90a heißt seit 1990: »Tiere sind keine Sachen. Sie werden durch besondere Gesetze geschützt.« Tiere werden jedoch dann wie Sachen bewertet, wenn es zu Schadensersatzansprüchen kommt. In manchen Fällen können strafrechtliche Urteile relativ milde ausfallen, verglichen mit sehr hohen Summen, die anschließend zivilrechtlich für den Verlust eines wertvollen Turnierpferdes oder World Champions exklusiver Hunde- oder Katzenrassen gefordert werden.

Die Schönheitskönigin

Sie war eine Schönheitskönigin. Von perfekter Figur, mit langem, seidig weichem Haar, die geheimnisvoll schimmernden Smaragdaugen groß und die Stimme rauchig. Wie es sich für eine Diva gehört, war sie launisch. Und sehr, sehr wählerisch. Aber ihr Frauchen wünschte sich Nachwuchs. Neulich hatte man 25 000 Euro für die Schönheitskönigin geboten, die auf einer internationalen Zuchtausstellung zur Siegerin gekürt worden war. Doch es wäre dumm gewesen, auf dieses Angebot einzugehen. Denn wenn die Schönheitskönigin ihre Qualitätsgene zweimal im Jahr vererbte, und das war doch wohl normal für eine Katze, könnte Frauchen ein sehr entspanntes Leben führen und sogar eine eigene Zuchtlinie begründen. Ein standesgerecht passender männlicher World Champion war bald gefunden. 5000 Euro sollten für einen erfolgreichen Deckakt bezahlt werden, angesichts des zu erwartenden Gewinns durch die wertvollen Nachkommen nicht allzu haarig.

Um Königin und König ein entspanntes Kennenlernen ohne Zeitdruck und Heimvorteil zu ermöglichen, mieteten die Katzenbesitzer einen Raum in einer Katzenpension. Kein Stundenhotel, Gott bewahre! Das Pärchen sollte mehrere Tage miteinander verbringen – Honeymoon, Flitterwochen, Hauptsache, es paarte sich ausdauernd und mehrte sich zahlreich. Lange Tage, viel Licht und eine einfühlsame Beobachtung der Königin ließen schnell erkennen, wann die passende Zeit bevorstand. Dem König war das egal, Könige können und wollen immer. Hoffentlich war er auch der Richtige, denn bei Katzen entscheidet ausschließlich die Dame, ob oder ob nicht. Besonders sensible Tiere brauchen Ruhe im entscheidenden Moment. Bei Katzen muss einfach alles stimmen, denn erst wenn das gesamte Ritual mit Niederlegen, Nackenbiss mit Tragstarre, Akt und ruckartigem Zurückziehen des mit Widerhaken besetzten Katerpenis geglückt ist, kommt es bei der Kätzin zum Eisprung mit dem typischen Aufschrei – *induzierte Ovulation* lautet der wenig romantische Ausdruck des Tierpathologen. Katzen wussten immer schon, dass sie von Göttern abstammen. Aber eine kleine Stimulanz würde sicher nicht als Majestätsbeleidigung geahndet: Vielleicht würde das bereitgestellte eiweißreiche Leistungsfutter als Aphrodisiakum wirken, in den Trinknapf der Flitterwöchner gab die Besitzerin einige Tropfen homöopathischer Wolllust.

»Stören Sie unsere Katzen nur, wenn es wirklich nötig ist«, verlangten die Besitzer von dem Ehepaar, das die Katzenpension führte. Die Intimsphäre ihrer Tiere war ihnen heilig. Und dann zogen sie sich diskret zurück.

Nach zwei Tagen überfiel die Königinmutter Sehnsucht nach ihrer Katze, und obwohl sie erst am dritten Tag mit dem Besitzer des World Champion in der Pension verabredet war, fuhr sie dorthin. Ob man schon etwas sehen würde? Wann könnte sie selbst ertasten, dass etwas wuchs im Bauch der Schönheitskönigin? Gespannt ließ sich die Katzenbesitzerin das Zimmer aufschließen, trat ein, sah den König, der sie von einer Decke aus träge musterte – oder erschöpft? –, aber keine Königin.

»Soraya, Soraya, So-ra-ya«, lockte die Besitzerin, spitzte die Lippen und ließ lautmalerisch einen Luftballon schrumpfen.

Die Königin kam nicht.

»Wo kann sie denn sein?«, fragte die Besitzerin die Wirtin, nun schon ein wenig beunruhigt, denn in dem Zimmer gab es keine Möglichkeit, sich zu verstecken, allein einen Kratzbaum, etwas Spielzeug, drei Näpfe und in der Ecke einen Schrank.

»Ja, wo ist sie denn?«, fragte nun auch die Wirtin.

»So-ra-ya! Schätzchen! Komm zu Frauchen!«

Allein der König erhob sich, tat träge drei Schritte und plumpste wieder nieder. Argwöhnisch beäugte die Besitzerin ihn. »Wo ist Soraya?«, fragte sie in scharfem Ton.

Hingebungsvoll leckte der König seine Vorderpfote.

»Also, das verstehe ich jetzt auch nicht«, sagte die Wirtin ratlos.

Die Besitzerin öffnete den Schrank. Er war leer.

Keine Spur von Soraya – und so blieb es.

Zwei Stunden später traf der Besitzer des Königs ein. Abermals wurde alles abgesucht. Die Pensionswirte versicherten, dass die Tür stets verschlossen war.

»Und das Fenster?«, fauchte die Besitzerin.

Der Wirt hob die Hand zum Schwur. »Ich habe nur zweimal gelüftet und bin dabei im Raum geblieben.«

Die Königinnenbesitzerin glaubte ihm nicht, die Suche wurde in den Garten und in das benachbarte Wäldchen ausgedehnt. »So-ra-ya«, erschall es bis zur Heiserkeit aus mehreren Kehlen, auch Nachbarn sangen mit.

Den König erregte das Verschwinden seiner Gemahlin – war sie das überhaupt geworden? – nicht. Er ruhte faul auf seiner Decke und beobachtete das Treiben der Zweibeiner unter schweren Lidern. Die Besitzerin der Königin hatte den ersten Schreck überwunden und war nach einer kurzen Phase der Trauer mit Schuldzuweisungen in alle Richtungen beschäftigt. Immerhin: 25 000

Euro. In Luft aufgelöst. Plus das viele Geld, das sie schon auf ihrem Konto gewähnt hatte, für den Nachwuchs. Die Wirte waren schuld, weil sie ihre Aufsichtspflicht verletzt hatten, und der Besitzer des Königs, weil er doch viel näher bei der Pension wohnte als sie und hätte nachsehen müssen. Und natürlich war der König schuld: »Was hast du meiner armen Soraya angetan?«

Der König hüllte sich in Schweigen und wurde schließlich in seine vergitterte Sänfte gebettet nach Hause geleitet.

»Sie hören von mir!«, rief die Königinmutter ergrimmt seinem Chauffeur nach. Sie brachte den Gedanken nicht aus dem Kopf, der König habe die Königin zum Fressen lieb gehabt. Aber war das möglich?

Am nächsten Tag putzte die Pensionswirtin das Hochzeitszimmer und bereitete es für neue Gäste vor. Dabei fiel ihr ein unangenehmer Geruch auf. Sie folgte ihrer Nase, stutzte: Konnte das sein? Keuchend zog sie den schweren Schrank von der Wand. Soraya, alles andere als in Topform, etwas trocken und platt wie eine Flunder, fiel mit einem stumpfen *Plopp* zu Boden.

Der Schrei der Pensionswirtin alarmierte ihren Mann. Fassungslos rekapitulierten sie, dass Soraya hinter den Schrank gerutscht sein musste und eingeklemmt verschieden war. Sie waren also nicht schuld. Die Katze war da, sie konnten sich reinwaschen. Doch hätten sie womöglich besser geschwiegen? Denn die Königinmutter verklagte die Katzenpension auf Schadenersatz. Sie war der Meinung, die Wirte hätten keinen Schrank in das Zimmer stellen dürfen, und wenn, hätten sie ihn zur Wand abdichten müssen, um Unfälle zu vermeiden.

Die fünf Fragen des Richters

Einige Monate später bat mich der Richter, der den Prozess führte, um ein forensisches Gutachten auf der Basis der Obduktionsbefunde. Fünf Fragen standen im Raum.

1. Haben die Pensionswirte ihre Aufsichtspflicht verletzt? Die Königinmutter als Klägerin glaubte den Wirten nicht, dass sie das Hochzeitszimmer regelmäßig kontrolliert hatten. Diesen Verdacht sollte ich durch eine präzise Todeszeitpunktbestimmung klären, zu der ich die Klimadaten des Deutschen Wetterdienstes heranziehen sollte, um den zeitlichen Verlauf von Sorayas Austrocknung zu bestimmen.
2. Starb die Kätzin sofort? Etwa durch Genickbruch? Oder zog sich ihr Sterben über einen längeren Zeitraum hin, wobei Befreiungsversuche oder Klagelaute die Aufmerksamkeit des Betreuungspersonals hätten wecken müssen?
3. Lagen Grunderkrankungen vor, die den Tod der Katze mit verursacht haben können? War eventuell die Reaktions- oder Bewegungsfähigkeit des Tieres eingeschränkt, wodurch ein Unfall leichter zu erklären wäre?
4. Fanden sich stimulierende Substanzen im Blut der Katze, deren Nebenwirkungen den Unfall, wenn es denn einer war, begünstigt haben könnten? Etwa die Wolllusttropfen?

Dieser Fall war gleichermaßen kurios und interessant. »Mit dem gewinn ich«, schoss es mir durch den Kopf, wie ich es intern nenne, wenn ich etwas Besonderes für meine Studentinnen und Studenten aufstöbere. Vor vielen Jahren war ich selbst einmal Opfer eines kuriosen Unfalls: Ich legte mich mit einem Hirschgeweih an. Wie es dazu kam, behalte ich lieber für mich. Meine Kopfverletzung musste großflächig genäht werden. Unter örtlicher Betäubung hörte ich den Chirurgen ständig etwas murmeln, das klang wie: »Mit dem gewinn ich.« Delirierte ich? Schließlich fragte ich ihn.

»Wir haben in der Klinik einen kleinen Wettbewerb«, klärte er mich auf. »Einmal im Monat stellen alle Chirurgen des Hauses untereinander ihre kuriosesten Fälle vor, und nur einer kann gewinnen. Ich glaube, der Juli wird mein Monat. Mit Ihnen gewinne ich.«

Nun, Soraya wurde mein Herz-Ass, denn auch bei uns am Institut gab es seinerzeit einen kleinen Kuriositätenwettbewerb. Allein die Königinmutter fand den Fall nicht kurios. »Es war Mord!«, war sie sicher. Doch der Begriff Mord ist vorsätzlichen, besonders verwerflichen oder grausamen Menschentötungen mit niederen Beweggründen oder besonderer Gefährlichkeit des Täters vorbehalten. Wäre das Opfer ein Mensch, würde die Klärung dieser Anschuldigung maßgeblich über die Strafe des Täters bestimmen. Der Prozess verliefe völlig anders. Man hätte den König, wäre er ein Mensch, befragen können. Hatte er den Tod der Königin mitverschuldet? Hatte er zu wildes Spiel getrieben? Sie gejagt? Sie nach wiederholter Abweisung aus Rache und gekränkter Eitelkeit in den Tod getrieben? Oder war er Zeuge eines tragischen Unfalls geworden, in dessen Folge er nur noch apathisch in der Ecke liegen konnte? Mord im Affekt, im – eventuell sexuellen – Rauschzustand, mildernde Umstände?

So reizvoll ich solche Spekulationen als einigermaßen fantasiebegabter Privatmensch finde – für einen Wissenschaftler und vom Gericht berufenen Gutachter ist Sachlichkeit das höchste Gebot. Ich bin allein den Fakten und dem Stand der Wissenschaft verpflichtet, und Gerichtsverfahren mit Tieren als Opfer unterscheiden sich in der Regel stark von Menschenprozessen.

Die fünfte Frage war die interessanteste und erforderte einen hohen pathologischen Aufwand. Der Richter wollte wissen, ob vor dem Tod der Kätzin ein Deckakt mit Erfolg stattgefunden hatte. In diesem Fall würde sich der Streitwert um 5000 Euro Deckprämie erhöhen, die sich auch auf das Honorar aller beteiligten Anwälte niederschlüge, und der Besitzer des Königs könnte diese Summe später einfordern. Wie in vielen anderen meiner Gerichtsfälle auch, ging es hier also allein um das Tier als einer Sache gleichgestelltem Wirtschaftsgut und die mit dem konkreten Fall verbundenen finanziellen Forderungen nach dem Zivilrecht. Der Verdacht auf einen Verstoß gegen das Tierschutzgesetz und damit ein strafrechtlich relevanter Vorwurf wurde nicht formuliert. Das Wohl und die Würde des verstorbenen Tieres waren also zu keinem Zeitpunkt Gegenstand des Verfahrens.

Da Tiere vor dem Gesetz in Bezug auf das Eigentumsrecht den Sachen gleichgestellt sind, fallen hier Worte wie Sachbeschädigung und Erstattungsanspruch, die viele Tierfreunde empören: Ihre Tiere sind doch keine Sachen, sondern Lebewesen! Diesem Dilemma werde ich mich später noch widmen.

Ob ein Deckakt erfolgte, kann bei den meisten Spezies durch Spermanachweis im weiblichen Genitale geklärt werden. Dies geschieht entweder über DNA-Spuren mit Spermienprofil des männlichen Tieres oder durch den mikroskopischen Nachweis von massenhaft Spermien in ihrem Zielorgan, wie wir Pathologen sagen – diesmal war der Eileiter gemeint. Anhand der genauen Lokalisation bei bekannter Wanderungsgeschwindigkeit wäre sogar eine zeitliche Einschätzung denkbar.

All dies jedoch reicht bei Katzen nicht aus. Bei den Götternachkommen muss zusätzlich der erfolgte Eisprung nachgewiesen werden, der nicht bei jeder Kopulation ausgelöst wird. Auch dafür hat der Pathologe eine Lösung. Beide Eierstöcke wurden in feinen Scheiben auflamelliert und unter dem Mikroskop auf Eisprungfolgen untersucht. Ob dies sicherer ist als die Erstellung eines Hormonprofils aus dem Blut oder zu einem früheren Zeitpunkt einen belastbaren Befund liefert, wurde bislang in wissenschaftlichen Studien nicht untersucht. So oft hat sich diese Frage offenbar noch nicht ergeben.

Gerichtsfälle sind fast immer einzigartig. Und ich gewann mit meinem Herz-Ass Soraya: Sie war in freudiger Erwartung aus dem Leben gerissen worden.

»Es war also nicht nur Mord! Es war ein Doppelmord!«, rief die Königinmutter, und ich konnte an ihrem Gesicht förmlich ablesen, wie hektisch sie Zahlen addierte, vielleicht überlegte, ob sie die Verkaufssummen für die folgenden Generationen, ganze Kohorten von Katzen, einklagen könnte. Ich korrigierte sie nicht, denn erstens musste sie nun die Arbeit des Königs, also den Deckakt, bezahlen, und zweitens wäre es sogar ein Mehrfachmord gewesen, wenn hier von Mord die Rede hätte sein können, da Katzen meist zwischen zwei und acht Welpen zur Welt bringen.

Ja, auch bei Katzen heißt es Welpen; dieser Begriff wird zoologisch bei allen Raubtieren angewendet. Katzenjunge, Kätzchen oder Kitten geht natürlich auch. Mir fällt jedoch zunehmend auf, dass Hunde- und Katzenzüchter von ihren Kindern sprechen, wenn sie ihre Welpen meinen. Auch viele andere Begriffe, die man nur aus dem Umgang mit Kindern kennt, habe ich schon gehört: Baby, Bubi, Mädilein, kleiner Junge, Racker, Fräulein, kleiner Mann, Göre. Ferner gehen viele Tierbesitzer »zum Arzt«, wenn sie den Tierarzt meinen. Die Königinmutter nannte, wie sollte es anders sein, ihre verstorbenen Kätzinnen Prinzessinnen.

Am Ende blieb unklar, wie es zu Sorayas Absturz kam und was sich genau zwischen dem Königspaar abgespielt hatte. Aber so ist es nun einmal: Das gemeine Menschenvolk muss leider draußen bleiben, wenn der Adel verkehrt.

Der Schuss

Wenn es zu Erstattungsansprüchen nach dem Verlust eines Tieres durch die Schuld anderer kommt, werden Tiere wie gebrauchte Sachen bewertet, etwa wie ein Fahrzeug. Anschaffungswert, Alter und Vorschäden – also Krankheiten, die unabhängig vom Rechtsverstoß bestanden – werden dann bei der Wertermittlung berücksichtigt. In den meisten Fällen bleibt dann nicht mehr viel übrig, was die meist ohnehin gebeutelten Besitzer durch eine weitere gefühlte Herabwürdigung ihres Tieres belasten kann. So wie bei Sabine:

Es war einer dieser Tage, an denen Sabine das Aufstehen um sieben Uhr morgens leichtgefallen war. Das war nicht immer so, doch wer einen Hund hält, so ihre Überzeugung, muss sich auch ordentlich um ihn kümmern, und dazu gehörte ein ausgiebiger Morgenspaziergang. Jetzt im Mai war es um diese Uhrzeit hell, und Sabine konnte ihre reflektierende Bekleidung zu Hause lassen. Wie jeden Tag begrüßte Luna sie, als wäre sie wochenlang verreist gewesen. Sabine liebte das Ritual, bei dem sie der Hündin so lange den Bauch kraulte, bis diese genug hatte, sich schüttelte und zur Tür lief.

»Gleich«, sagte Sabine. »Nur noch die Schuhe.«

Luna setzte sich vor die Tür. Kein Hochspringen, kein Kläffen – alle Befürchtungen, die Sabine gehegt hatte, waren nicht eingetroffen. Luna war ihr erster Hund aus dem Tierheim. Manche hatten sie gewarnt, dass es stressig werden könnte mit einem Hund, über dessen Herkunft sie nichts wusste. Doch mit der einjährigen Luna, einem Labrador-Irgendwas-Mix, hatte es bis auf einen Hausschuh noch keine Opfer gegeben. Tag für Tag wuchsen sie mehr zusammen. Sabine war zuversichtlich, dass sie und Luna eines Tages ein ebenso gut eingespieltes Team sein würden, wie sie es dreizehn Jahre lang mit Emma, einer reinrassigen Labradordame, erlebt hatte. Die war nun ein knappes Jahr tot und schaute vom Hundehimmel auf ihre Nachfolgerin, da war Sabine sicher, vielleicht wie ein Schutzengel. »Habt ihr Schutzengel?«, fragte sie die Hündin. Luna legte den Kopf schief. Sabine lachte. »Menschen stellen blöde Fragen. Okay, jetzt ist Schluss mit Gequatsche. Jetzt geht's raus.«

Nach zehn Minuten erreichten sie das Waldstück, in dem um diese Uhrzeit nur wenige Menschen unterwegs waren. Die nächste Stunde gehörte ganz ihr, ihr und Luna, das Tortenstück des Tages vor dem Büro und allem anderen. Die Vögel zwitscherten, und die schon kräftigen Sonnenstrahlen erhellten den frischgrünen Waldboden durch das junge Blätterdach. Die flinken Birken leuchteten hellgrün, die ehrwürdigen Buchen ließen sich wie immer Zeit. Es roch würzig nach Moos und Erde und Frühling.

Sabine ließ Luna von der Leine und ein wenig frei umherschnuppern, behielt sie aber im Auge. Dann begann sie mit dem Training. Nachdem Luna zu Beginn große Probleme mit dem Kommando »Bleib« gehabt hatte, klappte es nun ganz gut. Sabine konnte die Hündin warten lassen und sich bis zu zwanzig Meter entfernen, ohne dass diese zu ihr rannte. Das wertete sie als gutes Zeichen – Luna fasste Vertrauen. Sabine begann mit kurzen Distanzen von drei und fünf Metern, ließ den Hund sitzen, entfernte sich, rief ihn ab, vergrößerte die Distanz, schaute auch auf die Uhr. Eine halbe Minute, kein Problem, prima. Luna saß zehn Meter vor ihr, der ganze Hundeleib gespannt wie eine Feder, aufgerichtete Ohren, wacher Blick, sprungbereit, um bei Sabines »Hier« loszustürmen. Noch zehn Sekunden, dachte Sabine. Dann hätten wir eine Minute voll. Ein Rekord. Sie zählte leise. Neun, acht, sieben, sechs, fünf …

Plötzlich ein reißender Knall, dann flog etwas Zotteliges durch die Luft. Luna! Luna flog, landete auf dem Boden. Jaulte, schrie, so kann doch kein Tier klingen! Der blanke Schmerz und alles voller Blut. Sabine rannte zu ihrem Hund. Aus dem jaulenden zuckenden Bündel spritze Blut. Sabine wurde schwarz vor Augen, ihr wurde schlagartig übel. Am ganzen Körper zitternd schaute sie sich um. Bekam keine Luft. Was war geschehen? Und da sah sie es. Lunas linkes Vorderbein baumelte schräg zur Seite, hing nur noch an einem Fetzen aus Haut und rotem Fleisch. Sabine schrie. Ihr Schrei vermischte sich mit dem ihres Hundes, ein Gellen, das die Vögel verstummen ließ.

»Abbinden! Abbinden!« Auf einmal stand ein Mann neben ihr, Sabine wusste nicht, woher er gekommen war. Sein Gesicht war schneeweiß, er riss sich die Jacke vom Leib, dann seinen Hosengürtel und kniete sich neben Luna. Sabine schaute nur zu. Sie konnte sich nicht bewegen. Alles ging ganz langsam. Und dann wurde es Nacht um sie.

Irgendwie gelangte sie auf die Rückbank des Autos. Ein anderer Mann in Joggingklamotten saß am Steuer und gab Gas, der Ersthelfer auf dem Beifahrersitz hatte Luna auf dem Schoß. Blut sickerte aus der Wunde, die Hände des Mannes waren dunkelrot, auch seine Jeans, die Sitze und Sabines Jacke, ihre Hände, alles voller Blut. »Danke. Danke, dass Sie uns helfen«, stammelte Sabine. Sie war noch immer wie gelähmt. Luna winselte und jaulte nun leiser, ihre Augenlider flatterten, sie hechelte heftig. Der Mann am Steuer raste holpernd über den Waldweg, erreichte endlich die Straße, schlingernd bog er ab, Vollgas. Der andere Mann brüllte in sein Handy. »In fünf Minuten. Schwer verletzt. Angeschossen.«

Angeschossen, dachte Sabine. Das war der Knall. Aber wer hatte auf Luna geschossen? Und warum? Lieber Gott, mach, dass sie es schafft.

Der Ersthelfer trug Luna in die Praxis, Sabine wankte hinterher. Das alles konnte nur ein Albtraum sein. Gleich würde sie aufwachen. Die Tierarzthelferin rief »Um Gottes willen!«, während sie die Katze, die als erste Patientin des Tages zur Zahnsteinentfernung auf dem Tierarzttisch lag, in ein Nebenzimmer brachte. Die Tierärztin nahm den provisorischen Druckverband aus Gürtel und Jacke ab und stellte knapp fest: »Das Bein ist verloren. Ich hoffe, wir können den Hund retten.« Die tierärztliche Fachangestellte – früher Tierarzthelferin – sollte jetzt gut festhalten. Als Erstes verschloss die Ärztin die noch schwach pulsierende Hauptbeinarterie mit einer chirurgischen Klemme. Dann griff sie zum Infusionsbeutel und einer Kanüle. Sie bereitete eine Narkose vor, um das Bein zu amputieren. Die Maulschleimhaut des Hundes war blass, die Bindehäute porzellanweiß; Luna hatte viel Blut verloren, zu viel Blut. Wenn sie nicht sofort eine Bluttransfusion erhielt, würde sie sterben. Eine Assistentin zapfte bereits Blut aus der Vene der Berner Sennenhündin der Tierärztin.

Nicht wenige Tierärztinnen halten extra große Hunde, um bei einem Notfall in der Praxis auf einen Blutspenderhund zurückgreifen zu können. Während man beim Menschen vor einer Bluttransfusion zwingend die Blutgruppe bestimmen und passendes Spenderblut auswählen muss, ist die Übertragung beim Hund ohne jede Vorabprüfung beim ersten Mal zumeist unproblematisch. Vom einen Hund abzapfen, in den anderen hineinlaufen lassen, fertig. Hunde verfügen nicht über die Blutgruppen A, B und 0, und sie besitzen auch keine Rhesusfaktoren, die beim Menschen zu tödlichen Transfusionsreaktionen führen können. Bei Hunden funktionieren die über zwölf verschiedenen Blutgruppen völlig anders, und lebensbedrohliche Reaktionen treten zumeist erst ab der zweiten Transfusion auf. Diese Toleranz hat schon vielen Hunden nach Verkehrsunfällen und anderen schweren Blutverlusten das Leben gerettet. Denn bereits bei akutem Verlust von etwa einem Drittel des zirkulierenden Bluts tritt der Tod durch Verbluten ein. Wir sprechen dann von einem Tod durch hypovolämischen Schock. Nicht die Blutzellen oder der Sauerstofftransport sind hier entscheidend, sondern das schlichte Volumen, ohne das der Blutdruck nicht mehr gehalten werden kann. Im Falle von Luna mit einem Gewicht von fünfundzwanzig Kilo und zwei Litern Blut – acht Prozent des Körpergewichts, lautet die Faustregel – trat dieser Fall also nach einem Blutverlust von etwa 0,6 Litern ein. Zwei Coladosen. Das war nicht viel. Bevor der Ersthelfer Lunas Wunde so gut er konnte abgebunden hatte, waren große Mengen Blut regelrecht aus dem Bein herausgespritzt. Das tatsächlich verlorene Blutvolumen ist allerdings immer schwer zu bestimmen und wird oft überschätzt, da schon geringe Mengen, großflächig verschmiert, beim Betrachter einen gewaltigen Eindruck hinterlassen.

»Halt durch, Luna, mein liebes kleines Mädchen. Du bist doch so tapfer. Bitte!« Tränenüberströmt stand Sabine neben dem Tisch, während die Tierärztin den Venenkatheter für die Transfusion legte. Da hörte Lunas Herz auf zu schlagen, und sie erschlaffte. Und dann war es nach all der Hektik auf einmal still in der Praxis. Die Menschen, die um den Tisch standen, kannten sich nicht, und doch waren sie sich in diesem Moment in der Trauer um den jungen Hund sehr nah. Schließlich sagte die Tierärztin mit belegter Stimme: »Es tut mir so leid.« Und dann fragte sie: »Was ist denn da eigentlich passiert?«

»Ein Jäger hat auf sie geschossen«, sagte der Ersthelfer, ein etwa fünfzigjähriger Mann. Tränen liefen ihm übers Gesicht. Er kramte aus seiner Hosentasche einen blutverschmierten Zettel mit der etwas krakeligen Autonummer, die er notiert hatte, als er den Jäger davonfahren sah.

»Dann sollten wir jetzt die Polizei rufen«, sagte die Tierärztin.

Hubertus Eden hatte seine Jagd seit einundfünfzig Jahren. Auch sein Vater war Jäger gewesen. Und sein Großvater. Früher war alles besser. Früher gab es noch Fasane, richtig viele Rebhühner und jede Menge Hasen. Heute nicht mehr. Die Bauern waren schuld. Die mit ihrem Glyphosat, da kommt nichts mehr hoch und das Flugwild verhungert. Die Jagd war einfach nicht mehr das, was sie mal war. Da waren sich am Jägerstammtisch alle einig. Und auch der Wald hatte sich verändert. Er war kein freier und stiller Ort mehr, der dem Jäger gehörte und seinem Wild. Der Wald war voller Städter, die die Ruhe störten, die laut waren, ihren Müll mitbrachten und sich überall einnisteten wie Rachendasseln. Und erst die Jogger, selbst nachts rannten sie mit Kopflampen durch seinen Wald. Er hasste sie alle. Und er hasste auch ihre Hunde, die durchs Unterholz stöberten, das wenige Wild aufscheuchten, die nicht folgten oder ständig gerufen wurden, so laut der Wald, so hektisch! Sie brachten ihre Stadthektik in den Wald. Ein Hund muss folgen. Ein Hund gehört nicht in den Wald, außer er ist ein ausgebildeter Jagdhund.

Hubertus Eden hatte keinen Hund mehr. Seit dem Tod von Birko vor zwei Jahren lebte er allein. Sein Birko von der Hasenheide, das war ein Prachtkerl gewesen, der konnte was. Aber mit achtundsiebzig schafft man sich keinen Hund mehr an. Es könnte ja mal was sein, und sein Blutdruck machte ihm immer öfter zu schaffen. Und dann wäre der neue Birko allein, nein, so was würde Hubert Eden einem Hund nicht antun. Wenn er Hilfe bei der Nachsuche brauchte, lieh er sich den Rex vom Jürgen. Der war auch noch einer vom alten Schlag. Einer wie er. Diese neumodischen Jäger und sogar Jägerinnen, wie sie jetzt wie Springkraut aus dem Boden schossen, hatten doch keinen blassen Schimmer. Die dachten immer nur in Öko. Kein Sinn für Tradition und echtes Waidwerk. Keine Ahnung, nur Naturschutz im Sinn. Lächerlich. Und ihre Büchsen, affig. Zielfernrohre mit Leuchtpunkt. Wer nicht über Kimme und Korn treffen kann, bleibt besser zu Hause. Und ihre Autos! Ohne den technischen Schnickschnack wären die doch aufgeschmissen. Weicheier.

Ein Polizeiwagen fuhr vor. Zwei Beamte stiegen aus.

»Waren Sie heute früh gegen acht Uhr im Wald im Gebiet des Wanderparkplatzes Bachleite?«

»Ja, natürlich. Ist ja mein Revier.«

»Ist etwas vorgefallen?«

»Was soll denn vorgefallen sein?«

»Sie haben doch geschossen.«

»Natürlich. Das musste ich!«

»Auf einen Hund?«

»Wenn ein Hund wildert …«

»Der Hund hat gewildert?«

»Der hat ein Fasanenküken noch im Maul gehabt und darauf rumgebissen. Wenn Sie mal in den Kalender schauen: Es ist Mai. Schonzeit. Der Köter hat sie aus dem Nest geräubert.«

»Ach so.«

»Ja, so war das.«

»Und deshalb haben Sie auf den Hund geschossen? Weil er ein Küken gewildert hat.«

»Genau. Ist ja meine Pflicht als guter Jäger.«

»Aber warum haben Sie ihm dann das Bein abgeschossen? Sie hätten ihn doch gleich ganz töten können?«

»Ich hab ihm nicht ins Bein geschossen! Ich hab ihm einen glatten Blattschuss angetragen! Ich hab noch nie danebengeschossen.«

Die Beamten wechselten einen Blick.

»Ich bin ein guter Jäger!«

Weidmannsheil

Was einen guten Jäger ausmacht, unterliegt ebenso dem Wandel der Zeit. Ich habe viel Kontakt mit Jägern, jage selbst und werde in Gesprächen oft auf den Begriff der »Waidgerechtigkeit« verwiesen (Waid ist altdeutsch und kommt von Weide, deshalb heute mit e). Laut Bundesjagdgesetz ist nach den allgemein anerkannten Grundsätzen deutscher Weidgerechtigkeit zu jagen. Dieser historische Ehrenkodex der Jäger und Angler ist jedoch in keinem Gesetzestext oder Lehrbuch belastbar definiert. Weidgerechtigkeit beinhaltet viele gute Vorsätze, die man heute mit neueren Vokabeln besser benennen könnte: Tier-, Natur- und Umweltschutz, Ethik, Fleischhygiene – hier in Bezug aufs Wildbret –, Kollegialität unter Jägern, gute Handwerkspraxis, Waffensicherheit. Und manche zählen auch Tradition dazu. Alle diese Werte sind ehrenvoll und richtig, jedoch auch sehr wandlungsfähig im Laufe der Zeit.

Als man dem Wild vor dem Schuss noch eine faire Chance geben wollte – das liegt erst wenige Jahrzehnte zurück –, galt das Zielfernrohr als nicht weidgerecht. Geschossen wurde über Kimme und Korn. Heute ist es undenkbar, dem Wild eine Chance geben zu wollen, denn damit riskiert man Fehlschüsse und schwere, nicht gleich tödliche Verletzungen und damit viel Leid. Das heutige Verständnis von Tierschutz – eindeutig im Tierschutzgesetz formuliert – verbietet das Zufügen von Schmerzen, Leiden oder Schäden ohne vernünftigen Grund. Eine Chance geben ist kein vernünftiger Grund, sondern eine Ausrede. Gute Jäger werden heute stets versuchen, mit jeglicher erlaubter technischer Hilfe ein

Tier möglichst schnell, sicher und ohne unnötiges Elend zu erlegen. Wobei auch der Leuchtpunkt im Zielfernrohr hilft, der bis vor wenigen Jahren noch als unweidmännisch galt. Aktuell fällt die Scheu vor dem Aufschrauben von Schalldämpfern und vor dem Einsatz von Taschenlampen zum Anstrahlen des Wildes, morgen wahrscheinlich vor dem Einsatz von Nachtzielgeräten bei der Jagd auf Sauen.

Ich habe eine hohe Meinung von denjenigen Jägerinnen und Jägern, die sich der Wandlungsfähigkeit der Weidgerechtigkeit bewusst sind und sich den heute in der Gesellschaft allgemein geltenden Werten verpflichtet fühlen. Die Jagd ist eine der natürlichsten Tätigkeiten des Menschen und ein faszinierendes Handwerk, dem ich tiefen Respekt zolle. Tierschutz jedoch steht für mich als Tierarzt immer an oberster Stelle.

Fehlschuss

Die Aussagen der Hundebesitzerin und des Zeugen, der den Täter mit der Waffe im Auto hatte wegfahren sehen, aber kein Fasanenküken beim Hund, und die des Jägers widersprachen sich. Daher ordnete die Staatsanwaltschaft aufgrund des Verdachtes auf einen Verstoß gegen das Tierschutzgesetz, das Bundesjagdgesetz und das Waffengesetz die Obduktion des Tieres an. Der Fahrer des Wagens hatte nichts gesehen, war gerade zum Joggen auf den Parkplatz gefahren und von dem Ersthelfer, der den blutüberströmten Hund in den Armen hielt, aufgehalten worden.

> *Pathologisch-anatomische Sektionsbefunde:* Jungadulte Mischlingshündin, einheitlich hellbeiges, mittellanges, stellenweise leicht gelocktes Haarkleid, 24 Kilo. Chip am Hals ausgelesen mit der Nummer 12345678. Totenstarre in beginnender Auflösung, Hornhaut getrübt. Guter Pflegezustand, Körperöffnungen und Zehenendorgane unauffällig. Skleren und Maulschleimhaut porzellanweiß. Linker Vorderlauf separat, im distalen Drit-

tel des Os humeri (Mensch: Oberarmknochen) mit Splitterfraktur abgetrennt. Hautränder teils mit glatten, schnittartigen Rändern, teils lazeriert (zerrissen). Angrenzende Körperoberflächen stark mit eingetrocknetem Blut aufgelagert. Eine chirurgische Naht tief in der mittig offenen Muskulatur, Wundränder provisorisch vernäht.
Eröffnung: Alle Organe weitgehend blutleer, hochgradige Anämie (Blutarmut). Dezentes, akutes, alveoläres Lungenödem (Flüssigkeit in Lungenbläschen). Magen wenig gefüllt mit tierartspezifischer Ingesta (aufgenommenes Futter), Enddarm leer. Alle übrigen Organe ohne besonderen Befund.

Zusätzliche Untersuchungen / Röntgenologische Bildgebung: An der separat verpackten Vordergliedmaße massive Lazerationen der brachialen (Mensch: Oberarm-)Muskulatur, vereinzelt Knochensplitter verschiedener Form und Größe, überzogen mit eingetrocknetem Blut.
Röntgen in drei Ebenen: mindestens zwanzig bis zwei Millimeter große, variabel geformte, röntgendichte Partikel sowohl im Tierkörper als auch der separaten Vordergliedmaße in angrenzendem Knochen-, Muskel und Unterhautgewebe im Umkreis bis etwa zehn Zentimeter von der Humerusfraktur, vereinbar mit Splittern eines Teilzerlegungsgeschosses, kein Geschossrestkörper. Innere Organe frei von röntgendichten Fremdkörpern und auch sonst ohne Befund.

Die Staatsanwältin wollte von uns Auskunft über Todesursache, Schussentfernung, Schusswinkel. Ferner erbat sie Klärung, ob es Hinweise gab, dass der Hund gewildert hatte. Wenn der Jäger die Wahrheit gesagt hatte, müssten wir an den Lefzen, im Maul und vielleicht auch im Magen Federn oder andere Flugwildteile finden, vielleicht sogar Fremdblut. Doch obwohl wir die gesamte Maulhöhle mit Lupe und Tupfern auf Federn und andere Teile abgesucht hatten, die möglicherweise von einem Fasanenküken hätten stammen können, fanden wir nichts. Auch nicht im Rachen, in der Speiseröhre oder im Magen. Selbst unter dem Mikroskop fanden wir keine Federn oder andere mit der Aussage des Jägers zu vereinbarende Spuren. Die DNA-Analyse des Materials ergab kein hundefremdes Gewebe. Damit konnten keine Sektionsbefunde die Schilderungen des Jägers stützen. Er hatte gelogen. Ein angefressenes Fasanenküken hätte Spuren hinterlassen.

An der Obduktion nahmen zwei meiner Studentinnen teil. Sie waren entsetzt. Eine von ihnen, offensichtlich noch ohne ballistische Erfahrung, fragte mich: »Herr Professor, warum hat der Jäger dem Hund das Bein abgeschossen, wenn er doch so nah dran war? Fünfzehn Meter Entfernung, wie die Polizei rekonstruierte. Ein erfahrener Jäger müsste auf fünfzehn Meter doch tödlich treffen, oder? Glauben Sie, das war Absicht? Dann wäre es zusätzlich Tierquälerei. Warum hat er ihn nicht ganz erschossen?«

Diese Frage konnte ich beantworten: »Dem Jäger unterlief ein typischer Nahschussfehler. Er zielte auf das Herz, stand aber zu nah und schoss das Bein ab. Ein solcher Fehler wird durch die Einstellung des Zielfernrohres verursacht. Der Schütze hat wohl nicht mit dem Hund in dieser Distanz gerechnet. Typischerweise sind Zielfernrohre auf Jagdgewehren so eingestellt, dass die optimale Schussentfernung zwischen etwa fünfzig und hundert Metern liegt. Wenn die Kugel aus dem Lauf austritt, liegt sie etwa handbreit unter der optischen Achse des Zielfernrohres. Die Kugel fliegt aufwärts in einer ballistischen Kurve, die erst ab etwa vierzig Meter in die Nähe der optischen Achse des Zielfernrohres gelangt. Zwischen etwa fünfzig und einhundert Metern fliegt die Kugel auf ihrer hier fast noch geraden ballistischen Bahn sehr nahe an der optischen Achse und trifft wie anvisiert. Auf Distanzen unter vierzig Meter trifft die Kugel zu tief, je näher, desto tiefer. Also nicht das Herz des Hundes, sondern das Vorderbein.« (Siehe Bildtafelteil, Abb. 3)

Das Urteil

Im strafrechtlichen Verfahren wurde der Täter zu sechzig Tagessätzen verurteilt. Damit verlor er seinen Jagdschein. Aus juristischer Sicht hatte er gegen drei Gesetze verstoßen. Das Tierschutzgesetz verbietet das Zufügen von Schmerzen, Leiden und Schäden ohne vernünftigen Grund. Eine direkte Tötung erfolgte ja nicht, wenn auch unter Tötungsabsicht gehandelt worden war. Unter anderen Umständen hätte Lunas Leben eventuell noch gerettet werden können. Der zweite Verstoß erfolgte gegen das Waffengesetz, das den ungerechtfertigten und fahrlässigen Gebrauch von Waffen und Munition verbietet. Nicht nur in Bezug auf den Hund, immerhin stand die Besitzerin in unmittelbarer Nähe und war durch einen möglichen Querschläger gefährdet. Drittens wurde das Bundesjagdgesetz verletzt, und zwar gleich zweifach. Zunächst zählt es den Schutz des Wildes vor wildernden Hunden zu den Jagdschutzaufgaben des Jägers, wobei es die Einzelheiten jedoch näheren Bestimmungen durch die Bundesländer überlässt. Diese formulieren zwar im Detail etwas uneinheitlich, im Wesentlichen ist jedoch das Töten von Hunden erlaubt, die in flagranti beim Wildern erwischt werden und nicht unter direkter Einwirkung der führenden Person stehen, also außerhalb von Ruf- oder Sichtweite oder bei ausbleibendem Gehorsam. Damit wird eine Güterabwägung getroffen zwischen dem Recht des Wildes und dem des Hundes auf Unversehrtheit. Manche Hunde lernen das erfolgreiche Wildern schnell, und die Literatur dokumentiert viele Fälle, in denen ein einzelner Hund erstaunlich hohe Zahlen von Rehen gerissen hat, ohne dass der Besitzer je davon wusste. Besonders auch für ohnehin stark dezimiertes Federwild und Feldhasen können wildernde Hunde eine echte Bedrohung darstellen. Doch die Einstellung in der Gesellschaft und auch in der Jägerschaft dazu ändert sich, besonders in Großstadtnähe, und in einigen Bundesländern wirken aktuell starke Kräfte, die das Töten von wildernden Hunden vollständig verbieten wollen.

Eine wesentlich größere Gefahr für bedrohtes Federwild, Singvögel, Feldhasen, Amphibien und Reptilien stellen wildernde Katzen dar. Ohne jegliche Ahnung ihrer Besitzer können sie auf ihren langen Streifzügen großes Unheil aus Sicht des Natur- und Artenschutzes anrichten. Die Engländer wollten es genau wissen und erforschten: Auf der Insel werden allein zwischen April und August zwischen sechsundvierzig und zweiundneunzig Millionen Tiere vom Amphibium über Vögel bis zum Säuger von streunenden Hauskatzen getötet. »Meine Minka aber sicher nicht!«, höre ich oft. Aber nur dreiundzwanzig Prozent der getöteten Beutetiere werden von den Katzen ihrem Besitzer vorgelegt, den Rest hält die Katze geheim. Ja, auch Ihre!

Aufgrund ihres völlig anderen Jagdverhaltens und der zumeist fehlenden Besitzerkontrolle gelten für deutsche Katzen andere Vorschriften als für Hunde. Die meisten Bundesländer erlauben das jagdliche Erschießen von streunenden Katzen, ohne dass sie direkt beim Wildern beobachtet werden müssen, sofern sie mindestens zwei- oder dreihundert Meter vom nächsten bewohnten Haus angetroffen werden. In NRW jedoch wurde das Töten von streunenden Katzen gemäß Landesjagdgesetz 2015 gänzlich verboten, nachdem dort etwa 10 000 Katzen jährlich durch Jäger erschossen worden waren. Die Katzenlobby ist offenbar stärker als die Naturschutzlobby. Gute Nachricht für Katzen und ihre Besitzer, schlechte Nachricht für den Natur- und Artenschutz.

Der zweite Verstoß des Hubertus Eden gegen das Jagdgesetz bestand übrigens darin, dass er aus dem Auto heraus geschossen hatte. Dies gilt bei aller Verliebtheit der Deutschen in ihre Autos auch heute noch als nicht weidgerecht.

Die Geschichte von Luna, Sabine und ihrem Jäger war jedoch noch nicht zu Ende. Nach der strafrechtlichen Verurteilung und sicheren Schuldfeststellung war der Weg frei für eine zivilrechtliche Forderung auf Erstattung aller sachlichen Wertverluste. Tiere werden bei einer finanziellen Erstattung in der Regel wie gebrauchte Sachen behandelt, wobei ein aktueller Marktwert geschätzt wird. Wertmindernd wirken sich dann bestehende Vorerkrankungen aus – wie Blechschäden am Auto – sowie natürlich das Alter – wie eine Kilometerlaufleistung. Bis 2006 galten alle Tiere grundsätzlich als gebrauchte Sache gleich von Geburt an – wie ein Neuwagen, nachdem er gekauft und erstmals vom Hof des Verkäufers gerollt ist. Ein Urteil des Bundesgerichtshofes (BGH) aus 2006 räumte jedoch auch die Möglichkeit ein, ein Tier einer neuen Sache gleichzustellen. Dazu müsse es noch jung sein und in seinem eigentlichen Einsatzgebiet ungebraucht, etwa ein Fohlen, das noch nie geritten wurde.

Dies hat zwar keinen prinzipiellen Einfluss auf die Einschätzung des tatsächlichen Wertes, jedoch auf Mängelansprüche des Käufers und die dafür geltende Verjährungsfrist. Oft findet man bei Tierkäufen den Hinweis auf eine einjährige Verjährungsfrist für Gewährleistungsansprüche des Käufers im Falle eines Mangels, da es sich bei lebenden Tieren grundsätzlich um gebrauchte Verbrauchsgüter handele. Diese weitverbreitete Einschätzung muss heute nicht mehr als allgemeingültig hingenommen werden, was ich nicht nur aus Gründen des Verbraucherschutzes gutheiße, sondern auch in Bezug auf die Würde von Tieren. Für neue Sachen gilt nämlich eine zweijährige Frist. Für Tiere können hier jedoch wieder Ausnahmen gelten, zum Beispiel bei Infektionskrankheiten, die zum Teil bereits wenige Tage nach der Ansteckung zum Tod führen können. Hier wäre eine zweijährige Gewährleistungsfrist ab Kauf unsinnig. Die Regeln für Werterstattungen von verstorbenen oder erkrankten Tieren als Verbrauchsgüter bleiben also kompliziert.

Die schließlich an Sabine gezahlte Gesamtsumme von sechshundert Euro umfasste zusätzlich die Ausgaben für die tierärztliche Behandlung, Lunas Leine sowie alle Reinigungs- und Ersatzkosten der besudelten Kleidungsstücke und des Autos, in dem der sterbende Hund transportiert worden war. Luna selbst war dem Richter davon einhundertfünfzig Euro wert.

Das Pferd unter der Decke

Für das Doping des preisgekrönten Rennpferdes in einem Traberrennstall im Ruhrgebiet war der Stallbursche zuständig. Wussten die Besitzer des teuren Tieres davon oder nur der Trainer, der an den Erfolgen finanziell beteiligt war? Und wer wusste überhaupt von diesem abscheulichen Vorgehen, das zu den grausamsten und dümmsten Verbrechen an Tieren zählt, denen ich je begegnet bin? Noch dazu geschah es nicht aus Sadismus oder niederen Beweggründen oder Ungeduld oder Sensationslust. Nein, es geschah aus Unwissenheit, angetrieben durch die Gier nach Geld. Bis heute kann ich kaum fassen, dass in einem renommierten Reitstall die sogenannte Nasenbremse unbekannt war, mit der man Pferde sehr schnell und vergleichsweise schonend ruhig stellen kann.

Die Fuchsstute hatte panische Angst vor Spritzen und wehrte sich dagegen. Sie wird wohl schlechte Erfahrungen gemacht haben. Sie sollte aber jeden Tag ein Dopingmittel bekommen, und der Stallbursche war damit beauftragt. Um die Spritze zu verabreichen, ersann er einen Trick, der die Stute allabendlich in Todesangst versetzte. Wäre das Pferd nicht unter mysteriösen Umständen verstorben und hätte der Stallbursche dann nicht doch ein schlechtes Gewissen bekommen und vor Gericht unter dem Schutz der Kronzeugenregelung ausgepackt, niemand hätte von dem Martyrium dieses Pferdes erfahren.

Auch mir gab die Todesursache zuerst Rätsel auf. Das Pferd war tot in der Box gefunden worden, bei der äußeren Inaugenscheinnahme konnte keine Gewalteinwirkung festgestellt werden. Am Vorabend war die Stute noch bewegt worden. Bei der Obduktion fand ich im Kopfbereich, in den Augenhöhlen sowie in der Nasenschleimhaut schwere Blutstauungen und Blutungen, wie sie bei Strangulationen zu finden sind. Doch an der Haut des Halses fehlten jegliche Strangulationsmerkmale. Nur ganz tief in der Halsmuskulatur fand ich Blutungen und Muskelzerreißungen. Irgendetwas passte nicht, oder fehlte.

Kein Wunder, dass ich keine Spuren fand. Der Stallbursche war erfinderisch gewesen, um die Stute ruhig zu stellen. Jeden Abend hatte er ihr ein großes Saunahandtuch um den Hals gelegt. Darüber zog er ein Seil, das dergestalt eingebettet keine Abdrücke hinterließ. Er warf das andere Seilende über die Boxenwand, wickelte es nebenan um eine Eisenstange, die er als Sicherung benutzte, und zog am freien Seilende, so kräftig er konnte. Und er war ein starker Kerl. Um den Zug zu entlasten, reckte die Stute den Hals hoch, der Stallbursche wickelte das nun locker werdende Ende fest um die Eisenstange und zog erneut. Und so weiter. Die Stute stieg mehr und mehr die Wand hoch, bis sie sich auf den Hinterbeinen stehend, den Kopf an der Decke, röchelnd und schnaubend mit verdrehten Augen gegen den Spalt zur Nachbarbox drückte, um der Strangulation nachzugeben. Mit den Vorderbeinen schlug sie heftig gegen die Holzwand. Und der Stallbursche zog nach. »Es dauerte oft weniger als eine Minute«, berichtete er dem Richter, zufrieden mit seinem Erfindungsreichtum, »bis das schwere Pferd ohnmächtig wurde und krachend zu Boden fiel. Dann hatte ich genügend Zeit, die Spritze zu setzen, ehe das Tier zu Bewusstsein kam und langsam wieder aufstand. Nur eben an diesem Abend nicht. Da blieb sie liegen.«

Diese grausame Tierquälerei fand Tag für Tag statt. Und der Stallbursche? War sich keiner Schuld bewusst. Er hatte das Mittel injizieren müssen. Das war sein Job. Und wie sonst hätte er die Stute ruhig bekommen? Ja, wie sonst? Mit einer Nasenbremse, ganz einfach. Schön ist das auch nicht, aber das Pferd ringt dabei nicht mit dem Erstickungstod. Im ersten Moment tut es dem Pferd etwas weh, wenn man die dicke, weiche Strickschlaufe um die Oberlippe auf Akupressurpunkte legt und am Holzgriff leicht zudreht. Aber dann kommt es über eine Ausschüttung von Endorphinen, also körpereigenen, dem Morphium ähnlichen Botenstoffen, zu einer mittelstarken Schmerzausschaltung und Beruhigung, und man kann ohne Probleme einen kleinen Eingriff durchführen. Jede Tierärztin nutzt die Nasenbremse für einfache Maßnahmen; auch unter Hufschmieden und Reitern ist sie bekannt.

Die Traberstute mit ihrem tragischen Schicksal ist heute in meiner Vorlesung für Studierende der Tiermedizin als Beispiel für einen orthostatischen Schock verewigt (griechisch: *ortho* für aufrecht, *stase* für Stocken, womit das Blut gemeint ist). Soldaten kennen ihn von Vereidigungen im Hochsommer, wenn die Rekruten in praller Sonne und voller Montur unter dem Stahlhelm einer langen Rede des Bataillonschefs lauschen müssen. Der Kreislauf stockt, alle Regulationsmechanismen erlahmen, das Blut versackt in den Beinen, und der Körper aktiviert einen Alarmmechanismus, den wir Zentralisation nennen. Dabei sollen lebenswichtige Organe wie Gehirn und Herz vor Blutarmut geschützt werden, indem momentan unwichtige Organe wie Haut und Muskeln – hoffentlich nur kurzzeitig – von der Zirkulation abgeschaltet werden. Blasse und kalte Haut, fadenförmiger Puls sowie Ohnmacht sind die typischen Merkmale. Durch den Bewusstseinsverlust geht der Körper zu Boden, was zu einer Normalisierung der Blutverteilung beiträgt. Bei Tieren beobachten wir diese Form des Schocks sehr viel seltener, offenbar ist es eher ein Problem von aufrecht gehenden Zweibeinern. Für Kaninchen ist bekannt, dass sie auf ähnliche Weise ohnmächtig werden, wenn man mit ihnen aufrecht auf den Hinterbeinen längere Zeit durch die Wohnung spaziert – bitte nicht ausprobieren! Die Evolution hat den Kreislauf von Kaninchen nicht auf einen längeren aufrechten Gang vorbereitet.

Die Traberstute aber auch nicht. Sie fiel ebenso in einen orthostatischen Schock, aus dem sie zumeist wieder aufwachte. Was diesmal schieflief, bleibt offen; zumindest hörte die barbarische Praxis danach auf. Der Stallbursche und der verantwortliche Trainer, der die Verabreichung des Dopingmittels beauftragt hatte, wurden wegen schweren Verstoßes gegen das Tierschutzgesetz zu Geldstrafen verurteilt. Darüber hinaus wurde ihnen ein zweijähriges Verbot der Tierhaltung und des Umgangs mit Pferden auferlegt.

Veterinärpolizei

Der Nachbarhund bellt stundenlang.
Pferde stehen bei minus zehn Grad auf der Weide, und die Tränke ist seit Tagen zugefroren.
Die Katze hat einen Riesentumor am Auge, streunt durch die Gegend, und ihr Besitzer kümmert sich nicht.
In der Wohnung über mir werden viel zu viele Tiere gehalten, das kann doch nicht gut sein.
Ein Hofhund hängt andauernd an der Kette.
Rinder stehen im Hochsommer ohne Sonnenschutz auf der Weide.
Aus der Wohnung bei mir im Erdgeschoss stinkt es.
Mein Chef hat einen Hund, geht aber nie mit ihm Gassi.
Wellensittiche werden bei minus acht Grad in einer Außenvoliere auf dem Balkon gehalten.
Ein Hund wird ständig angebrüllt und geschlagen.

Viele Menschen nehmen so etwas wahr, behalten es jedoch für sich oder sprechen höchstens mit Freunden darüber, die auch keine Abhilfe schaffen können. Man will keinen Ärger mit den Nachbarn. Und ein Denunziant ist man erst recht nicht. Oft dauert es lange, bis sich jemand ein Herz fasst und bei der Polizei anruft. Sie ist nicht zuständig und leitet die Anzeige weiter an die amtliche Tierärztin. Die überwacht die Einhaltung aller Gesetzesvorschriften, die das Wohl der Tiere und die von ihnen stammenden Lebensmittel betreffen.

Viele Menschen wissen nicht, dass Amtstierärzte unsere Veterinärpolizei sind. Sie schützen uns auch vor Seuchen und den möglichen Folgen des Verzehrs von verdorbenen tierischen Lebensmitteln – die Kontrolle in Supermärkten und Currywurstbuden gehört ebenso zu ihren Aufgaben wie die Überwachung von Tierzüchtern, Zoofachgeschäften und Landwirten. Bei Seuchenverdacht wie im Fall von Schweinepest oder Hühnergrippe sammeln sie Proben und treffen Entscheidungen, ob es einen Sperrbezirk geben muss. Sie kontrollieren die Einhaltung der Stallpflicht und so weiter. Wie es im Idealfall auch für die Polizei gilt, ist die Veterinärpolizei unser Freund und Helfer – und vor allem der Tiere.

Abgenagt

Eine amtliche Tierärztin in Kreuzberg inspizierte nach Hinweisen aus der Nachbarschaft an die Polizei eine Zweizimmerwohnung in einem Wohnblock mit sechsunddreißig Parteien. Die Tierärztin klingelte bei den Nachbarn, die aufgebracht durcheinandersprachen. Es würde zum Himmel stinken. Da würden zu viele Tiere gehalten. Die müsse sie alle mitnehmen, das hier sei ein Wohnhaus und kein Zoo.

Die amtliche Tierärztin roch es selbst, und weil auf Klingeln und Klopfen keine Reaktion erfolgte, rief sie die Polizei, die die Tür öffnen ließ.

»Ist jemand zu Hause?«

Dutzende von Fliegen bevölkerten in Sekundenschnelle den Hausflur, begleitet von einer äußerst unangenehmen Geruchswolke. Das war kein gutes Zeichen. Die amtliche Tierärztin fragte mehrere Nachbarn nach der Mieterin und wann sie zuletzt gesehen worden sei.

»Keene Ahnung. Wir kieken ja nich, watt da drüben los is. Wenn et nich so jestunken hätte, denn hätten wa ja ooch janüscht dazu jesacht. Aber globen Se, det die vielleicht tot da drinne liecht, wenn ditt so stinken tut?«

Die Tür war offen. Die Hälse der Nachbarn wurden lang und länger. Die Polizisten riefen den Namen der Mieterin, betraten mit der amtlichen Tierärztin die Wohnung; kurz darauf stürzte einer der Polizisten heraus, rannte ins Treppenhaus und erbrach sich.

»Na also. Ha ick ja gleich jesacht. Sodomie!«, wusste ein Nachbar.

Er irrte sich. Sodomie war nicht der Grund für die Übelkeit des Polizisten. In Schutzkleidung und mit einem vor den Mund gepressten Taschentuch inspizierte die amtliche Tierärztin die beiden Räume. Der Geruch sprach eine eindeutige Sprache. Es roch nach Fäkalien, Moder, Tod und Verwesung. Was würde sie finden? Einen toten Menschen?

Zunächst einmal fand sie überall leere Verpackungen und Berge von schmutzigem Geschirr, mit Schimmel überwuchert, lumpenartige Kleidungsstücke über die verwahrlosten Möbel verteilt, Unrat, Dreck sowie zahlreiche halbvolle bis übervolle Müllsäcke und Berge von Altpapier auf dem Boden verteilt. Die Wohnung sah aus wie eine Müllkippe. Unzählige Fliegen summten durch die zwei vor Abfall starrenden Zimmer, krabbelten träge an den trüben Fensterscheiben, satt gefressen von Leichenflüssigkeit, Fleisch und Blut. Zu ihrer Erleichterung fand die amtliche Tierärztin keinen toten Menschen, jedoch mehrere tote Tiere beziehungsweise die Reste davon. Wie viele, ließ sich auf den ersten Blick nicht bestimmen. Fast trat sie auf einen halb abgenagten Kopf, vielleicht Kaninchen, es gab Dutzende von größeren und kleineren Fellfetzen, blanke Knochen, mit Fleisch- und Fellresten versehene Beine und Rippen in verschiedenen Stadien der Abnagung, die meisten sahen aus wie von Katzen, vielleicht neun oder zehn, schätzte sie. Und nirgendwo ein Wassernapf. Ein einziger Futternapf, spiegelblank (siehe Bildtafelteil, Abb. 6).

Auf einmal nahm sie eine Bewegung wahr. Ja, tatsächlich: Unter dem Sofa, vor dem sich aufgerissene Mülltüten stapelten, entdeckte sie eine abgemagerte Katze mit eingesunkenen Augen und schmutzigem, verklebtem Fell. Man konnte die Rippen zählen, die Beckenknochen standen heraus. Die Katze war so schwach, dass sie trotz ihrer Angst schnell eingefangen werden konnte. Danach sammelte die Tierärztin mit behandschuhten Händen die Tierkörperreste und Knochen in einem blauen Müllsack ein. Stammten die alle von Tieren? Oder waren Menschenknochen darunter? Wenn hungrige Tiere lange mit toten Menschen in Wohnungen leben, bleibt manchmal nicht viel übrig. Um diese und andere Fragen zu klären, wurden alle Fundstücke zu mir geschickt. Die Katze wurde ins Tierheim gebracht; vielleicht würde es ja gelingen, sie aufzupäppeln.

Mit Amtstierärzten habe ich öfter zu tun, weil wir Pathologen sie dabei unterstützen, Spuren zu suchen, Kausalitäten zu prüfen, Schmerzen, Leiden und Schäden zu bewerten und Zeitverläufe zu ordnen. Auch *Animal Hoarding*, Sammelsucht von Tieren, die nicht artgerecht gehalten werden, auf engem Raum und ohne Berücksichtigung jeglicher Mindestanforderungen, Hygiene und tierärztliche Versorgung, kommt häufig vor.

In Fachkreisen werden vier verschiedene Typen von Tierhortern unterschieden: Der übertriebene Pfleger, der planlose Retter, der rücksichtslose Züchter und der Ausbeuter. Schätzungen gehen von jährlich etwa 50 000 betroffenen Tieren in Deutschland aus. Die Dunkelziffer ist hoch. Die Opfer zeigen oft ein weites Spektrum an Verwahrlosungserscheinungen, Abmagerung, Flöhe, Wunden aus Rangordnungskämpfen. Spulwürmer, Bandwürmer und andere Darmparasiten vermehren sich stark, weil sich die Tiere an den nicht entsorgten Ausscheidungen immer wieder neu infizieren. Da es bei Futter- und Wassermangel häufig zu Streit zwischen den Tieren kommt, leiden zumeist die schwächeren besonders stark. Dies gilt vor allem für Fälle, in denen verschiedene Tierarten zusammen gehalten werden, zum Beispiel dominante Fleischfresser wie Hunde oder Katzen und eher zurückhaltende Pflanzenfresser wie Kaninchen oder Meerschweinchen.

Natürlich ist die Zahl der Tiere allein nicht verwerflich. Es gibt auch Menschen, die viele Tiere in sehr guten Verhältnissen halten – in diesen Fällen besteht selbstverständlich kein Handlungsbedarf.

Als Tierpathologe kann ich keine Antwort auf die Frage geben, warum Menschen Tiere horten, doch als Privatmensch glaube ich, dass Einsamkeit eine Rolle spielen kann, eine Realitätsentfremdung – und falsch verstandener Tierschutz. Wenn dann bei einer bestimmten Disposition eines zum anderen kommt, versiegelt am Ende eine amtliche Tierärztin die Wohnung: *Diese Wohnung darf auf Anordnung des Bezirksamtes bis auf Weiteres nicht zu Wohnzwecken genutzt werden. Es besteht die Gefahr von Infektionskrankheiten für Menschen.*

Nicht selten tritt Tierhortung in Verbindung mit dem Messie-Syndrom auf, bei dem es den Betroffenen scheinbar nicht mehr gelingt, ihre häusliche Umgebung in Ordnung zu halten und Alltagsaufgaben zu erledigen. Besonders typisch für diese Psychose ist das Horten von Müll. Dem Müll und anderen Dingen werden falsche Wertvorstellungen zugeordnet, ebenso Tieren und sogar anderen Menschen, was oft zu sozialer Isolation der betroffenen Personen führt. So war es auch am Auffindeort der halb verhungerten Katze.

Kannibalismus

Ich untersuchte die Knochen zunächst pathologisch-anatomisch. An diversen Knochenpunkten an den Rippen, der Wirbelsäule, dem Becken und den Gliedmaßen kann schnell auf eine Tierart geschlossen werden, auch ohne Kopf. Leichter ist die Bestimmung natürlich, wenn Schädel vorhanden sind. Doch seltsamerweise fehlten einige Schädel. Wir unterschieden Knochen von mindestens neun toten Katzen und vier Kaninchen. Vollständige Skelette konnten wir nicht mehr rekonstruieren. Auf Krankheiten oder Seuchen, die zum Ableben der Tiere geführt hätten, fanden wir keine Hinweise.

Die amtliche Tierärztin wollte unter anderem von uns wissen, wer wen gefressen hatte, Katze, Kaninchen, in welcher Reihenfolge und wann genau. Da ein Kaninchen sich anders ernährt und von Jagd keinen blassen Schimmer hat, war mit hoher Wahrscheinlichkeit anzunehmen, dass die Katzen erst die Kaninchen und anschließend ihre eigenen Artgenossen verspeist hatten. Diese Aussage blieb jedoch ohne Mägen und deren Inhalte reine Spekulation. Ob das Massaker in Anwesenheit der Mieterin geschehen war, konnten wir nicht klären, auch nicht, wann sie die lebende Katze zuletzt gesehen hatte.

Im späteren Prozess sagte die Mieterin aus, sie sei gerade einmal zwei Tage nicht zu Hause gewesen. Unsere Untersuchungen ließen jedoch auf deutlich längere Abwesenheit schließen, immer unter der Annahme, die Mieterin habe dem verzweifelten Treiben der Tiere, die sich gegenseitig auffraßen, nicht beigewohnt. Es gab ferner die Möglichkeit, dass die Besitzerin die Katzen und Kaninchen selbst verspeist hatte. Oder dass ein Hund in der Wohnung gewesen war. Wir fanden jedoch keine Spuren anderer Tierarten.

Vieles in diesem Fall blieb rätselhaft. Als Tiermediziner weiß ich, dass Katzen normalerweise keine Katzen fressen. Doch die Fraßspuren an den Knochen und Muskeln, die Art, wie die Knochen abgenagt und mit rauen Zungen geradezu blank poliert waren, wiesen auf Kannibalismus unter Katzen.

Das magere Geschöpf, das das Massaker überlebt hatte, war wohl einmal das stärkste Tier gewesen. Dass Katzen Kaninchen töten und verspeisen, ist bekannt. Meine Recherchen in diesem Fall haben mich – ich suche auch unkonventionell, wenn die Wissenschaft zu wenig hergibt – zu zahlreichen YouTube-Videos geführt, in denen Katzen einem Hasen oder Kaninchen den Hals abkauen. Hier gilt als charakteristisch, dass die Katze erst mit glatten Rändern den Hals abtrennt, bevor sie, je nach Hunger, den Kaninchenrest mehr oder weniger ordentlich auffrisst. Im Prozess ging es darum, ob die Aussage der Frau, alles wäre quasi über Nacht passiert, im Rahmen des Möglichen lag. Dies konnte ich verneinen. Die Leichenreste waren zum Teil längst eingetrocknet, grünlich verfault und mit Schimmel überwuchert.

Der Richter verhängte außer einer Geldstrafe ein Tierhaltungsverbot, wie es in solchen Fällen oft ausgesprochen wird. Meistens wird es zeitlich begrenzt auf zwei, drei oder fünf Jahre. Im Wiederholungsfall oder bei schweren Verstößen kann es auch lebenslang ausgesprochen werden. Ein Tierhaltungsverbot kann auf einzelne Tierarten begrenzt sein, wenn beispielsweise ein Landwirt seine Pferde schlecht, seine Kühe und Schweine jedoch in tadellosem Zustand hält. Bei unangekündigten Besuchen überprüft die amtliche Tierärztin, ob der oder die Verurteilte sich an den Richterspruch hält. Wer von Tieren lebt, gefährdet durch ein Haltungsverbot auch seine Existenz. Doch wie überall gibt es auch hier Schlupflöcher. Dann wird ein Betrieb eben auf die Frau oder die Kinder angemeldet und der Verurteilte ist lediglich angestellt. Leider haben viele amtliche Tierärztinnen sehr viel mehr Arbeit, als sie bewältigen können.

Ich wünsche mir oft, wir hätten mehr von diesen wirklich wichtigen Kolleginnen und Kollegen im Einsatz, damit könnte das Elend vieler Tiere verhindert werden.

Falsche Tierliebe

Für den von einem Nachbarn der Mieterin geäußerten Verdacht der Sodomie fanden sich keine Hinweise. Sodomie, heute besser bezeichnet als Zoophilie, ist Pathologen nicht unbekannt, doch nicht bei Katzen oder Kaninchen, sondern typischerweise mit Hunden, Pferden, Schafen, Ziegen oder Rindern. Während Sodomie in Deutschland üblicherweise als eine geschlechtliche Handlung mit Tieren verstanden wird, meint dieser Begriff historisch und in anderen Sprachen auch heute noch jegliche Form von als »unnatürlich« empfundenen sexuellen Kontakten, was übergreifend korrekt als Paraphilie bezeichnet wird.

Zoophilie begleitet die Menschheit möglicherweise so lange, wie sie Tiere hält. Seit der Antike finden sich in Skulpturen, Gemälden, Wandmalereien und der Töpferkunst eindeutige Abbildungen. Was jedoch nichts daran ändert, dass diese Form einer »überschwänglichen« Tierliebe bei den meisten Gemütern Reaktionen der Abstoßung und Befremdung hervorruft.

Wenn heute ein Fall von Zoophilie bekannt wird, schafft er es mit hoher Wahrscheinlichkeit in die BILD. Dort liest man dann von einem »widerlichen Verbrechen«: Mann verging sich an Pony. Oder auch eine Schilderung der Umstände, jedoch niemals Details der Tat. Im Höchstfall kommt es zu Formulierungen wie: »Der Stallbesitzer erwischte den Täter, als er sich gerade an dem Tier zu schaffen machte.«

In Dänemark gab es bis 2015 Tierbordelle, die verschiedene Tierarten zum Zweck eines internationalen Sextourismus auf speziellen Farmen hielten, und zwar offenbar für Frauen und Männer. Das Interesse kann aber auch andersherum gerichtet sein. So können insbesondere Rüden sexuelles Interesse an ihren Besitzerinnen entwickeln, was zu Belecken der Genitalien bis hin zu sexuellen Handlungen führen kann. Im Extremfall kann aus dem Bettwärmer sogar ein Liebhaberersatz werden.

Nun, letztlich ist das alles irgendwie noch Privatsache, auch wenn sich dem einen oder anderen bei dem Gedanken der Magen umdreht. Eine ganz andere Bewertung erfährt die Sachlage, wenn die Tiere dabei zu Schaden kommen. Auch in Deutschland werden wir gelegentlich mit sadistischer Zoophilie konfrontiert, die häufig als schwerer Verstoß gegen das Tierschutzgesetz zu werten ist. Man spricht dann von sexuellem Missbrauch an Tieren. Einige Tiere sterben qualvoll durch die Misshandlungen. Eingesetzt werden dabei unter anderem lange, spitze oder scharfe Metallgegenstände oder auch Holzstöcke oder Zweige. In meiner Berufszeit musste ich mehrfach geschändete Stuten untersuchen, die nachts auf bestialische Weise mit scharfkantigen Gegenständen am Genitale misshandelt wurden, mit tödlichen Folgen. Die ahnungslosen Pferdebesitzer fanden dann morgens ihre grauenvoll zugerichteten Tiere schwer verletzt oder verblutet auf der Weide. Auch Fälle von Misshandlungen von Schafen neben deutschen Autobahnraststätten mit schweren Verletzungen nebst menschlichem Sperma sind dokumentiert. Machen lange Autofahrten wirklich so einsam? Weder die Details noch die menschlichen Hintergründe möchte man wissen. Menschliches Sperma wird übrigens mittels DNA-Analysen nachgewiesen und kann leicht zur Überführung eines Täters herangezogen werden. Sofern ein konkreter Personenverdacht überhaupt besteht. Das Menschenbild des Tierpathologen nimmt bei seiner Arbeit öfter einmal Schaden, aber selten so abgrundtief wie in solchen Fällen.

Im Übrigen ist Zoophilie auch für Menschen nicht ungefährlich. So führen Gerüchte die Entdeckung der unter dem Namen Maltafieber bezeichneten Infektionskrankheit im Wesentlichen auf Beobachtungen während des Krim-Krieges (1854–1856) zurück, bei dem es zu ungewöhnlich engen Kontakten zwischen englischen Soldaten und Ziegen gekommen sein soll. Die bei Tierärztinnen als eine Unterform der Brucellose bekannte Krankheit ist eigentlich eine Infektion der Ziegen und Schafe. Beim Menschen verursacht sie eine fieberhafte Allgemeinerkrankung, die beim Mann in eine chronische Entzündung von Hoden und Nebenhoden übergehen kann. Bei Frauen ist sie auch als Ursache von Fehlgeburten gefürchtet. Maltafieber und andere Formen von Brucellose, die auch über Milch von Tieren auf Menschen übertragen werden können, stellten lange Zeit eine erhebliche Bedrohung dar. Die Brucellosen wurden jedoch in Deutschland zum Ende des letzten Jahrhunderts getilgt, heute werden nur noch wenige Fälle infolge Einschleppung gemeldet.

Es kommt immer wieder vor, dass Infektionskrankheiten von Tieren auf Menschen überspringen, teils mit dem Risiko allerhöchster Seuchengefahr.

Im nächsten Abschnitt werde ich mich diesem Thema und den Gefahren, die es auch für Haustierbesitzer beinhaltet, ausführlicher widmen.

Angesteckt

Wer seine Kindheit in den 1960er-Jahren und 1970er-Jahren verlebte, wird sich vermutlich an die gleiche elterliche Warnung erinnern wie ich. Wenn ich ein Tier gestreichelt hatte, forderte meine Mutter mich auf: »Jetzt wasch dir mal die Hände.« Sie dachte wahrscheinlich nicht darüber nach, warum sie mich dazu anhielt. So war das damals einfach, man wusste: Tiere übertragen Krankheiten. Als kleiner Junge fragte ich nicht nach, es gehörte zu den Erwachsenen-Gesetzen wie Messer rechts, Gabel links, morgens Kissen aufschütteln, Schuhe im Flur ausziehen.

Heute werden Kinder, die Tiere gestreichelt haben, kaum noch zum Händewaschen angehalten, obwohl der Körperkontakt mit Tieren deutlich enger geworden ist. Wichtige Vorsichtsmaßnahmen werden in beunruhigender Weise zunehmend vernachlässigt, wenngleich wir viel mehr über die unsichtbaren Gefahren von Viren und Co. wissen. Wiegt uns der Glaube an den medizinischen Fortschritt in zu großer Sicherheit? Oder gelten traditionell bewährte Hygienemaßnahmen als altmodisch? Manchmal scheint mir, dass einige Menschen im Kontakt mit ihresgleichen mehr Risiken befürchten als im Kontakt mit Tieren.

Vielerorts werden Kinder oder Klobrillen mehrfach täglich mit Desinfektionsspray »geschützt« – eine völlig überflüssige Maßnahme, die zusammen mit vielen anderen unnötigen Reinlichkeitsritualen Allergien befördern kann. Ein Zusammenhang zwischen zu viel Hygiene, besonders im Kindesalter, und Allergien ist längst belegt. Was den Kontakt unter Menschen betrifft, haben wir allmählich verinnerlicht, dass wir die Angreifer mit bloßem Auge nicht sehen können – Keime, Viren, Bazillen, Erreger. Die meisten Menschen wissen, dass viele davon durch Husten und Niesen übertragen und von den Schleimhäuten aufgenommen werden.

Man hat gehört, dass Türklinken den Tod bringen können – und bloß nichts anfassen auf öffentlichen Toiletten. Wer Pech hat, nimmt die Angreifer schon beim bloßen Atmen auf, denn in der Luft schwirren sie auch herum, in der U-Bahn wie im Kino. Aber unsere Haustiere, die sind sauber, die gehen ja nicht auf öffentliche Toiletten. Ja, ist es nicht so, dass wir öfter von Läusen im Kindergarten hören als von Flöhen bei Hunden? Katzen genießen ein parasitenfreies Leben in ihren Wohnungen, die sie nie verlassen. Ihr Fell glänzt wie das der Hunde. Hunde werden gebadet, und für gewöhnlich werden Haustiere regelmäßig einer Tierärztin vorgestellt zum Hygiene- und Gesundheits-TÜV.

Können wir uns also entspannt zurücklehnen? Nein, leider nicht, ganz und gar nicht. Alte und neue Gefahren lauern im und am Haustier. Und während verbesserte Impfungen und Medikamente für alte Probleme entwickelt werden, schaffen wir uns neue Risiken durch unseren veränderten Umgang mit unseren Heimtieren, auf vielfache Weise.

Wenn Zebras Eisbären töten

Seitdem wir unsere Haustiere in den Menschenstand erhoben haben, leidet auch die Hygiene. Kuscheln, Knutschen, Kissen teilen? Aber sicher. Zuerst einmal die gute Nachricht: Das darf man in manchen Situationen auch. Denn mit der »Menschwerdung des Haustieres« geht in der Regel eine umfangreiche Gesundheitsvorsorge einher. Dazu gehören Impfungen, Flohhalsbänder, Zeckentropfen und regelmäßige Wurmkuren, Betonung auf regelmäßig. Band- und Spulwurmeier im Kot und auf dem Fell von Hunden stellen heute, korrekte Entwurmung vorausgesetzt, eine viel geringere Gefahr für Kinder dar als in meiner Kindheit. Viele Infektionserreger bei landwirtschaftlichen Nutztieren, die unsere

Großeltern und Eltern noch real bedrohten, gelten in Deutschland als ausgerottet. Rindertuberkulose, Brucellose und Rotz fielen den erfolgreichen Seuchentilgungsfeldzügen der Veterinäre zum Opfer.

Die schlechte Nachricht aber ist, dass es trotz aller Prophylaxefortschritte immer noch eine Reihe von alten und neuen Infektionskrankheiten gibt, die vom Tier auf den Menschen übertragen werden können, und umgekehrt. Das weite Spektrum reicht von – nur lästigen – Hautpilzen bis zu tödlichen Viren, Bakterien oder Parasiten. Einige davon, wie die Tollwut, sind tödlich für Mensch und Tier. Andere sind bei einem der beiden über Tausende von Jahren angepasst und daher harmlos, werden aber in einer nicht adaptierten Spezies zum Killer, wie das Lippenherpesvirus des Menschen bei Kaninchen und Chinchilla oder der Fuchsbandwurm beim Menschen. Wieder andere, teils ebenso tödliche Gefahren gehen von resistenten Keimen aus, die durch unsachgemäßen Antibiotikaeinsatz entstehen und leicht zwischen Tier und Mensch übertragen werden können. Und das ist nicht nur ein Problem bei Schweinen, Hühnern und Kühen. Resistente Keime, vor denen uns kein Antibiotikum mehr schützen kann, finden wir zunehmend auch bei unseren vertrauten Heimtieren und Pferden. Kuscheln, Knutschen und Kissen teilen heißt eben unter Umständen auch: Keime teilen, die guten, die Killer und die resistenten.

Eine weitere Entwicklung erfordert in unserer Zunft immer öfter wissenschaftliche Detektivarbeit. Wir Wohlstandsmenschen reisen gern, und immer öfter auch unsere Tiere. Zu meiner Studentenzeit dachte man bei Hunden, die ihre Menschen in den Mittelmeerraum begleitet hatten, nur an das Sticker-Sarkom, einen blumenkohlartigen Tumor an den Geschlechtsorganen, den sich die »Touristen-Hunde« dort auch heute noch bei Techtelmechteln mit einheimischen Straßenhunden einfangen. Als einzige sich global ausbreitende Virusinfektion galt die Grippe, deren Erreger, ein Influenzavirus, von Wassergeflügel und Schweinen in Fernost auf

Menschen oder Vögel übersprang und in immer neuen Varianten um die Welt zog.

Heute kennen wir lange Listen von sogenannten Reisekrankheiten, die exotische Infektionserreger bei Hunden, Katzen, Pferden und vielen anderen aufzählen. Die Diagnostik und Bekämpfung dieser Tierreisekrankheiten haben sich zu einem beträchtlichen Wirtschaftszweig für Tierärztinnen und spezialisierte Labore gemausert. In den letzten Jahrzehnten beobachten wir mit der Einfuhr exotischer Tiere in unsere Wohnzimmer, dem Globaltourismus sowie dem Vordringen des Menschen in Lebensräume, die er nie zuvor betreten hat, völlig neuartige, vorher unbekannte Erregerübertragungen vom Tier auf den Menschen, oft mit tödlichem Ausgang. Bei den Klassikern in dieser Kategorie ist HIV des Menschen an erster Stelle zu nennen. Dazu zählen aber auch Ebola, MERS und SARS beim Menschen. Andere Killer verbreiten sich fast unbemerkt über den internationalen Transport von Tieren. Der bis vor etwa einhundert Jahren nur in Korea vorkommende Chytrid-Pilz bringt heute weltweit sowohl frei als auch in Terrarien lebende Frösche, Kröten, Molche und andere Amphibien um. Die Verbreitung erfolgte durch den globalen Handel mit diesen faszinierenden Tieren zu Zwecken der Hobbyhaltung, zu kulinarischen Genüssen oder als Zutat zu Spezialrezepten der traditionellen chinesischen Medizin. Dabei ist der Pilz nicht sehr wählerisch in Bezug auf seine Beute. Bereits Hippokrates (460–370 v. Chr.) wusste um die eng verwobenen Zusammenhänge zwischen Menschenkrankheiten, Tierkrankheiten und Umwelteinflüssen. Dieses Konzept erhielt in unserem heutigen Ebola-Zeitalter einen neuen Namen, der ganzheitliches Denken fördern und die enge Zusammenarbeit aller beteiligten Forschungsdisziplinen beflügeln soll – *One Health* (engl. für »*eine* Gesundheit«).

Zootierärztinnen sind diese Herausforderungen seit Langem bekannt: Auch und gerade Tiere, die in freier Wildbahn nicht zusammenleben, können sich gegenseitig tödlich infizieren. So kann es geschehen, dass in einem Zoo ein Zebra-Herpesvirus auf einen Eisbären überspringt. Während das Zebra das Virus in seine Schranken weist, hat der Eisbär keine passende Immunantwort parat, denn in seiner Heimat weiden nun mal keine Zebras. Und so kann ein Zebra einen Eisbären töten, wie bereits in mindestens elf Fällen bewiesen. Risiken haben sich verschoben. Auch unsere Wohn- und Kinderzimmertiere können gefährliche Keime aus ihrer Heimat oder von gemeinsamen Urlaubsreisen mitbringen, die für sie selbst oder für uns eine tödliche Gefahr darstellen. Eben nicht nur Hautpilze, die von Meerschweinchen übertragen werden können, oder die relativ harmlosen Badegranulome bei Aquarianern, wenn sie mit kleinsten Verletzungen der Haut ins Wasser greifen.

In den letzten Jahren sind besonders Terrarientiere in den Fokus der Ermittler geraten. Schlangen, Bartagamen, Schildkröten, Geckos, Chamäleons und Co. können gefährliche Salmonellen, Clostridien oder andere Krankheitskeime ausscheiden. Kinderärzte berichten über eine Zunahme von Salmonelleninfektionen mit teils tödlichem Ausgang bei Säuglingen und Kleinkindern durch solche Terrarientiere. Dafür ist ein direkter Kontakt zu den Exoten gar nicht erforderlich, es reicht schon das Berühren einer nicht gewaschenen Hand, die zuvor ins Terrarium gegriffen hat.

Im Herzen und in Hendra

Für einige Erreger brauchen wir nicht erst auf deren Einschleppung über Haustiere zu warten, die wir zu uns holen. Nein, sie kommen schon von selber. Durch den Klimawandel verschieben sich Populationen von Zecken, Mücken und anderen Überträgern – wir sagen Vektoren – von Infektionskrankheiten bei Tier und Mensch in wärmer werdende Gefilde, wo sie ursprünglich nicht vorkamen. 2018 wurden erstmals Exemplare der tropischen Zeckengattung Hyalomma in Deutschland angetroffen. Die Alarmglocken der Mikrobiologen läuteten Sturm, denn diese Tiere trugen den Auslöser des Zecken-Fleckfiebers in sich. Ebenso 2018 wurde bei uns das afrikanische West-Nil-Virus in einem Wildvogel nachgewiesen. Durch Mücken übertragen, kann es bei Pferden und Menschen teils tödliche Infektionen auslösen. Entwicklung und Infektionsbereitschaft der Erreger in den Vektoren sind dabei oft temperatur- und zeitabhängig. So kann schon eine längere Wärmeperiode ausreichen, um gefährliche Krankheiten in Regionen auftreten zu lassen, in denen zum Beispiel die richtigen Mücken schon beheimatet sind. Eine Verschiebung der Vektoren ist daher für neue Bedrohungen durch bestimmte Krankheitserreger gar nicht erforderlich.

Dies gilt zum Beispiel für den Herzwurm des Hundes (lat. *Dirofilaria immitis*), der durch Mücken übertragen werden kann, die bei uns längst vorkommen. Erst der Klimawandel mit längeren Wärmeperioden erlaubt es dem Herzwurm, sie als Vektoren zu nutzen. Er lebt im Herz von Hunden und kann dort die beachtliche Länge von bis zu dreißig Zentimetern annehmen. Die ins Blut abgegebenen Larven werden von Mücken auf das nächste Opfer übertragen. Oft wimmelt es von Würmern, und dem Tierpathologen bietet sich ein schauriger Anblick bei der Eröffnung der Herzkammern des verstorbenen Hundes (siehe Bildtafelteil, Abb. 4).

Nicht nur Hunde sind gefährdet, auch Katzen, viele andere Säugetiere und sogar der Mensch können durch den Stich einer einzigen infizierten Mücke Opfer des Herzwurms werden. Ursprünglich gab es diesen Parasiten lediglich in einigen Regionen Süd- und Südosteuropas sowie später in den USA. Aktuell breitet er sich vom südlichen Europa her nordwärts aus, und es ist nur eine Frage der (vermutlich kurzen!) Zeit, bis auch Deutschland zu einem Herzwurmland wird.

Der Denkfehler, den viele Menschen begehen, liegt darin, dass sie ihre tierischen Familienmitglieder, diese sauberen, gepflegten, gechipten Haustiere, die oft sogar einen Tiergesundheitsreisepass – offiziell Heimtierausweis – mit EU-Logo besitzen, nicht mehr zu den schmutzigen oder ansteckenden Tieren zählen. Durch ihren Aufstieg in den Menschenstand scheint die Gefahr gebannt. Doch das ist ein Konstrukt des vermeintlich aufgeklärten, tierlieben Menschen – mit unberechenbaren Risiken für Tier und Mensch. Wenn diese Risiken dann Realität werden, ist es leider oft zu spät.

Nicht selten sind Tierärztinnen und Tierärzte die ersten Opfer, so geschehen bei der Hendravirus-Epidemie. 1994 brach bei Pferden im australischen Hendra, einem Vorort von Brisbane, eine völlig neuartige, tödliche Seuche mit hohem Fieber, grippeähnlichen Symptomen und Gehirnentzündung aus. Sieben Menschen infizierten sich an den Pferden, vier starben. Darunter waren zwei Tierärzte, die hatten helfen wollen: Dr. Alister Rodgers und Dr. Ben Cunneen. Die Untersuchung des Atmungstraktes eines Pferdes mit Atemwegsentzündung geht oft unweigerlich mit innigem Kontakt und großen Mengen von Sekreten, Schleim und Nasenschaum einher. Alles enthielt massenhaft Viren. Von Tröpfchen-Infektion kann man da nicht mehr sprechen, eher von einer Viren-Dusche. Die beiden Tierärzte und zwei weitere Personen, die engen Kontakt mit erkrankten Pferden hatten, starben, bevor Ursache und Behandlungsmöglichkeiten aufgeklärt waren.

Mittlerweile wissen wir, dass sich die Pferde am Urin oder Speichel australischer Flughunde angesteckt hatten, die das Virus als stilles Reservoir ohne jegliche Erkrankung auch heute noch beherbergen. Die Flughunde Australiens und deren Viren hatten davor offenbar noch nie Kontakt mit Pferden. Seit 2012 können Pferde gegen das Hendravirus geimpft werden, was heute beim globalem Pferdetourismus berücksichtigt wird. Die ersten Opfer hatten, so ist es leider oft, das Pech, dass dieses sonst harmlose Flughundevirus bei Pferden und Menschen zu einer der Hundestaupe ähnlichen, zumeist tödlichen Erkrankung führt. Sie waren einfach zur falschen Zeit am falschen Ort.

Der Klub der tödlichen Vier

Für Tier und Mensch tödliche Infektionserreger werden im Fachjargon – zugegeben etwas vereinfacht – in vier Gruppen eingeteilt. Sie zu kennen ist ein erster wichtiger Schritt, wenn es darum geht, sich gegen sie zu wehren.

Viren

Viren sind so klein, dass man sie nicht mal mit dem Lichtmikroskop sehen kann. Sie sind nicht selbstständig lebensfähige, also eigentlich tote, maschinenähnliche Partikel, die sich aber über passende Schlüssel in lebende Wirtszellen einschleusen können und dort ihre eigene Vervielfältigung programmieren. Wie Piraten übernehmen sie das Ruder, beuten die Zelle aus und zerstören sie schließlich, um Tausende identische Kopien der leblosen Killermaschinen in die Umgebung zu schleudern.

Bakterien

Bakterien kann man im Lichtmikroskop gerade noch als kleinste Pünktchen oder Stäbchen sehen. Sie sind etwa fünf- bis fünfzigmal größer als Viren. Es gibt gute und böse, förderliche und schädliche Bakterien. Sie stellen die simpelsten lebenden Organismen mit eigenem Stoffwechsel dar, das heißt, sie können so etwas wie fressen, ausscheiden, miteinander kommunizieren und Sex haben. Viele nicht krank machende Bakterienarten begleiten uns ständig auf und in unserem Körper. Etwa ein Kilogramm Bakterien mit über fünfhundert Arten leben im Menschendarm, das sind etwa zehnmal so viele, wie unser Körper eigene Zellen hat. Der Darm eines einzigen großen Tieres enthält so viele Bakterien, dass man damit ein Schwimmbecken in eine trübe Suppe verwandeln könnte. Auch unsere Haut, unser Mund, Nase und Lunge sowie praktisch alle Körperöffnungen sind besiedelt von harmlosen Bakterien, die oft eine stabilisierende Wirkung haben und sogar helfen, krank machende Bakterien abzuwehren. Ekel wäre hier falsch am Platz. Das gleiche Prinzip gilt für unsere Heimtiere, wenn auch mit ganz anderen Bakterien, mögen wir sie noch so oft waschen oder besprühen. Böse Bakterien dagegen verfügen über Säuren, Gifte und Radikale, durch die sie Tier und Mensch auf vielfache Weisen schädigen oder gar töten können.

Parasiten

Sie umfassen eine Vielzahl völlig verschieden großer und unterschiedlich gestalteter, teils sehr komplizierter Lebensformen, die von einzelligen Mitbewohnern, kleiner als eine Säugerzelle, bis zu meterlangen Bandwürmern reichen können. Parasiten haben ihren Namen erhalten, weil sie im Wirt parasitieren, also sich in ihm oder auf ihm von ihm ernähren und ihn dadurch schädigen. Diese Schädigung kann bei perfekt angepassten Parasiten gering sein – beispielsweise bei Haarlingen, die von Haaren und Hautschuppen leben. Andere Parasiten können den Wirt erheblich schwächen, wie etwa ein starker Floh- oder Spulwurmbefall. Wieder andere Parasiten leben davon, dass sie den Wirt umbringen, wobei ein kompliziertes System mit verschiedenen Wirten verknüpft sein kann. Davon wird später noch die Rede sein. Ganz besonders gefährlich kann es werden, wenn ein Parasit zufällig in eine fremde Wirtsspezies gelangt, sich dort nicht wohlfühlt und äußerst aggressiv den Ausgang sucht. Aktuelles Beispiel dafür ist der Spulwurm des Waschbären, dessen Eier mit dem Kot ausgeschieden werden. Er kann in vielen anderen Wildtieren und auch im Menschen als »Wanderlarve« schlimmste Zerstörungen lebenswichtiger Organe anrichten und sie schließlich töten.

Pilze

Einige der grüngrauen muffigen Burschen, die auch unseren Käse und unser Brot vernaschen können, dringen bei gestörter Barriere in den Körper ein und können sich über das Blut oder einen Direktmarsch durch das Gewebe in alle Organe ausbreiten. Dazu zählen auch unsere heimischen Kühlschrankbewohner. Sie können sich nicht nur in Hundenasen oder Papageienlungen niederlassen; ich habe schon verschiedene, eigentlich robuste Tierarten an Schimmelpilzen in quasi allen Organen sterben sehen. Auch können bestimmte Hefepilze verschiedene Organe wie die Lunge oder das Gehirn zerstören. Die meisten Pilzarten sind jedoch nur in der Lage, Menschen oder Tiere wirklich krank zu machen, wenn diese eine stark geschwächte Immunabwehr aufweisen. Eine andere Schädigung durch Pilze erfolgt über ihre Giftstoffe, weshalb verschimmelte Lebens- und Futtermittel auch von Immungesunden nicht verzehrt werden sollten. Ihre Leber wird es Ihnen danken. An der Leber eines Tieres sehe ich unter dem Mikroskop oft, wie gut oder verschimmelt sein Futter war.

Der Überbegriff für Infektionskrankheiten aller vier Gruppen, die zwischen Tier und Mensch in beide Richtungen auf natürlichem Wege übertragen werden können, lautet »Zoonosen«. Wir kennen heute mehr als zweihundertfünfzig verschiedene und zwei differenzierende Begriffe: Krankheiten, die vom Tier auf den Menschen springen, sind *Zooanthroponosen,* und solche, die vom Menschen auf Tiere übergehen, *Anthropozoonosen.* Viele Erreger können jedoch beide Wege einschlagen.

Während man früher Zoonosen als Ausnahmeerscheinungen ansah, nehmen sie heute in der Tier- und Menschenmedizin einen immer größeren Raum ein. So stammen nach heutiger Erkenntnis weitaus mehr als die Hälfte aller Viruserkrankungen des Menschen ursprünglich von Tieren, und dieser Anteil steigt weiter. Das Erkennen von Zoonosen, besonders auch nach ihrem Überspringen in eine fremde Spezies, zählt zu den wichtigsten Ausbildungsinhalten des tierärztlichen Studiums – und zu den täglichen, manchmal lebensbedrohlichen Herausforderungen für Tierpathologen. Je schneller wir einen Angreifer dingfest machen, desto mehr Menschen- oder Tierleben können wir retten – vor allem, wenn eine Seuche droht.

Der Todeskuss

Unvergessen bleibt mir das zehnjährige Mädchen, das tränenüberströmt ihren toten Chinchilla in die Kleintierpraxis brachte, in der ich damals arbeitete. Ob man da noch was machen könne, fragte die Kleine – bitte, bitte! Die Eltern des Mädchens gaben mir mit Blicken zu verstehen, ich solle dem Kind schonend beibringen, dass der geliebte Chinchilla wirklich tot war. Es hatte wohl darauf beharrt, der Doktor würde ihn wieder zum Leben erwecken. Ich untersuchte das tote Tier gewissenhaft, schüttelte dann den Kopf, hockte mich hin, schaute dem Mädchen in die Augen und sagte: »Es tut mir sehr, sehr leid. Dein Chinchilla ist leider gestorben.« Die Unterlippe des Mädchens zitterte. Und was ich zuvor schon am Rande wahrgenommen hatte, wurde nun riesengroß. Im Mundwinkel des Mädchens prangte kein Erdbeereis, sondern ein Herpes. Und da wusste ich, woran der Chinchilla verstorben war. Das Lippenherpesvirus des Menschen, humanes Herpesvirus-1 oder auch Herpes simplex Virus-1, kann nach zufälliger Übertragung durch unglücklichen Kontakt bei Kaninchen und Chinchillas eine rasch tödlich verlaufende Gehirnentzündung auslösen. War jetzt der richtige Moment, dem Mädchen zu erklären, dass es seinen Chinchilla totgeküsst hatte? Heute gebe ich für solche Fälle meinen Studierenden folgenden Rat mit auf ihren Weg in die Praxis: »Jetzt ist nicht der Moment für Klugscheißen, jetzt ist Zeit für Empathie.«

Den Eltern empfahl ich bei einem Gespräch unter Erwachsenen, beim nächsten Chinchilla jeden Kontakt zu unterbinden, wenn ihre Tochter einmal wieder einen Lippenherpes hatte. Und ich fragte nach, ob aktuell noch Kaninchen im Haus oder in der Nachbarschaft lebten, denn auch diese könnten daran eingehen. Herpesviren sterben in der Umwelt jedoch schnell ab, sodass der baldigen Anschaffung eines neuen Chinchillas nichts im Wege stand. Auch für alle anderen Tiere rund um Haus und Hof war das Virus völlig ungefährlich. Chinchillas und Kaninchen haben, evolutionär gesehen und salopp formuliert, einfach Pech gehabt.

Viele Herpesviren, nicht nur das Lippenherpesvirus des Menschen, sind bei Infektionstiermedizinern berühmt-berüchtigt wegen ihrer fatalen Konsequenzen, sobald sie von einer Spezies auf eine andere springen. Kurioserweise trifft es aber immer nur einige wenige Arten, ohne dass wir dies heute erklären oder vorhersagen könnten. Ein Zebra-Herpesvirus bringt Eisbären um, aber keine Zebras, Pferde, Braunbären, Waschbären oder Ameisenbären. Ein Herpesvirus der Pferde, equines Herpesvirus-1, hat dagegen schon mehrere Gazellen, Meerschweinchen und Schwarzbären auf dem Gewissen, nicht aber Eisbären oder Zebras. Das bei unseren Hausrindern immer tödlich verlaufende bösartige Katarrhalfieber kann sowohl durch das Gnu-Herpesvirus als auch durch ein Schaf-Herpesvirus ausgelöst werden. Ersteres ist wichtig in Afrika und in Zoos, Zweiteres für Bauernhöfe. In ihren eigenen, evolutionär angepassten Tierarten sind diese Viren jedoch oft harmlos, und auch das Rinder-Herpesvirus bringt weder Gnus noch Schafe um. Einige Affen-Herpesviren können Menschen töten und umgekehrt, aber eben nicht alle. Verwirrt? Ich auch!

Die meisten Herpesviren haben sich während der Evolution an eine einzelne Wirtsart adaptiert oder umgekehrt. So sind diese Viren in ihrer Zuhausespezies durch vielfachen Kontakt weit verbreitet und geduldet, und sie machen sie nicht krank, gefährden also ihre Heimat nicht. Dazu gibt es auf beiden Seiten perfekte Anpassungsmechanismen, einerseits sehr effektive Infektions-

und Vermehrungsstrategien beim Virus und andererseits effektive Immunsystemleistungen des Wirtes, die ein Überhandnehmen und Krankheit weitgehend vermeiden. Diese Prozesse sind jedoch dynamisch und sicher noch nicht abgeschlossen. Unplanmäßige Kontakte, die in der Evolution nicht vorgesehen sind, verlaufen dann aber fatal und alarmieren Tierpathologen. Die Urgeschichte der Tiere kennt eben keine Zebras neben Eisbären, keine Gnus neben Holsteiner Kühen und keine Chinchillas küssenden Menschen.

Was geht hier schief? Das schuldige Virus, dessen Oberfläche perfekt wie ein Schlüssel ins Schloss der angepassten Wirtszelle dreht, passt eben zufällig und ausnahmsweise auch woanders. Versuchen Sie mal, auf einem großen Parkplatz systematisch fremde Autos mit Ihrem Autoschlüssel zu öffnen. Sie werden staunen, dass Sie bei einigen Erfolg haben werden. So ähnlich müssen Sie sich das auch mit dem Virus vorstellen.

Wenn das Immunsystem den Fremdling nicht schnell genug eliminieren kann, weil dieser sich zu effektiv ausbreitet oder einem guten Bekannten zu ähnlich sieht, also einem eigenen, harmlosen Herpesvirus, ist die Schlacht schon früh verloren. Leider lassen sich die Zufälle auf beiden Seiten nicht vorhersagen. Bestenfalls lassen sie sich im Nachhinein erklären, sodass die Empfänglichkeit der Wirte und die Gefährlichkeit der Viren von Studierenden der Tiermedizin stur nach den Büchern gelernt werden müssen, wo alles drinsteht, was irgendwann mal beobachtet wurde. Auch daher wird (Tier-)Medizin oft als empirische Disziplin bezeichnet, nicht als pure Wissenschaft.

Die völlig unterschiedlichen und oft unvorhersehbaren Übertragungsmöglichkeiten und Erkrankungsrisiken bei anderen Erregern sind nicht weniger komplex und lassen sich auf ähnliche Weise beschreiben – wenn auch zumeist nicht wirklich erklären. Ihre Erkältung können Sie nicht auf Ihren Hund übertragen, so oft Sie ihn auch anniesen. Er wird sich vielleicht wundern, jedoch nicht verschnupft reagieren. Ihre »echte« Grippe apportiert er auch nicht, wohl aber hat die letzte schwere Vogelgrippe Marder und Katzen umgebracht, neben vielen verschiedenen Vogelarten. Aber eben keine Hunde. Die kriegen ihren Zwingerhusten und Katzen ihren Katzenschnupfen, und vor beiden brauchen Sie sich als Halter nicht zu fürchten – weil Sie aus evolutionärer Perspektive Glück gehabt haben. Eins der weisesten Zitate aus meinem langjährigen Berufsalltag stammt von dem ukrainisch-amerikanischen Genetiker und Evolutionsbiologen Theodosius Dobzhansky (1973): »Nichts in der Biologie macht Sinn, solange man es nicht im Licht der Evolution betrachtet.« Die Evolution hat aber gleichzeitig auch perfide Tötungsmaschinerien bei Tier und Mensch hervorgebracht, um die Verbreitung mancher Erreger zu perfektionieren.

Der Preis der Freiheit

Die junge Familie war erst vor einem Jahr ins Grüne gezogen; die Kinder sollten nicht nur zwischen Beton aufwachsen. Von dem gemütlichen Niedrigenergiehaus am Waldrand waren es bloß dreißig Minuten ins Zentrum der Kreisstadt. Alle fühlten sich wohl in ihrem neuen Zuhause. Ganz besonders Tonja, die sechsjährige Golden-Retriever-Hündin, freute sich über die neue Hundelebensqualität, endlich Natur und Freiheit. Die gute Seele der Familie lebte förmlich auf in ihrem neuen Revier und zeigte ihre Begeisterung bei jedem Spaziergang. Endlich konnte sie nach Herzenslust schnüffeln, herumstöbern, Erdlöcher nachgraben und auch Gras fressen. Den Kindern gegenüber verhielt sie sich wie immer vorbildlich, das Neugeborene stand unter ihrem besonderen Schutz. Martina und ihr Mann Wolfgang waren heilfroh, dass sie dem Rat einiger Freunde nicht gefolgt waren, die

Tonja ins Tierheim gegeben hätten, als Martina das erst Mal schwanger wurde. »Das kommt überhaupt nicht infrage«, hatte sie geantwortet. »Was wäre das denn für ein Start in unser neues Leben als Familie!« Doch ein bisschen unsicher war sie schon gewesen, und sie war Tonja unendlich dankbar, dass alles so glattlief, zuerst mit dem erstgeborenen Mädchen, nun mit dem kleinen Jungen. Tonja zeigte keine Eifersucht, die Kleinen gehörten zum Rudel und basta. Wenn Martina mit ihrer dreijährigen Saskia und dem drei Monate alten Sven im Kinderwagen am Waldrand entlangspazierte und Tonjas Rute vor Begeisterung keine Sekunde stillstand, dann war das Glück fast zu groß, sodass Martina immer mal wieder anhielt, an den Kindern herumnestelte, Tonja über den Kopf streichelte, gerade so, als müsste sie sich versichern, dass das alles wahr war.

Doch das Glück ist zerbrechlich. Irgendetwas stimmte nicht mit Tonja. Zuerst wedelte sie kaum mehr, dann wollte sie beim Spazierengehen schnell umkehren und schließlich ihr Körbchen überhaupt nicht mehr verlassen.

»Geh mal lieber zur Tierärztin«, meinte Wolfgang.

»Das wird schon wieder«, sagte Martina. Tonja war ihr Hund, ein halbes Jahr ehe sie Wolfgang kennenlernte, war es Liebe auf den ersten Blick gewesen, als sie den süßen Welpen mit den Schlappohren in der Nachbarschaft entdeckte. Wolfgang hatte einmal im Scherz gesagt, es sei ihm durchaus klar gewesen, dass er den Hund mögen musste, sonst würde er bei Martina nicht landen können. Aber längst hatte auch er Tonja ins Herz geschlossen. Doch sie mussten sparen, das Haus war viel teurer geworden als geplant, und so wartete Martina noch ein paar Tage und hoffte, Tonja würde sich erholen, ohne eine Tierärztin hinzuzuziehen. Aber das tat die Hündin nicht. Selbst drei Wochen später erschien sie unverändert lustlos und zunehmend krank. Aber irgendwie auch wieder nicht so richtig krank: kein Durchfall, kein Husten. Erst als Martinas Mutter zu Besuch kam und erschrocken rief »Was ist denn mit Tonja los?«, fuhr Martina zur Tierärztin.

Und als sie neben dem Untersuchungstisch in der Praxis der jungen Tierärztin Tonjas Bauch auf Augenhöhe sah, fiel ihr auf, dass der ziemlich groß war und sogar herunterhing. Das hat gerade noch gefehlt, seufzte sie innerlich, um gleich darauf zu beschließen: Eines behalten wir.

Die junge Tierärztin, sie hatte die Praxis erst vor drei Monaten eröffnet, war sehr gründlich und nahm sich Zeit. Eine Hand an Tonjas Flanke, hörte sie Martinas Schilderungen aufmerksam zu, maß Fieber und horchte ab. Die Helferin machte Notizen am Praxiscomputer. Beim näheren Blick in die Augen und ins Maul der Hündin stutzte die Tierärztin. »Schauen Sie doch mal selbst«, forderte sie Martina auf. »Alles ganz gelb.«

»Tatsächlich«, staunte Martina. »Ist das schlimm?«

»Das ist ein Ikterus«, erklärte die Tierärztin. »Eine Gelbsucht.«

»Ich dachte, sie ist vielleicht trächtig?«, sprach Martina ihre Befürchtung aus.

»Nein, der Bauch fühlt sich nicht an wie eine Trächtigkeit, er ist zu hart, zu weit vorne. Aber es stimmt schon, da ist irgendwas drin. Ich muss schallen, röntgen und ein großes Blutbild machen«, sagte die Ärztin mit ernster Miene.

»Ja bitte, tun Sie das«, bat Martina. In diesem Moment spielte Geld keine Rolle. Und während sie auf das Ergebnis wartete, ging ihr durch den Kopf, wie viel Schönes sie mit Tonja erlebt hatte und dass sechs Jahre viel zu früh für einen Abschied wären. Und sie schwor sich, dass sie einen Tierarztbesuch nie wieder aufschieben würde. Mit den Kindern war sie doch auch immer gleich in der Praxis, beim kleinsten Pups ließ sie sich einen Termin geben. Hoffentlich hatte Tonja keine Schmerzen gehabt, das würde sie sich nie verzeihen, wenn der Hund wegen ihrer Nachlässigkeit und Sparsamkeit hätte leiden müssen. Dann lieber mal einen Ausflug einsparen oder Proviant von zu Hause mitnehmen, anstatt unterwegs essen zu gehen.

Die nächste halbe Stunde empfand Martina viel länger, als die Uhr es behauptete. Das Gesicht der Tierärztin wirkte bedrückt, als sie Martina mit einem Röntgenbild in der Hand ins Sprechzimmer bat.

»Schauen Sie sich die Bilder selbst an«, bat sie leise und zeigte auf eine Wolke. »Ich glaube, da wächst ein Tumor.«

Martina nickte mit glasigen Augen, ohne irgendetwas zu erkennen. Also das Schlimmste. Oder? »Sind Sie sicher? Kann man den operieren?«

»Das weiß ich noch nicht. Und von dem Bild her kann ich auch nicht bestimmen, ob der Tumor, wenn es einer ist, gut- oder bösartig ist.«

Tumor ist lateinisch und heißt eigentlich nur »Schwellung«. Der Begriff wird in der Medizin bereits sehr viel länger benutzt, als wir das, was heute damit gemeint ist, verstehen. Die Ärzte des Altertums konnten noch nicht unterscheiden zwischen entzündlichen Granulomen, die sich um Bakterien, Parasiten oder eingespießte Fremdkörper bilden, abgekapselten Eiterbeulen, Wildfleischbildungen – also überschießenden Narben – und dem, was wir heute präziser als Neoplasien bezeichnen, also Tumoren im engeren Sinne. Alles kann Gewebszubildungen verursachen, die da nicht hingehören. Aber nur Letztere zeichnen sich durch unkontrollierte Vermehrungen entarteter Zellen des eigenen Körpers aus, die vielleicht in andere Organe streuen und töten können. Solche bösartige Neoplasien nennt der Volksmund Krebs. Die klare Unterscheidung zwischen den einzelnen Arten von Umfangsvermehrungen ist nicht nur sprachlich von Bedeutung, denn für den Patienten entscheidet die präzise Diagnose oft über den weiteren Verlauf, über Therapiemöglichkeiten, Heilungschancen, Leben oder Leiden und Tod. Und für den Hundebesitzer auch über die Kosten.

»Was schlagen Sie vor?«, fragte Martina.

»Tonja geht es sehr schlecht, der Ikterus ist ein Zeichen dafür, dass die Leber kaum noch arbeitet. Was auch immer es ist«, sagte die Tierärztin, »es muss raus, und zwar so schnell wie möglich. Am besten heute noch«, sagte sie wie zu sich selbst und fragte: »Ist Tonja nüchtern?«

Jetzt liefen Martina Tränen übers Gesicht. »Sie frisst ja nichts mehr«, stieß sie hervor und fühlte sich so schlecht wie selten in ihrem Leben, weil sie so lange gewartet hatte.

Die Narkoseeinleitung verlief komplikationslos, die Bauchhöhle war schnell eröffnet, doch die Zubildung verdrängte die Organe aus ihrer normalen Anatomie und erschwerte die Orientierung erheblich. Das Gebilde hatte fast die Größe eines Handballs, war gelb und höckerig wie ein Blumenkohl und schien erst in der Tiefe in Reste der Leber überzugehen. Weder Tierärztin noch Helferin hatten so etwas jemals zuvor gesehen. »Ich glaube nicht, dass ich es ganz herausschneiden kann«, gestand die Tierärztin. »Ich weiß nicht mal, was es ist.« Beim Versuch, das Gebilde vorzulagern, riss es ein, und weißgelber Grieß ergoss sich in die Bauchhöhle und über die Abdecktücher.

»Ich muss mehr aufschneiden«, erklärte die Tierärztin. Die Helferin setzte die Halteklammern weiter auseinander. Dabei riss ein Handschuh an den scharfen Klemmen ein, und das trübe, flockige Sekret aus dem Gebilde lief über ihre nackte Hand. Schnell wischte sie es am Kittel ab. Mit Schweiß auf der Stirn versuchte die noch junge Operateurin vergeblich, das Gebilde zu umfassen und den Bereich zu finden, wo sie schneiden könnte. »Wenn ich das hier alles abschneide, verblutet sie, und die ganze Leber kann ich nicht entfernen«, dachte sie laut und bat ihre Helferin: »Rufen Sie bitte die Besitzerin an.«

Entscheidungen über Leben und Tod trifft die Tierärztin so gut wie nie allein, das letzte Wort hat der Besitzer.

»Versuchen Sie alles, egal was es kostet«, bat Martina.

Die Tierärztin entfernte einige Teile des Gebildes, vernähte den Rest und spülte die Bauchhöhle mehrfach gründlich, wobei sich die Grießflocken über den gesamten Operationstisch ergossen.

Sie nähte alle Schichten gewissenhaft zu und bettete Tonja mit einer Dauertropfinfusion in eine Box mit Rotlichtlampe. Die vielen Stücke des Gebildes legte sie in eine Plastikdose mit Formalin und wies ihre Helferin an: »Schicken Sie diese Biopsien sofort zum Gruber. Wir müssen genau wissen, was es ist, bevor wir Tonja zu einem Spezialisten überweisen. Wenn sie es überhaupt schafft.«

Bios ist griechisch und heißt Leben, *opsis* heißt sehen – Biopsie bedeutet also übersetzt: ins Lebende hineinsehen. In der tierärztlichen Praxis können Veränderungen am Tier oft nicht gleich diagnostiziert werden, weshalb kleine Gewebeproben entnommen und »eingeschickt« werden. Manchmal sind sie winzig, vielleicht nur ein paar Hautschuppen, manchmal größer, beispielsweise ein kompletter Tumor oder eine Lungenhälfte. Praktisch jedes Organ kann bioptiert werden, lediglich Gehirnbiopsien sind bei Tieren noch unüblich. Eine Gewebeprobe verrät dem Pathologen oft sehr viel mehr, als es eine klinische Untersuchung oder die modernsten Röntgen-, Ultraschall- oder Kernspintomografie-Untersuchungen könnten. Ein Tausendstel Millimeter kleine Muster identifizieren Spuren der Krankheit oder ihrer Verursacher. Der Pathologe erkennt Zellarten, ihren Wohlfühlstatus, der nicht unbedingt mit dem ihres Besitzers übereinstimmt, eingewanderte Entzündungszellen, Krebszellen und natürlich viele Infektionserreger wie Bakterien, Pilze und Parasiten im Gewebe. Selbst Viren, die eigentlich zu klein für eine lichtmikroskopische Erkennung sind, verraten ihre Anwesenheit durch sehr charakteristische Einschlüsse in Zellen, also Muster. Für die Diagnostik von Tumoren existiert eine Vielzahl von Schlüsselmustern, die die genaue Tumorart, ihren Grad der Gut- oder Bösartigkeit und auch therapierelevante Hinweise offenlegen. Alles zusammen ermöglicht eine Prognose für das Tumorwachstum – also einen Blick in die Zukunft. Wir können heute oft mit hoher statistischer Wahrscheinlichkeit vorhersagen, wie sich ein Tumor entwickeln wird und welche Therapien mit welcher Heilungschance empfohlen werden können. Wichtig ist es, nach einer Operation zu wissen, ob der Tumor vollständig oder nur teilweise entfernt wurde und ob es Hinweise auf eine bereits erfolgte oder zukünftige Metastasierung gibt, also Streuung in andere Organe. Hier wird das Mikroskop des Pathologen zur wissenschaftlichen Glaskugel. Die Diagnose gibt dem Tierhalter Sicherheit für den Moment, und die Prognose nimmt der Zukunft das Bedrohliche, das Ungewisse. Wie lange kann das Tier mit dieser Diagnose noch leben? Wie hoch sind die Heilungschancen? Muss sofort operiert werden oder kann man sich Zeit lassen? Worauf muss sich der Patientenbesitzer vorbereiten – auch finanziell? Die mikroskopische Diagnostik von Biopsien ist die wichtigste und häufigste Verbindung zwischen tierärztlicher Praxis und Tierpathologie.

Der Wurm drin

Achtundvierzig Stunden später kam mein Befund per E-Mail in der Praxis an:

> *Zwölf beigegraue, grobgranuläre, mäßig feste Gewebeproben zwischen 0,9 x 1,2 x 1,4 und 4,6 x 3,2 x 2,9 cm, daneben miliarer Partikelsand im Gefäß, Standardeinbettung und Hämatoxylin-Eosin-Färbung: In allen Proben chronisch-aktiv granulomatös demarkierte Laminarschichten und rupturierte Zysten mit nekrotischem Zelldebris und sporadischen, separierenden Fibrosen, dazwischen multiple Zestoden-Kopfanlagen mit Hakenkranz; nur ganz vereinzelt residuelles Leberparenchym mit regional variabel starker, lymphohistiozytärer und fremdkörperriesenzelliger Immunzellinfiltration; starke PAS-Positivität der Laminarschichten.*

In meinem begleitenden Kommentar am Ende des Befundes erläuterte ich die lateinischen Begriffe so, dass es jeder Patientenbesitzer verstehen würde. Zestode heißt Bandwurm, die Laminarschicht war die Wand der Bandwurmfinnen, und das Alter schätzte ich mit mindestens einigen Monaten ein. Die Leber von Tonja hatte über lange Zeit versucht, die Parasiten zu bekämpfen und einzumauern, doch die Spielregeln der Evolution in diesem Parasiten-Wirt-Verhältnis sehen nun einmal vor, dass der Parasitennachwuchs die Leber vollständig zerstört und damit den Zwischenwirt tötet, damit er vom Endwirt gefressen werden kann. Willkommen im Lebenszyklus des Fuchsbandwurms, *Echinococcus multilocularis,* der zunehmend auch in Menschenlebern schlüpft. Nicht Tonja selbst, sondern ein Killerparasit produzierte hier Nachwuchs, und zwar in Tonjas Leber.

Die gefährlichste Parasitenzoonose Mitteleuropas

Der Fuchsbandwurm hat über Tausende von Jahren eine perfide Überlebens- und Verbreitungsstrategie entwickelt. Die nur wenige Millimeter großen erwachsenen Würmer leben im Darm des Endwirtes, ernähren sich vom Nahrungsbrei, machen Liebe und scheiden Eier über den Kot aus. Hauptendwirt des Fuchsbandwurms ist – der Fuchs. Neben dem Fuchs können auch unsere Hunde und Katzen Endwirte sein. Im Endwirt verharren die erwachsenen Würmer streng im Darm, ohne jegliche Krankheitssymptome zu verursachen. Der Fuchs und auch Hund und Katze bleiben als Endwirte zu jeder Zeit ahnungslos und gesund. Das ist ganz im Sinne des Wurms. Es wäre ja dumm, seinen Wirt zu töten. Säge den Ast nicht ab, auf dem du sitzt. Völlig anders ist es im Zwischenwirt, der typischerweise selbst als Beute vom Endwirt gefressen wird, also Mäuse und andere Kleinsäuger. Der Zwischenwirt ist nur ein Umsteigebahnhof, dient der Verbreitung, und der Wurm wird alles tun, ihn wieder zu verlassen, um nach Hause zu kommen: in seinen Endwirt. Der Zwischenwirt, sagen wir eine Maus, infiziert sich am Kot des Endwirtes, sagen wir eines Fuchses, wonach aus den Eiern allerdings keine erwachsenen Würmer im Darm werden. Die geschlüpften Larven wandern gleich in die Leber der Maus, weil es das nächste große Organ ist, in das sie aus dem Darm kommend einwandern können. In der Leber bilden die Larven blasenartige Finnen. Diese teilen sich langsam weiter, breiten sich aus und zerstören über viele Wochen oder Monate die gesamte Leber – wie es auch ein gigantischer bösartiger Tumor tun würde. In den Finnen der Leber befinden sich infektiöse Parasitenstadien, die noch lange über den Tod des Opfers hinaus lebens- und infektionsfähig bleiben. Dadurch wird die Maus geschwächt und passt durch die Schwellung womöglich bei der Flucht auch nicht mehr in ihr Mauseloch. Sie wird zur leichten Beute für die Endwirte Fuchs, Hund oder Katze, und die Weitergabe ist gesichert. Oder der Zwischenwirt stirbt daran und wird als Kadaver gefressen, die Leber zählt schließlich zu den Leckerbissen des Endwirtes. In diesem entwickeln sich wiederum erwachsene Würmer im Darm, legen Eier und so weiter. So fungiert der Zwischenwirt als Taxi zum idealen Wirt. Der Endwirt freut sich über die leichte Beute, nicht ahnend, dass es sich um ein trojanisches Pferd handelt.

In der Betrachtung dieser »Nahrungskette« zeigt sich einmal mehr die Kernkompetenz der Tierärztin und Tierpathologin in der vergleichenden Infektionslehre über die Speziesgrenzen hinweg. Wir studieren die Tiere auch, um den Menschen zu helfen, und zwar in Fragen, bei denen viele Humanmediziner passen müssten, da sie ja nur Mensch kennen, nicht die Tiere. Lesen Sie da ein wenig Stolz auf meinen Berufsstand heraus? Dann haben Sie die richtige Diagnose gestellt. Wenn Human- und Tiermediziner zusammenarbeiten, erreichen sie gemeinsam viel Gutes für Mensch und Tier. Und was den Fuchsbandwurm betrifft, tun sie gut daran, zusammenzuarbeiten, denn immer mehr Menschen infizieren sich mit diesem todbringenden Parasiten.

Der Fuchsbandwurm ist überhaupt nicht wählerisch, er kann verschiedene Endwirte und auch verschiedene Zwischenwirte befallen. Durch den rhythmischen Wechsel zwischen End- und Zwischenwirten bei gleichzeitiger Möglichkeit eines Wechsels der Wirtsarten auf beiden Seiten sichert sich der Parasit sein stabiles

Verweilen in einer ganzen Region sowie seine weitere Verbreitung mit den langen Streifzügen der Endwirte. Ist das nicht eine grandiose Strategie? Während ähnliche Wirtswechsel auch bei anderen Parasiten vorkommen, gibt es für den Fuchsbandwurm eine große Besonderheit für infizierte Hunde, und deshalb musste Tonja sterben: Hunde können für den Fuchsbandwurm gleichzeitig End- und (falscher) Zwischenwirt werden. Das heißt, im Hund können im Darm lebende erwachsene Würmer Eier über den Kot ausscheiden, und gleichzeitig können Larven die Leber befallen und über die alveoläre – blasenartige – Echinokokkose den Wirt nach vielen Monaten töten. Das heißt aber auch: Der Hund kann als End- und falscher Zwischenwirt doppelt ansteckend werden, wobei manche Hunde nur im Darm, andere nur in der Leber und wieder andere doppelt infiziert sind. Noch viel bedeutsamer wird der Parasit dadurch, dass er zahlreiche andere Tiere als fehlerhafte Zwischenwirte infizieren und über die alveoläre Echinokokkose umbringen kann. Zu diesen Fehl-Zwischenwirten zählt neben Haus- und Wildschweinen besonders auch der Mensch. Und so kann es sein, dass der Fuchsbandwurm im Menschenkörper landet. Blöd gelaufen für beide, denn da wollte der Fuchsbandwurm gar nicht hin. Schließlich ist die Chance, dass der Mensch von einem Fuchs, seiner idealen Endstation, gefressen wird, äußerst gering.

Die Fuchsbandwurm-Echinokokkose ist die gefährlichste parasitäre Zoonose Mitteleuropas. In Deutschland infizieren sich pro Jahr über einhundert Menschen an der alveolären Form, das heißt, es entstehen in der Leber bläschenartige Finnen, die diese zerstören (lat. *alveolus:* kleines, wassergefülltes Gefäß oder Bläschen). Während noch vor wenigen Jahrzehnten die Schwäbische Alb als fast alleinige Heimat des Killers galt, hat sich der Fuchsbandwurm mittlerweile in alle Bundesländer ausgebreitet. Etwa zwei Drittel der deutschen Menschenpatienten stammen aus Baden-Württemberg und Bayern. In manchen Regionen sind über siebzig Prozent der Füchse befallen. Seitdem die Tollwut 2008 in deutschen Wäldern ausgerottet wurde, hat sich die Fuchspopulation stark vermehrt, was auch zu größeren Wanderungen der Jungfüchse führte. Zudem sind Füchse als Kulturfolger zu dauerhaften Bewohnern der meisten Städte geworden. Gleichzeitig treibt es uns Menschen immer tiefer in die heimischen Wälder. Ist der Fuchsbandwurm die neue Tollwut? Eine Ausrottung durch systematische Fuchsköder mit Entwurmungsmitteln oder Impfungen, wie sie erfolgreich zur Tilgung der Tollwut bei deutschen Füchsen eingesetzt wurde, ist nahezu undenkbar. Die perfide Überlebensstrategie dieses Echinokokkus würde es erforderlich machen, auch sämtliche Mäuse und andere Kleinsäuger als Zwischenwirte mit einzubeziehen, was schlicht unmöglich ist.

In meinen Biopsieuntersuchungen sehe ich jedes Jahr mehrere Fälle von Fuchsbandwurmbefall in der Leber von Familien- und Jagdhunden. Bei meinen Tierpathologenkollegen aus Süddeutschland ist die Zahl sicher noch deutlich höher. Echte Tumore in der Leber kommen jedoch zumindest bei mir geschätzt mindestens einhundertmal häufiger vor, und diese sind sowohl in den klinischen Befunden als auch im Röntgen und Ultraschall in der Praxis oft nicht zu unterscheiden von einem Fuchsbandwurmbefall der Leber. Der Tumorverdacht meiner jungen Kollegin war – mit jedem gesunden Menschenverstand – sowohl anhand der ihr vorliegenden Informationen als auch aus statistischen Gründen nachvollziehbar. Ich nehme an, dass wahrscheinlich viele Fälle von alveolärer Leber-Echinokokkose beim Hund irrtümlich als Lebertumoren fehldiagnostiziert und die Tiere mit schlechter Prognose euthanasiert werden. Wenn dann keine Obduktion die wahre Ursache herausfindet und der Hund im heimischen Garten vergraben wird, bleibt die Infektion unbekannt und mit ihr auch die vielen Fuchsbandwurmeier, mit denen der Hund über seinen Kot und sein Fell seine ehemalige Umgebung für viele Monate verseucht hat, bevor er starb. Auch in diesem Risiko lauert die besondere Gefahr eines infizierten Hundes als gleichzeitiger End- und

Fehl-Zwischenwirt des teuflischen Fuchsbandwurms (siehe Bildtafelteil, Abb. 5).

Für Tonja kam der pathologische Befund zu spät, sie erwachte nicht mehr aus der Narkose. Möglicherweise lösten die vielen geplatzten Finnen in ihrer Bauchhöhle einen Fremdeiweißschock aus. Die anschließende Obduktion zeigte, dass kein gesundes Lebergewebe mehr zu retten gewesen wäre, und eine Lebertransplantation ist bei Hunden noch keine in der Praxis verfügbare Methode. Der Parasit hatte ganz eindeutig zu viel Zeit bekommen, langsam die gesamte Leber zu zerstören. Die Zeit, die wir einem Fuchsbandwurm in der Leber oder auch einem echten Tumor gewähren, ist oft der schärfste Richter über Leben oder Tod.

Der Fuchsbandwurm im Menschen

Für die Tierärztin war mit dem Tod von Tonja der Fall aber noch nicht abgeschlossen. Ihre Sorge galt nun Tonjas Familie, vor allem den Kindern, und genauso ihrer Helferin, die sich bei der OP den Parasitengrieß durch den kaputten Handschuh über die Hand und den Kittel geschmiert hatte. Hatte sie sich im Eifer des Gefechts die Hände gewaschen und desinfiziert? Oder danach etwas gegessen oder sich mit der Hand im Gesicht gerieben? Konnte sie den Parasiten aufgenommen haben? Wo war der Kittel? Die Tierärztin informierte Martina und legte ihr nahe, die ganze Familie und alle, die Kontakt mit dem Hund hatten, ärztlich untersuchen zu lassen. Mit Ultraschallaufnahmen der Leber und einer Blutuntersuchung auf Antikörper gegen den Parasiten kann festgestellt werden, ob ein Mensch infiziert ist. Dann wird behandelt. Eine Isolierung des befallenen Patienten oder zusätzliche Hygienemaßnahmen sind dabei nicht erforderlich, da eine Infektion von Mensch zu Mensch nicht möglich ist.

Allerdings hält der Fuchsbandwurm noch eine weitere Gemeinheit bereit: Die Inkubationszeit, also die Zeit zwischen Ansteckung und Ausbruch der Symptome, kann beim Zweibeiner bis zu fünfzehn Jahre betragen. Bleibt die Ansteckung unbemerkt, kann die Bedrohung jahrelang schlummern, und wenn sich der blinde Passagier dann endlich bemerkbar macht, wird man sich wahrscheinlich nicht mehr daran erinnern, wie und wo man ihn sich »eingefangen« hat. Und weil man ja nichts spürte, ist man auch nicht zum Arzt gegangen. Das kann die Chancen auf eine vollständige Heilung stark reduzieren. Bei vielen Menschenpatienten wird der Parasit nicht gezielt, sondern bei einer Routineuntersuchung zufällig entdeckt, nicht selten zu spät.

Aber was kann man zur Vorbeugung tun? In besonders gefährdeten Gebieten wird über eine Einschränkung des Hundefreilaufs und eine Vermeidung jeglichen Kontakts von Hunden mit Fuchskot und Nagetieren diskutiert. Einerseits greift dies tief in die artgerechte Hundehaltung ein, andererseits wären solche Maßnahmen nie ganz sicher.

Viel wichtiger ist die korrekte und regelmäßige Entwurmung. Ihre Tierärztin kennt die wirksamen Mittel, bitte kaufen Sie sich nicht selbst in der Apotheke irgendeine Hundewurmpaste. Der Rhythmus der Entwurmung ist ebenso wichtig. Aufgrund der Biologie des Parasiten mit achtundzwanzig Tagen zwischen Aufnahme und erster Eiausscheidung im Kot empfehlen die Spezialisten des *European Scientific Counsel Companion Animal Parasites* (ESCCAP) für gefährdete Regionen eine monatliche (!) Wiederholung der Entwurmung für Hunde, die Wildnager oder Aas aufnehmen. In nur schwach belasteten Regionen und bei Hunden mit wenig Kontakt zu Füchsen oder Mäusen wird ein Dreimonatsrhythmus nahegelegt.

Ist der Hund als Fehl-Zwischenwirt bereits in der Leber infiziert, kann im frühen Stadium eine Ganzkörper-Entwurmung helfen. Diese muss dann jedoch oft lebenslang gegeben werden. Bei einem stärkeren Befall wie bei Tonja kommt jede Hilfe zu spät. Hier ist die frühe Diagnosestellung entscheidend, ähnlich wie bei einem echten Tumor. Eine Biopsieentnahme der Leber kann übrigens problemlos durch die Bauchwand erfolgen, ohne die Notwendigkeit einer OP. Dagegen hat eine Kotuntersuchung beim Hund keine Aussagekraft über einen Befall der Leber.

Während Hunde sich über die direkte Aufnahme von Fuchskot oder Kleinsäugern infizieren, lauert die Gefahr für Menschen viel versteckter und ist damit schwerer zu kontrollieren. Die eigenen Hände stellen das größte Risiko dar: Hunde tragen die Eier aus ihrem eigenen Kot oft in ihrem Fell, wo sie lange infektiös bleiben. Und manch ein Hund wälzt sich auch gern im Kot anderer Hunde. Wissen Sie, ob der andere Hund gewissenhaft entwurmt wurde? Einmal Hundestreicheln reicht also völlig aus. Die Eier geraten an die Finger oder unter die Fingernägel und von dort in den Mund. Weil man sich die Finger leckt, um eine Seite umzublättern, weil man einen Apfel isst, weil, weil, weil ... Es geht so schnell. Und dann ist der Fuchsbandwurm im Menschenkörper. Meine Mutter lag also gar nicht so falsch mit dem Händewaschen nach dem Hundestreicheln.

Ein weiteres Risiko besteht für Menschen mit viel Kontakt zu Erde, also verseuchtem Boden in Fuchsrevieren. Füchse koten gern zur Reviermarkierung auf exponierte Stellen, Steine, Baumstümpfe, Erdhügel. Auch ein Sandkasten ist eine prima Fuchs-Toilette. Der Fuchs kotet, scharrt und zieht weiter zum nächsten Markierungsobjekt. Eine systematische Befragung von mit Fuchsbandwurm befallenen Menschen ergab, dass es sich fast ausschließlich um Hundestreichler und in der Land- und Forstwirtschaft tätige Personen handelte. Interessanterweise stellte sich das Sammeln und der Verzehr von Waldbeeren nicht als Risikofaktor heraus, auch wenn dies immer wieder behauptet wird.

Sind Menschen einmal befallen – natürlich nur in der Leber, ein Darmbefall ist nicht möglich –, können wie beim Hund im frühen Krankheitsstadium die richtigen Wurmmittel helfen. Andernfalls zerfrisst der Parasit über Jahre und Jahrzehnte hin die Leber, bis es zu spät ist. Auch ins Gehirn und ins Herz wandern die ungebetenen Gäste gelegentlich.

Zum Glück war die Helferin der jungen Operateurin niemals in Gefahr. Die Leberfinnen in Zwischen- und Fehlzwischenwirten sind nur infektiös für Endwirte, aber niemals für Zwischen- oder Fehlzwischenwirte wie den Menschen. Bei Tonjas Obduktion wurde kein Darmbefall festgestellt, also auch keine Ausscheidung von Eiern mit dem Kot. Ob sie jedoch zu einem früheren Zeitpunkt erwachsene Echinokokken im Darm beherbergte und die Eier nun doch noch für viele Monate auf dem Teppich, in ihrem Körbchen und in Martinas Bett auf Menschenhände warten, die sie in den Menschenmund bringen, bleibt im Dunkeln.

Andenken mit tödlichen Folgen

So einen schönen Urlaub wie in Marokko hatten Gerda und Paul noch nie erlebt. Lag es an dem Land mit den freundlichen Menschen, am herrlichen Wetter und an dem guten Essen in der Klubanlage? Oder auch ein bisschen daran, dass sie seit über zwanzig Jahren wieder einmal als Paar unterwegs waren, ohne ihre drei Kinder? Aber sie hatten auch viel Elend gesehen außerhalb ihrer komfortablen Anlage, und das hatte sie sehr bewegt. Sie führten lange Gespräche und wollten ihren Alltag zu Hause nicht mehr so selbstverständlich nehmen. Gerda überlegte sich, bei ihrer Rückkehr ein Ehrenamt zu suchen, um Menschen zu helfen, die nicht so privilegiert lebten. Das könnte ihr auch guttun, wenn Sarah, ihre Jüngste, in zwei Jahren ausziehen würde.

Doch dann kam alles anders, und Gerda fand ihre Aufgabe bereits in Marokko – in Gestalt eines Hundewelpen. Wie alt das Fellbündel war und woher es kam, wusste sie nicht. Der kleine Carlos, wie sie ihn spontan taufte, mit den großen braunen Kulleraugen hatte in einer Seitenstraße an Müllcontainern geschnuppert und war ihnen dann einfach nachgetapst. »Ohne dass ich ihn gefüttert hätte«, betonte Gerda immer wieder. Das war ihr wichtig. Es war keine Bestechung im Spiel, und auch Paul ließ sich überzeugen, dass das ein Zeichen war. Carlos musste aus seiner misslichen Lage befreit werden, in Deutschland würde er ein schönes Leben haben. Für sie selbst wäre es das beste Andenken, das sie sich vorstellen konnten. Und wie sich erst die Kinder freuen würden, allen voran Sarah, die sich immer einen Hund gewünscht hatte! Gerda war dagegen gewesen; sie hatte argumentiert, Hunde seien schmutzig und die Spaziergänge würden sowieso an ihr hängen bleiben. Jetzt war alles anders. »Abends können wir das Fernsehprogramm dann manchmal ausfallen lassen und mit dem Hund gehen«, freute sie sich auf die Zukunft. »Mal wir beide, mal alle drei mit Sarah. Das wird schön!«

Doch wie konnten sie Carlos nach Hause bekommen? In Quarantäne sollte der kleine Kerl auf keinen Fall – oder wäre er nur zu »verzollen«? Wie so oft waren diese Fragen mit ein paar Scheinen an einen Mitarbeiter der Ferienanlage und vor allem den richtigen Beamten schnell geklärt, und dann lief alles wie geschmiert. Sogar die erforderlichen Quarantänepapiere und ein komplett ausgefüllter Impfpass für den deutschen Zoll waren flugs besorgt. Wie zuvorkommend diese netten Marokkaner immer waren! Da könnten sich die Deutschen mal eine Scheibe abschneiden, waren Paul und Gerda einer Meinung. Zu Hause gab es viel zu viele bürokratische Hürden, wenn man mal was Gutes tun wollte.

Daheim angekommen, schafften Gerda und Paul alles an, was ein Hund, wie der Verkäufer im Tierladen erklärte, für sein Wohlbefinden brauchte. Ein kuscheliges Körbchen, ein hübsches Lederhalsband mit Leine, dazu noch eine Flexileine, Spielsachen, extra gutes Welpenfutter, weil Carlos sich jetzt erst mal den Bauch vollschlagen sollte. Und natürlich fand der Verkäufer auch, dass Carlos ein ganz besonders hübscher Welpe war. Alle sagten das.

»Wie alt ist er denn?«, fragte der Verkäufer.

»Das wissen wir nicht genau«, sagte Gerda. »Im Impfpass steht vierzehn Wochen. Aber gewiss ist das nicht.«

»Na, Hauptsache, er ist entwurmt«, meinte der Verkäufer.

»O ja«, versicherte Paul. »Das hat alles seine Ordnung.« Und das glaubten die beiden tatsächlich. Schließlich hatten sie einen Impfpass erhalten, komplett beklebt und gestempelt, alles seriös. Deshalb brauchten sie auch nicht zur Tierärztin. Carlos war kerngesund, das merkte man dem Welpen an, so lebhaft, wie er seine neue Welt erkundete.

Es gab nur einen kleinen Wermutstropfen: Sarah würde ihn erst in drei Monaten kennenlernen, wenn sie vom Schüleraustausch in Frankreich zurückkäme. Bis dahin postete Gerda Fotos.

Schnell war Carlos ein Teil der Familie. Gerda und Paul konnten sich gar nicht sattsehen an dem kleinen Kerl und waren glücklich wie seit Langem nicht mehr. Niemand konnte sich Carlos' Charme entziehen; die Nachbarskinder liebten ihn. Und obwohl seine kleinen Welpenzähne so manchen Kratzer auf Händen und Armen hinterließen, konnten sie nicht genug von dem wilden Spiel mit ihm bekommen.

So vergingen die Tage, und Gerda nahm sich vor, Carlos einige Benimmregeln beizubringen. Manche Kommandos klappten ganz gut, aber er hatte schon seinen eigenen Kopf. Der anfangs so geschätzte Charakter mit leichtem Hang zur Dominanz steigerte sich mehr und mehr in Aggressivität, unverhofftes Zähnefletschen und Beißen in Gegenstände, schließlich auch Hände. Zudem fiel Gerda auf, dass Carlos sehr viel mehr schlief und sich zwischendurch mehr zurückzog als früher. Sie suchte Rat bei Fachliteratur und Dr. Internet und vermutete danach, dass Carlos sich im Zahnwechsel befand, alles ganz normal. Das würde auch das vermehrte Speicheln erklären.

Erst ein erfahrener Hundezüchter, der zufällig zu Besuch bei Nachbarn war, erklärte ihr: »Bei aller Liebe und allem Verständnis für Zahnwechsel und mediterranen Charakter, der Hund verhält sich nicht normal.

»Aber was kann das denn sein?«, fragte Gerda.

»Vielleicht hat er Schmerzen«, mutmaßte der Fachmann. »Dann

benehmen sich Hunde oft auffällig. Am besten, Sie stellen ihn mal einer Tierärztin vor.«

Gerda und Paul kannten keine. Aber dass etwas mit Carlos nicht stimmte, das hatten sie beide befürchtet, wie sie sich nun gegenseitig anvertrauten. Sie hatten es nur nicht wahrhaben wollen.

»Hoffentlich ist es nichts Schlimmes«, sagte Gerda bedrückt.

»Nun mach dir mal keinen Kopf«, tröstete Paul sie. »Was Schlimmes ist es bestimmt nicht, das kann ja gar nicht sein, weil er geimpft ist.«

»Bist du sicher?«

»Paul hielt ihr den Impfpass unter die Nase. »Hier, sieh selbst, da steht alles schwarz auf weiß.«

»Gott sei Dank«, seufzte Gerda. »Ich hab schon an Tollwut gedacht.«

»Weiß ich«, brummte Paul. Er kannte seine Gerda nicht umsonst seit achtundzwanzig Jahren. »Aber Tollwut gibt es gar nicht mehr«, erklärte er ihr, was er neulich in der Zeitung gelesen hatte.

»Trotzdem, lass uns lieber gleich fahren«, bat Gerda.

»Jetzt noch?« Paul schaute demonstrativ auf die Uhr.

Aber er kannte seine Gerda. So sagte er zwar noch »Morgen wär es billiger«, stand dann aber doch auf, um eine diensthabende Tierärztin zu googeln. Letztlich war die Uni-Tierklinik die nächste Adresse.

»Komm, Carlos«, lockte Gerda den Hund, der matt auf seiner Decke lag. »Jetzt wird alles wieder gut.«

Der Dackel und das Stöckchen

Seit 2008 ist Deutschland EU-anerkannt tollwutfrei – der systematischen Impfung von deutschen Füchsen über Impfstoff-gespickte und im Wald ausgelegte Hühnerköpfe sei Dank.

Die Symptome der Tollwut können aber auch durch eine andere Ursache ausgelöst werden: Bleivergiftung beim Rind und eingespießte Fremdkörper im Zahnfleisch eines Hundes. Ich erinnere mich gut an einen kleinen Dackel, der mit Tollwutverdacht euthanasiert worden war und zur amtlich angeordneten Obduktion kam, die ich mit der üblichen Schutzkleidung eines Tierpathologen absolvierte. Ein Mundschutz war nicht nötig, da man sich bei Tollwut nicht über Tröpfchen anstecken kann. Der Dackel, so wusste ich aus der Akte, war plötzlich aggressiv geworden, ließ sich nicht mehr anfassen, hatte um sich gebissen und stark gespeichelt. Da schon der Verdacht auf eine Tollwut in Deutschland anzeigepflichtig ist, erfolgte die ordnungsgemäße Anzeige, und die Amtstierärztin wusste keinen anderen Rat, als den Hund nach distanzierter Befragung aller Beteiligten euthanasieren und erst danach untersuchen zu lassen, wenn auch gegen den scharfen Protest der Besitzer. Dies geschah zur Sicherheit der Menschen im Umfeld, wie sie zur Begründung ihrer amtlichen Entscheidung konstatierte.

Bei der Obduktion wurde ich dank des systematischen Obduktionsgangs schnell fündig. Dieser schreibt vor jeglichem Messereinsatz die gründliche Untersuchung der Körperöffnungen vor. Ich fand zwischen den oberen Eckzähnen des Dackels ein kräftiges Stöckchen fest gegen den Gaumen eingeklemmt. Das muss wehgetan haben, und allein hat der kleine Kerl es nicht herausbekommen. Dazu der typische Dackelcharakter – kein Wunder, dass der Bursche bei den Schmerzen wehrig wurde und gespeichelt hat. Schade, dass ihm niemand zu Lebzeiten ins Maul geschaut hat. Dieser Dackel gehört zu den Fällen, die mir manchmal durch den Kopf spuken. Das sind dann die weniger schönen Momente meines Berufes.

Die spätere Tollwutuntersuchung verlief natürlich mit negativem Ergebnis. Er hatte keine Seuche gehabt, sondern Stöckchen.

Der Maulkorb

In der Universitätstierklinik der niedersächsischen Landeshauptstadt waren nach achtzehn Uhr vier Jungassistentinnen, zwei Nachtpfleger und etwa zwanzig Studierende der Tiermedizin im Notdienst. Der Obertierarzt saß daheim und schaute sich *Dr. House* an, wie seine Studierenden wussten; eine wichtige Fortbildung auch für Tierärzte, denn nicht selten klärt der schräge Internist schlimme Zoonosen auf. Der professorale Klinikchef war auf einem Kongress und würde erst in zwei Tagen zurückkommen.

Paul hielt Carlos an der Leine, Gerda erklärte einer Assistenztierärztin, dass etwas nicht stimme mit ihrem Liebling. »Er war immer schon temperamentvoll, aber in letzter Zeit schnappt er viel öfter zu als sonst. Schauen Sie mal!« Sie zeigte der jungen Ärztin ihre zerkratzten Hände und Unterarme, auf denen mehrere Pflaster klebten. Sie wiesen nicht nur die für Welpenzahnspuren typischen oberflächlichen Kratzer auf, sondern mehrere zum Teil frisch blutunterlaufene Wunden. Einige größere schimmerten gelbgrünlich. Aus dem Augenwinkel beobachtete die Tierärztin den zitternden Hund, der den schwankenden Kopf leicht schief zu halten schien und unruhig umhertappte. Den Schwanz hatte er angstvoll zwischen die Hinterbeine geklemmt.

»Er hat sich in den letzten Tagen stark verändert«, fuhr Gerda fort. Seit dem Hinweis des Hundezüchters war es ihr selbst wie Schuppen von den Augen gefallen: Carlos war krank. »Er zieht sich zurück, schläft viel und will kaum noch raus. Manchmal fängt er beim kleinsten Anlass wie wild zu bellen an und hört dann gar nicht mehr auf. Außerdem frisst er seinen Napf nicht mehr leer. Früher war der immer ruckzuck blitzeblank.«

Die Tierärztin hörte geduldig zu und wollte den Hund untersuchen, jedoch konnten die beiden dafür eingeteilten Studentinnen das Tier nicht wirklich festhalten. Carlos wehrte sich wild, fletschte die Zähne und erwischte eine Helferin an der Handwurzel. Es blutete ein wenig. Eine sehr resolut wirkende, kräftige Kommilitonin, die vor dem Studium Tierarzthelferin gelernt hatte, reichte ihr ein Pflaster und zog Carlos dann bestimmt und mit beachtlichem Geschick von hinten einen Maulkorb über den Fang. Der empörte Hund quietschte und jaulte, versuchte weiter, nach den Festhaltenden zu schnappen, wurde jedoch nun von sechs Händen auf dem Behandlungstisch fixiert. Es dauerte eine Weile, bis Carlos ruhiger wurde. So gut es ging, tastete die Tierärztin vom Dienst über den Körper, hörte Herz und Lunge ab und nahm die Temperatur im Rektum.

Als sie sich den Impfpass näher anschaute, den Paul ihr auf Nachfrage reichte, fragte sie: »Wo ist Carlos denn her?« So einen Impfpass hatte sie noch nie gesehen, er schien auf einer mehrfach kopierten Vorlage ausgestellt zu sein, und alle Eintragungen waren dreifach in Arabisch, Berberisch und Englisch abgedruckt. Auf den bunten Klebezetteln erkannte sie auch bekannte Worte wie *Contagious Hepatitis, Rabies, Canine Parvovirus, Distemper* und *Leptospira can/ic.* Pro Eintrag fand die Tierärztin jedoch nur ein Datum und einen Klebezettel. »Sind denn da keine Wiederholungs- oder Auffrischungs-Impfungen erfolgt? Ist der Hund mal entwurmt worden?«, wollte sie von den verunsichert dreinschauenden Besitzern wissen.

»Mehr haben wir nicht bekommen«, sagte Paul schließlich.

Der diensthabenden Tierärztin schossen einige Vermutungen durch den Kopf. Vielleicht hatte der Hund einen Fremdkörper aufgenommen, vielleicht eine Verletzung im Maul oder sonst irgendwelche Schmerzen? Staupe konnte auch passen, trotz Impfung, dem Impfpass traute sie keinen Millimeter. Vielleicht bereitete aber auch nur der Zahnwechsel Probleme, oder es gab eine Entzündung an einem festsitzenden oder abgebrochenen Milchzahn. Sie machte sich im Kopf eine Liste der weiteren Spezialuntersuchungen, die sie durchführen lassen wollte, sobald sich der Hund beruhigt hatte. Vielleicht ging es ohne Sedativum. Von einer Ruhigstellung per Medikament wollte sie lieber absehen, da diese den neurologischen Untersuchungsgang beeinträchtigen würde.

Daran war jedoch nicht zu denken. Eine halbe Stunde später war der Hund sediert. Die Studierenden tasteten ihn gründlich auf Knochenbrüche und die Beweglichkeit der Gelenke ab, untersuchten die Maulhöhle gewissenhaft mit einer Lampe, alles ohne Befund. Sie nahmen Blut aus der Beinvene und bereiteten das Röntgen vor.

»Vielleicht hat er sich nur den Magen verdorben?«, versuchte Paul, Gerda aufzumuntern, die kummervoll auf ihren Liebling starrte, dem der Speichel aus dem Maul lief.

»Nein, das kann ich ausschließen«, erklärte die Tierärztin. »Wenn Sie einverstanden sind, würden wir ihn gern hier behalten, wir müssen noch eine systematische neurologische Untersuchung im Wachzustand machen.«

Erst am folgenden Nachmittag nach einem langen Schlaf hatte sich Carlos auf der Isolierstation etwas beruhigt und konnte neurologisch untersucht werden – mit einem Maulkorb. Wer ihm den anlegen musste, wurde ausgelost. Der Pfleger, der ihn am Vorabend in die Box gebracht hatte, war trotz Maulkorb mit einem tiefen Ratscher am Arm gezeichnet. Maulkorbanlegen will gelernt sein. Der verletzte Pfleger verzichtete auf einen Maulkorb und äußerte sich lautstark zu der Frage, warum das nicht auf dem Ausbildungsprogramm der Studierenden stand und an den Pflegerinnen und Pflegern hängen blieb.

Sechs Studierende und eine Tierärztin führten die Untersuchung des Nervensystems durch, wie sie es gelernt hatten. Der Hund zeigte deutliche Anzeichen einer Übererregbarkeit, sporadisches Kopfschiefhalten und leichtes Spontanzittern des linken Vorderlaufes. Hier waren die Stellreflexe verzögert. Wattebauschtest und Drohbewegungen testeten sowohl Sehfähigkeit als auch Augenreflexe. Beim Wattebauschtest wird ein solcher im seitlichen Gesichtsfeld von oben vor den Augen des Hundes fallen gelassen; ein gesunder Patient schaut dem fallenden Bausch nach. Der Test auf den Drohreflex beinhaltet das plötzliche Öffnen der spitzen, geschlossenen Finger vor dem Auge des Hundes, der daraufhin mit Blinzeln reagiert und etwas zurückweicht, wenn denn alles in Ordnung ist.

Beide Tests führten bei Carlos jedoch zu einer überdeutlichen Unruhe und Aggressivität. Bei der gesamten Untersuchung versuchte er immer wieder, durch den Maulkorb zu zwicken und zu beißen. Die Liste der Differenzialdiagnosen wurde von den Studierenden gemeinsam aufgestellt und erwies sich im Nachhinein als lückenhaft. Die Gehirnform der Staupe, eine granulomatöse Meningoenzephalitis, Neosporose, Frühsommermeningoenzephalitis und Vergiftung mit Pestiziden oder Blei waren da gelistet. Eine Studierende trug noch den portocavalen Shunt ein, eine Gefäßmissbildung der Leber, die über eine Ammoniakvergiftung das Gehirn angreifen kann.

Erst der vom Kongress zurückgekehrte Professor sprach das Undenkbare aus: »Hat mal jemand an Tollwut gedacht?«

»Nein«, so die Studierenden erschrocken – und sie erklärten auch gleich, weshalb. Der Hund war schließlich geimpft, und außerdem sei Tollwut doch ausgerottet. »Und es ist eine anzeigepflichtige Tierseuche, die man nicht leichtfertig in den Raum stellen sollte.«

Angezeigt

Der deutsche Gesetzgeber regelt Maßnahmen zur Vorbeugung und Bekämpfung von gefährlichen oder auf Menschen übertragbaren Tierseuchen im Wesentlichen im Tiergesundheitsgesetz. Bis 2014 hieß es Tierseuchengesetz, und unter diesem Namen ist es heute noch weitgehend bekannt. Zu den dort aufgelisteten Maßnahmen zählt im Verdachtsfall die Pflicht zur Anzeige bei der Veterinärbehörde oder der Polizei. Dabei ist jede Person gesetzlich zur Anzeige verpflichtet, der die Erkennung der Symptome aufgrund ihrer Ausbildung oder anzunehmender Kenntnisse zuzumuten ist. Neben Tierärztinnen sind dies Jäger, Fleischbeschauer, Klauenschneider, Melker und unter Umständen auch Züchter. Zu den bekanntesten der über fünfzig anzeigepflichtigen Tierkrankheiten zählen neben Tollwut die europäische und afrikanische Schweinepest, Brucellose, Milzbrand, Rindertuberkulose und -salmonellose. Sollte sich der Verdacht bestätigen, werden alle notwendigen Maßnahmen getroffen, um ein weiteres Ausbreiten zu verhindern. Diese Maßnahmen können radikal sein und dem Laien zunächst unverständlich erscheinen: Tötung des betroffenen Tieres, seine genaue Untersuchung und unschädliche Beseitigung, oft aber auch die vorsorgliche Tötung aller Tiere, die im Verdacht stehen, sich angesteckt zu haben. Bei einem Schweinepestausbruch zum Beispiel kann die umgehende Tötung – wir sagen Keulung, auch wenn heute die Keule keine Anwendung mehr findet, sondern Starkstrom – von Zig- oder Hunderttausenden Schweinen in einer Region amtlich verfügt werden. Da der Anzeige derart harte Konsequenzen folgen, kann die anzeigende Person als Petze durchaus ein paar Freunde verlieren. Wer es aber unterlässt und nicht oder nicht früh genug anzeigt, ist zivilrechtlich möglicherweise für alle Folgekosten haftbar, die durch sein Verhalten entstehen. Außerdem können strafrechtliche Konsequenzen drohen, denn ein Verstoß gegen die Anzeigepflicht von Tierseuchen kann als Ordnungswidrigkeit oder sogar als Straftat geahndet werden; es kann in besonderen Fällen sogar eine Gefängnisstrafe verhängt werden.

Carlos wurde auf der Isolierstation von jedem Kontakt zu anderen Tieren und Menschen ausgeschlossen. Der Klinikchef zeigte bei der Veterinärbehörde den Verdacht auf Tollwut an. Die Quarantäne währte nur kurz. Zwei Tage später fielen die Ergebnisse der Blut- und Gehirnwassertests auf Antikörper gegen das Staupevirus, Neospora, Toxoplasmen und das FSME-Virus negativ aus. Da ein Tollwutnachweis am lebenden Tier prinzipiell nicht sicher möglich ist, beschlagnahmte die amtliche Tierärztin das Tier und ordnete die sofortige Tötung und nachfolgende Obduktion an. Die Marokko-Historie war ihr mittlerweile bekannt, der offenbar gefälschte Impfpass wurde beschlagnahmt. Die Testergebnisse zeigten nämlich, dass der Hund nie auch nur eine der im Impfpass aufgeführten Impfungen erhalten hatte.

Tollwut!

Das Tollwut-Virus breitet sich vom Ort des Bisses über die Nervenstränge mit annähernd konstanter Geschwindigkeit bis ins Gehirn aus. Dort zerstört es die Nervenzellen, bevor es über absteigende Nerven zielgerichtet in die Speicheldrüse wandert, um sich dort noch einmal stark zu vermehren und mit dem Speichel in die Wunde eines anderen Tieres zu gelangen. Die Reise des Virus im Körper und der Schaden, den es dabei anrichtet, sind allein auf seine Weiterverbreitung ausgerichtet: Die Gehirnentzündung bewirkt zuerst vermehrte Zutraulichkeit – das Opfer in Sicherheit wiegen – und dann Beißwut – wenn das Opfer schön nah ist –, um das Virus im Speichel tief in die Nervenstränge eines neuen Opfers zu bohren.

Die Obduktion von Carlos lieferte als einziges Ergebnis in der mikroskopischen Untersuchung eine Entzündung des Gehirns. In den Leibern der Nervenzellen des Ammonshorns, einer hübschen, kurvenförmigen Struktur nahe der Seitenventrikel des Großhirns, erregten kleine, kräftig rosa anfärbbare Pünktchen die Aufmerksamkeit der Jungpathologen, die mir über die Schulter schauten. »Negrische Einschlusskörperchen«, tönte es fast wie im Chor. Trotz aller heute verfügbaren Spezialverfahren gelten sie immer noch als beweisend – pathognomonisch – für Tollwut, denn keine andere Krankheit hinterlässt solche Muster. Jeder Tierpathologe greift bei einem solchen Bild umgehend zum Hörer und informiert die amtliche Tierärztin, die Direktwahl hängt neben meinem Mikroskop an der Pinnwand: »Tollwut positiv, schriftlicher Obduktionsbefund folgt.«

Tollwut verläuft zunächst mit schleichenden Symptomen, die vorerst nichts mit dem Wortsinn zu tun haben. Anfängliche Wesensveränderungen, eventuell Erbrechen, Durchfall und Fieber bleiben erst einmal völlig unverdächtig für eine so sicher tödliche und auch menschengefährdende Tierkrankheit. Da Tollwut das in der gesamten Menschenliteratur sicher am häufigsten und am eindrücklichsten zitierte von Tieren ausgehende Übel darstellt, wird sie auch als »Mutter aller Infektionskrankheiten« bezeichnet. Tollwutsymptome bei Tier und Mensch wurden seit der Antike in der griechischen Mythologie treffend beschrieben, lange bevor die Ursache und Übertragungswege verstanden wurden. Tobsucht, »die Wut« oder »Wutkrankheit« sind alte Begriffe, die die Leitsymptome des aggressiven Verhaltens ausdrücken, nämlich vermehrtes Bellen und Beißlust. Das Wort »toll« bezeichnet ursprünglich das unkontrollierbare, sprunghafte Verhalten eines tollwütigen Tieres und gelangte erst über sprachliche Umwege zu seiner heutigen Bedeutung. Erkrankte Hunde können sich komplett heiser bellen.

Auffällige Verhaltensänderungen sind ein weiteres Merkmal der Tollwut. Bei Wildtieren äußern sie sich in einem Verlust der Menschenscheu – streichle mich, dann beiß ich dich. Bewegungs- und Gleichgewichtsstörungen, vermehrtes Speicheln und Kaukrämpfe kommen hinzu. Krämpfe oder Lähmungserscheinungen der Gliedmaßen sprechen bereits für ein fortgeschrittenes Stadium. Eine Abneigung gegen Wasser im noch frühen Stadium, bis hin zu Spontankrämpfen beim Vernehmen eines plätschernden Wassergeräusches, zählt zu den klassischen Symptomen auch beim Menschen und wird als Hydrophobie – Scheu vor Wasser – bezeichnet. In ähnlicher Weise kommt es auch zu Reaktionen auf Wind oder Berührung, was eine Übererregbarkeit infolge der Nervenentzündung verrät. Im Endstadium fallen die betroffenen Tiere und auch Menschen ins Koma und sterben schließlich. Und zwar todsicher. Die Krankheitsdauer kann erheblich variieren, da die Zeit zwischen Infektion und ersten klinischen Symptomen –

wir sprechen von Inkubationszeit – kurioserweise von der Länge der Nervenfasern zwischen Eintrittsort und Gehirn abhängt. Wenn ein Mensch nach einem Biss am Auge über die Lidbindehäute infiziert wird, kann die Inkubationszeit nur einige Tage betragen, bei Giraffen, die in einen Hinterfuß gebissen wurden, können es Jahre sein.

Die erste Maßnahme der amtlichen Tierärztin nach Feststellung der Infektion – es war bereits 18:30 Uhr – bestand in der Information des Klinikchefs und des örtlichen Gesundheitsamtes. Es erfolgte die behördliche Anordnung, alle Personen mit Kontakt zu dem Hund umgehend notimpfen zu lassen. Der Hochschulprofessor hatte aufgrund seiner Fürsorgepflicht für seine Mitarbeitenden und Studierenden alle in Betracht kommenden Personen anrufen lassen. Wer war zuverlässig gegen Tollwut geimpft? Alle anderen bitte sofort zur Notimpfung. Auch Gerda und Paul wurden in die Klinik bestellt. Bei frühen Tollwutvirusinfektionen helfen Notimpfungen zumeist sehr gut. Dafür werden abgetötete Viruspartikel injiziert, und der Körper bildet schneller Antikörper, als das Virus entlang der Nervenbahnen ins Gehirn gelangt – ein Wettlauf mit der Zeit, der über Leben oder Tod entscheidet. Wie nahe das Virus schon am Gehirn ist und wie viel Zeit für die schützende Antikörperproduktion bleibt, hängt wie gesagt von seinem Eintrittsort ab. Ein Biss im Gesicht ist eine schlechte Nachricht, ein Biss im kleinen Zeh eine bessere. Zusätzlich können auch fertige Antikörper gegen das Virus verabreicht werden, um den Schutz zu beschleunigen.

Die nahe gelegene Medizinische Hochschule wollte gern helfen, hatte jedoch nicht genügend Impfdosen vorrätig. Die Telefone liefen heiß. Die Uniklinik in Göttingen hatte genug Impfstoff im Kühlschrank und würde sich vorbereiten. Ein lokaler Reisebusunternehmer wurde aus dem Feierabend geklingelt, damit alle Impfpatienten so rasch wie möglich nach Göttingen gebracht werden konnten.

Tollwut kann wie gesagt am noch lebenden Tier nur über verdächtige Symptome vermutet, nicht jedoch sicher festgestellt oder ausgeschlossen werden. Im Fall einer noch symptomlosen Infektion würde große Gefahr für Kontaktpersonen und auch eine weitere Ausbreitung über andere Tiere bestehen. Tollwütige Säugetiere können theoretisch jedes andere Säugetier durch Biss anstecken, auch der Mensch andere Menschen. Ferner sind jegliche Behandlungsversuche – wie die Notimpfungen bei Menschen – beim Tier gesetzlich verboten. Nicht durch eine Impfung geschützte Tiere könnten im Verdachtsfall zwar theoretisch in Quarantäne – also quasi in Einzelhaft – gehalten werden, ohne jeglichen Kontakt zu Menschen und anderen Tieren. Dadurch könnte eine Gefährdung anderer ausgeschlossen werden, während sich im längeren Zeitverlauf die Krankheit erkennbar machen würde. Aufgrund der möglicherweise sehr langen Inkubationszeit von Tollwut von weit über einem Jahr wird jedoch eine solche Einzelhaftquarantäne für Hunde als soziale Wesen abgelehnt und die Euthanasie als einzige Alternative vorgezogen. Die Bekämpfung von Tierseuchen und gefährlichen Zoonosen bedeutet für das Schicksal einzelner Tiere schlimme Opfer, aber sie geschieht zugunsten der Vermeidung einer weiteren Ausbreitung und weiterer Opfer. Der Unterschied zwischen Tier und Mensch in Bezug auf individuelle Schutzwürdigkeit, Behandlungsmöglichkeiten und weitere Maßnahmen könnte nicht größer sein. Die Menschwerdung unserer Heimtiere endet kurz vor dieser Grenze.

Am Sonntagmorgen um sieben Uhr steuerte die amtliche Tierärztin ihren Kombi zu der Siedlung, in der Gerda und Paul wohnten. Die beiden hatten ihr auf der gestrigen Fahrt nach Göttingen eine lange Liste überreicht, mit welchen Personen und Tieren Carlos Kontakt gehabt hatte. Gerda hatte um zehn Jahre gealtert gewirkt, ihr Gesicht war vom Weinen völlig verschwollen gewesen. Paul hatte keinen Ton gesagt, hatte mit verkniffenen Lippen neben seiner Frau gesessen, als wäre sie an allem schuld.

»Guten Morgen«, klapperte die amtliche Tierärztin nun die gesamte Nachbarschaft ab. »Sie kennen den kleinen Hund Carlos der Familie Schneider? Wie war denn Ihr Verhältnis? Hatten Sie engen Kontakt mit dem Hund, und hat er Sie vielleicht mal gebissen?« Einige der Nachbarn führten ihre Kinder vor, deren Hände und Unterarme noch immer Kratzspuren von Carlos' Zähnen zeigten. Sie informierte die Betroffenen über die Sachlage und bat alle mit engerem Kontakt zu dem Hund, sich umgehend beim Gesundheitsamt zu melden. Außerdem erkundigte sie sich nach Haustieren, die mit Carlos in Berührung gekommen waren, und ließ sich sämtliche Impfpässe zeigen. Alle Hunde und Katzen, die nicht lückenlos, also inklusive Auffrischungen, gegen Tollwut geimpft waren, wurden beschlagnahmt, getötet, obduziert und auf Tollwut untersucht. Alle geimpften Tiere wurden unter sechsmonatige behördliche Beobachtung gestellt. Da nicht ausgeschlossen werden konnte, dass der auch frei im Wald umherlaufende Carlos Fuchskontakt gehabt hatte, wurde fast der gesamte Landkreis mit einer Fläche von etwa sechstausend Quadratkilometern amtlich als tollwutgefährdeter Bezirk ausgewiesen, was durch entsprechende Warnschilder an Zufahrts- und Waldwegen bekannt gemacht wurde.

Für die Nachbarn von Gerda und Paul war das ein Schock, vor allem, als ihre lieben Haustiere – für sie aus heiterem Himmel – euthanasiert wurden. Es kam zu tumultartigen Szenen, die amtliche Tierärztin benötigte Verstärkung durch die Polizei. Ein Mann griff sie tätlich an, weil er sich seinen Hund nicht wegnehmen lassen wollte. Kein Wunder: Die meisten Menschen sind sich über die große Gefahr der Tollwut nicht im Klaren. Sie glauben, diese Krankheit gehöre ins Mittelalter oder komme nur bei Füchsen vor. Das ist ein lebensgefährlicher Trugschluss.

Aber wer war hier wie stark gefährdet? Diese Frage ist essenziell für die Rechtfertigung der getroffenen Maßnahmen. Tollwut gilt allgemein immer noch als nur übertragbar durch tiefen Biss, wobei infizierter Speichel in eine Wunde und damit in unmittelbare Nähe eines Nervs eingebracht werden muss. Die vielen Kratzer und Bisswunden, die Carlos in seinem Umfeld hinterlassen hatte, wurden nicht zuletzt wegen seiner spitzen Welpenzähne als hohes Risiko für alle Beteiligten eingestuft. Kann man sich aber auch beim Streicheln oder Spielen anstecken? Die Antwort lautet Nein: Eine Tröpfcheninfektion wie bei der Übertragung eines Schnupfens oder ein direkter Schleimhautkontakt, der Herpesviren übertragen würde, reicht für die Tollwutübertragung nicht aus. In wenigen Ausnahmefällen wurden jedoch auch andere Infektionswege bekannt, zum Beispiel per Organtransplantation.

So infizierte sich eine junge Frau unbemerkt während ihres Urlaubs durch einen Tierbiss in Indien, wo Tollwut sehr weit verbreitet ist und jedes Jahr mehr als zwanzigtausend Menschenleben fordert. Nach ihrer Rückkehr starb die junge Frau bald an einer anderen Todesursache, und ihre Organe wurden in mutmaßlich perfektem Zustand an sechs andere Patienten auf Spenderwartelisten verpflanzt. Davon infizierten sich drei mit dem Virus, drei weitere hatten Glück und blieben verschont. Spenderorgane werden auf eine Vielzahl von Infektionserreger untersucht, bevor sie übertragen werden. Ein Test auf das Tollwutvirus für alle zu transplantierenden Organe ist auch heute noch nicht möglich und wäre wahrscheinlich auch völlig unverhältnismäßig. Das Risiko, sich in Deutschland bei einer Organspende mit Tollwut anzustecken, liegt bei weit unter eins zu einhunderttausend. Ich trage selbstverständlich meinen Organspenderausweis immer bei mir und würde im Bedarfsfall liebend gern jedes Spenderorgan akzeptieren. Ohne Tollwuttest!

Tollwut kommt quasi weltweit bei Tier und Mensch vor. Alle Säugetiere gelten als empfänglich. Deutschland gehört wie bereits erwähnt zu den wenigen Ländern, die nach erfolgreichen Seuchenbekämpfungsmaßnahmen seit 2008 als frei von klassischer Tollwut anerkannt sind. Für in Deutschland lebende Hunde, die nicht ins Ausland reisen, entscheiden sich Tiermediziner und Besitzer daher zunehmend gegen eine Tollwutimpfung. Für viele Auslandsreisen und auch für die Einfuhr von Hunden, Katzen oder Frettchen nach Deutschland ist der Nachweis einer wirksamen Tollwutimpfung im EU-Heimtierausweis dagegen Pflicht.

Erwähnenswert bleibt die in Deutschland unverändert weite Verbreitung von Tollwut bei Fledermäusen. Diese beherbergen verschiedene Verwandte des Fuchstollwutvirus, die auch bei Fledermäusen Verhaltensänderungen und Beißwut verursachen. Zutrauliche und am helllichtem Tag umherfliegende Fledermäuse sind besonders verdächtig – Vorsicht! Andere Säugetiere und auch der Mensch können tödlich infiziert werden. Warum dies in Deutschland kaum vorzukommen scheint, ist bei der weiten Verbreitung des Virus in deutschen Fledermausarten eigentlich ein Rätsel. Die gute Nachricht: Die klassischen Tollwutimpfstoffe für Hund, Katze und Mensch schützen auch vor dem Fledermaustollwutvirus. Das heißt aber auch: Menschen, Hunde und Katzen, die Kontakt zu Fledermäusen haben könnten, sollten geimpft sein.

Die amtliche Tierärztin erstattete Anzeige gegen Gerda und Paul Schneider wegen des Verdachtes auf einen Verstoß gegen Zoll- und Einfuhrbestimmungen. Darüber hinaus musste das Ehepaar alle Kosten für die Impfungen und die nächtliche Busfahrt übernehmen. Klagen der Nachbarn auf Erstattung des Sachwertes ihrer euthanasierten Tiere sind noch anhängig. Gerda und Paul gerieten so sehr unter Druck, dass sie in ein anderes Bundesland umzogen. Beide haben sich bis heute nicht von Carlos' Andenken, wie sie die Tollwut nennen, erholt.

Der Taubenkrimi

Montag, 22. Oktober 2007, 11:20 Uhr,
Diagnostikraum der Berliner Tierpathologie

»Sehr mysteriös«, murmelte ich, ohne die Augen vom Mikroskop zu wenden, dem Geflügelspezialisten Dr. Michael Lierz zu, der mich nach meiner Meinung gefragt hatte. »Das sieht aus wie eine völlig neue Krankheit. Noch nie gesehen, steht sicher nicht in der Literatur. So viele Brieftauben, sagtest du, sind schon daran gestorben? Und nur hier in Berlin?«

Er nickte.

»Du glaubst, es könnte eine Seuche ausbrechen? Auch für Menschen bedrohlich? Habt ihr mal bei Taubenzüchtern gefragt, ob sie selbst oder ihre Kinder in letzter Zeit krank geworden sind? Wie ist es mit anderen Haustieren? Oft sieht man nicht gleich den Zusammenhang. Erzähl mal, was ihr bisher wisst«, bat ich Michael.

Er wiederholte die Beobachtungen der Taubenzüchter, die zuerst ihn und nun mich alarmierten: »Anfangs benehmen sich die Tauben seltsam, dann werden sie ruhiger, bis sie schließlich von der Stange fallen und krampfen. Sie winden sich auf dem Rücken, mit dem Kopf im Nacken.«

»Sternguckerhaltung«, warf ich ein. So nennen wir ein Verhalten von Tieren, bei dem sie versuchen, einen erhöhten Druck der Gehirnflüssigkeit auszugleichen, und wahrscheinlich auch Schmerzen. Die Sternguckerhaltung deutet allerdings nicht auf eine spezielle Ursache hin; es können Entzündungen oder Vergiftungen, Mangelerscheinungen oder Tumore dahinterstecken.

Michael fuhr fort: »Die Tauben wirken wie betrunken oder als hätten sie einen epileptischen Anfall, den haben sie aber nicht. Und dann sind sie tot.«

»Hört sich an wie Paramyxovirose oder Salmonellose, schon getestet?«, wollte ich wissen.

»Klar«, erwiderte Michael kurz und fast ein wenig gekränkt. Er war nicht umsonst Geflügelspezialist. »Alles negativ. Aber sie sterben weiter wie die Fliegen, in immer mehr Taubenschlägen. Und wir können nichts tun, weil wir nicht wissen, was es ist.«

Es klopfte an der Tür. Eine von Michaels Mitarbeiterinnen knallte den *Tagesspiegel,* die größte Berliner Zeitung, auf den Tisch. *Rätselhafter Taubentod* las ich und kam mir vor wie in einem Krimi. *Ist die Bevölkerung in Gefahr?* Und natürlich fehlte auch der Panikköder nicht: *Droht eine neue Vogelgrippe?*

Kurz darauf mikroskopierten Michael und ich einige Organe einer Köpenicker Brieftaube, die vom Züchter vor zwei Tagen tot im Schlag gefunden worden war. Unser Ausbildungsmikroskop erlaubt den gleichzeitigen Einblick für bis zu sieben Mit-Mikroskopierer, um feingewebliche Organveränderungen bei bis zu 400-facher Vergrößerung im Team zu besprechen. In der Brustmuskulatur des Tieres entdeckten wir zahlreiche gekammerte, schlauchähnliche Strukturen mit etwa sieben Tausendstel Millimeter langen, bananenförmigen Einschlüssen. Was war das? Wer versteckte sich hier vor wem? Schön ordentlich wie an einer Kette aufgereiht lagen sie im Zentrum der Muskelfasern, jedoch ohne jegliche Immunreaktion des verendeten Tieres. »Der Kollege Heydorn hat den Verdacht geäußert, es könnte sich um bislang unbekannte Sarkosporidien handeln, aber die gibt's doch gar nicht in Taubenmuskeln. Und selbst wenn es welche sind, die hier sehen in der Muskulatur vollkommen ruhig und harmlos aus. Nicht eine Muskelfaser geht kaputt, und nicht eine Immunzelle. In der tödlichen Gehirnentzündung der Tauben finden wir diese Burschen eindeutig nicht. Vielleicht haben sie mit der Todesursache gar nichts zu tun? Was meinst du?«, fragte Michael mit sorgenvoller Miene. Tatsächlich, diese Sarkosporidien ähnlichen Gebilde lagen ganz unschuldig in den Brustmuskelfasern, während im Gehirn die Hölle los war: brutalste Gewebezerstörungen, niedergemetzelte Nervenzellen und heftige Gegenattacken von Immunzellen, den Soldaten der Landesabwehr, die jedoch keine Chance hatten gegen die unsichtbaren Angreifer. Die Enzephalitis, wie wir eine Gehirnentzündung nennen, konnte leicht die von den Züchtern beobachteten Verhaltensänderungen, das Torkeln und die Sternguckerhaltung erklären, wie auch den Taubentod durch die völlige Zerstörung ihrer Kommandozentrale. Aber woher kam sie? Welcher neue Killer löste die Enzephalitis aus? Wie erfolgte die Ansteckung? Wie viele Tauben würden noch sterben müssen – und womöglich auch andere Tiere oder Menschen –, ehe wir die Antwort fanden?

Wenn eine neue Seuche ausbricht, herrscht Alarmstufe Rot. Wir haben aus der Geschichte viel gelernt: Egal ob Pest von Ratten im Mittelalter, Spanische Grippe von Vögeln vor einhundert Jahren oder Ebola von Fledermäusen in unseren Tagen: Menschen rafft es wie die Fliegen dahin, und viel zu spät kommt man auf die tierischen Infektionsquellen, um zu verstehen, was eigentlich passiert. Gewiss gibt es auch heute noch wer weiß wie viele unbekannte Killer da draußen, und ob und wann und wo sie zuschlagen, vermag niemand vorherzusagen. Wer ist in Gefahr? Wie kann man sich anstecken? Und vor allem: Was können wir dagegen tun?

Die Erforschung völlig neuer Krankheiten gehört zu den spannendsten Aufgaben in meinem Beruf. Es gibt derzeit über sechstausend Säugetierarten und mehr als zehntausend Vogelarten auf der Erde, und sicher noch viel mehr Tierkrankheiten durch Infektionserreger – und wir kennen wahrscheinlich nur einen Bruchteil davon. Am wenigsten verstehen wir die Krankheiten der seltenen und exotischen Tiere, der Urwald-, Höhlen- und Tiefseebewohner.

Sie meinen, das müssen wir auch nicht? Falsch! Wir sind aus dem Paradies vertrieben: Genau diese Krankheiten spielen eine immer größere Rolle in unserem Alltag. Der vielfache Sündenfall entstand und entsteht jeden Tag durch den Menschen, der in Lebensgemeinschaften vordringt, die nie zuvor Kontakt zu Menschen oder unseren Haustieren hatten. Tourismus bis in die letzten Winkel der Erde, am liebsten gemeinsam mit unseren Haustieren, aber auch globaler Sporttourismus mit Turnierpferden und Brieftauben führen zu Kontakten mit nie gekannten oder bei uns noch nie aufgetretenen Infektionskrankheiten.

Die Blauzungenkrankheit zum Beispiel, deren Name ihr Leitsymptom verrät, war vor gut einhundert Jahren nur in Südafrika bekannt, bevor sie sich durch Menschen und Tiere nordwärts ausbreitete. Sie befällt Schafe, Ziegen, Rinder und Neuweltkamele (also z.B. Lamas). Zu meinen Studienzeiten lernten wir diese Krankheit als exotische, durch Mücken übertragene Tierseuche kennen, die in Deutschland nicht vorkommt. Im August des Jahres 2006 trat die »Blauzunge« jedoch erstmals im Raum Aachen auf, zeit- und ortsgleich zum internationalen Pferdesport-Turnier CHIO, das alljährlich in Aachen stattfindet. Es wurde vermutet, dass eine infizierte Mücke in einem Heuballen, der zusammen mit einem Turnierpferd aus Südafrika über zehntausend Kilometer eingeflogen wurde, das Virus mitgebracht und den deutschen Seuchenzug ausgelöst hatte. Da bekam die Redewendung von der Nadel im Heuhaufen eine ziemlich reale Bedeutung. In den folgenden drei Jahren starben etwa dreißigtausend deutsche Schafe und Rinder infolge dieser Seuche. Das Leitsymptom, die dunkelblaue bis lilafarbene Verfärbung der Zunge, entsteht durch eine virusinduzierte Zerstörung mit Verschluss der Blutgefäße. Dadurch wird das Gewebe nicht mehr versorgt und stirbt ab. Die Tiere verenden nicht an den absterbenden Zungen, sondern an ähnlichen Blutgefäßzerstörungen in vielen inneren Organen.

Blaue Zungen sind – zugegeben – leicht zu erkennen, wenn man weiß, wonach man suchen muss und welchen Erreger sie verraten. Das Todesmuster der Brieftauben unter unserem Mikroskop jedoch bestand zunächst allein aus den Sarkosporidien ähnlichen Muskelzysten und der offenbar erregerfreien, aber tödlichen Gehirnentzündung. Dies war völlig neu: Kein Lehrbuch und keiner der Spezialisten, die wir in den nächsten Tagen und Wochen weltweit kontaktierten, kannte diese Kombination.

Michael Lierz und ich führten die mikroskopische Spurensuche an den Organen mehrerer verendeter Brieftauben fort; vielleicht hatten wir ja etwas übersehen. Dabei ließen wir Ähnlichkeiten und Unterschiede zu bekannten Krankheiten anderer Tierarten Revue passieren, als mein damaliger Doktorand Philipp Olias den Raum betrat.

»Was habt ihr Schönes?«, fragte er mit einem Instinkt für Faszinierendes, setzte sich dazu und schaute als Dritter ins Ausbildungsmikroskop. Ich vermutete schon seit Längerem, dass dieser ungewöhnlich engagierte und talentierte frischgebackene Tierarzt in meinem Team mit seinem eigentlichen Doktorprojekt etwas unterfordert war. Dort lautete die Frage: Warum sterben gerade frei lebende Jungstörche im Spreewald massenhaft durch Schimmelpilze? Viele seiner Labormethoden benötigten Zeit, und in den Reaktionspausen langweilte Philipp sich ein wenig und war immer auf der Suche nach kleinen, aber feinen, also spannenden Zusatzprojekten. Michael und ich wechselten einen Blick und weihten Philipp dann ein. »Großartig!«, rief Philipp. In diesem Moment ahnte ich nicht, dass soeben der Funke gezündet wurde für die sehr erfolgreiche Neubeschreibung eines extrem interessanten, tödlichen Parasiten mit faszinierender Biologie.

Freitag, 2. November 2007, 8:35 Uhr,
mein Büro

Philipp bat Dr. Lierz und mich verheißungsvoll und sichtlich aufgeregt um einen kurzfristigen Besprechungstermin. »Die PCR-Sequenzen sind zurück!«, triumphierte er und legte einen Stapel Papiere mit langen Reihen von Sequenzen aus den vier Buchstaben A, T, C und G, aus denen der genetische Code nicht nur bei Säugetieren besteht.

Philipp hatte die taubenfremde DNA – also das Erbgut des Killers – isoliert und mit geschickt selbst gebastelten Matrizen mittels einer PCR vervielfältigt, einem als Polymerase-Kettenreaktion (engl.: *polymerase chain reaction*) bezeichneten Verfahren, das heute aus praktisch keiner biomedizinischen Forschungsdisziplin mehr wegzudenken ist. Entscheidend für die Auswahl der Matrizen war dabei der Hinweis unseres mittlerweile emeritierten ehrwürdigen Parasitologen-Kollegen Prof. Dr. Alfred Otto Heydorn gewesen, wonach es sich um eine einzellige Parasitenart aus der Familie Sarcozystidae handeln könnte. Philipp hatte die Sequenzen des unbekannten Brustmuskelbewohners mit allen bekannten genetischen Fingerabdrücken in den Datenbanken des Internets verglichen. Sein Zeigefinger landete schließlich auf einer Kreuzung einer baumartigen Skizze, an deren Rand die lateinischen Namen von Mitgliedern der Familie Sarcozystidae aufgereiht standen. An der Kreuzung unter seinem Finger las ich die Zahl 86 Prozent, was auf eine enge Verwandtschaft schließen ließ. Die Zahl 100 Prozent suchten wir jedoch vergeblich, es war also kein *perfect match* vorhanden: Eine neue Sarkosporidienart war soeben entdeckt worden.

Trojanische Zysten

Sarcosporidien, oder Sarcozysten, sind einzellige Parasiten mit über einhundertzwanzig heute bekannten Arten bei vielen Tierspezies und auch beim Menschen. Einige sind harmlos, andere töten ihren Wirt rasch und qualvoll. Ähnlich wie der Fuchsbandwurm benötigen sie zwei verschiedene Wirtarten: einen Endwirt, zumeist einen fleisch- oder allesfressenden Säuger, einen Vogel oder ein Reptil, und einen Zwischenwirt, der ein typisches Beutetier des Endwirtes darstellt. Obwohl viele Unterschiede zum Fuchsbandwurm offenkundig sind, gibt es auch erstaunliche Parallelen: Der Endwirt erkrankt nicht, scheidet aber infektiöse Eier mit dem Kot aus, während der Zwischenwirt die für den Endwirt infektiösen Stadien in seiner Muskulatur ausbildet. Wird der Zwischenwirt vom Endwirt vernascht, ist der Zyklus geschlossen und der Parasit vermehrt sich weiter. Wir Pathologen sehen Sarkosporidienzysten regelmäßig in der Muskulatur – also dem Fleisch – unserer heimischen Rinder und Schafe. Für *Sarcocystis hominis* (griechisch *sarkos:* Fleisch, *kystis:* Blase; lat. *hominis:* des Menschen) zum Beispiel ist das Rind der Zwischenwirt und der Mensch Endwirt. Wenn ich jetzt verrate, dass wir diesen Erreger besonders im Fleisch von Rindern finden, die neben Autobahnraststätten weiden, was schließen Sie daraus auf die übliche Übertragung?

Während viele Sarkosporidienarten vergleichsweise harmlos für End- und Zwischenwirte sind, gibt es auch brutale Killer unter ihnen, und für die interessierten wir uns nun besonders. Einer von ihnen, *Sarcocystis neurona,* tauchte nämlich auf der genetischen Vergleichskarte zu Philipps PCR-Produkten auf. Pferdebesitzer in den USA fürchten diesen Erreger wie der Teufel das Weihwasser, denn er löst im Pferdegehirn schwere Gewebezerstörungen mit tödlichem Ende aus. Es gibt dabei sogar einige Ähnlichkeiten zu den Tauben-Gehirnen unter unserem Mikroskop. Hier fanden sich jedoch keinerlei Parasitenstadien, im Gegensatz zu Pferdegehirnen, die Opfer von Neurona geworden waren. Diese Art nutzt das Opossum als Endwirt und kommt daher bei uns nicht vor. Wir wussten jedoch aus der Literatur, dass bei anderen Zwischen- und Fehlwirten, einschließlich Hund und Katze, tödliche Gehirnentzündungen durch Neurona-ähnliche Erreger beschrieben sind, ohne dass diese je identifiziert worden waren. Unser Blutdruck stieg leicht bei dem Gedanken, dass die neuen Berliner Taubensarcozysten zu so etwas fähig sein könnten.

Michael Lierz gratulierte Philipp Olias anerkennend: »Du hast gerade einen neuen Parasiten entdeckt!« Dem schloss ich mich gern an, ging dann jedoch einen Schritt weiter: »Welchen Grund haben wir zu der Annahme, dass dieser Parasit in unserem Fall eine Rolle spielt? Erklärt das die Enzephalitis ohne Erreger im Gehirn? Und den Tod der Tauben? Oder ist das bloß ein zufälliger, in die Irre führender Nebenbefund? Und wer soll der Endwirt sein, etwa die Taubenzüchter?«

Meine beiden Kollegen musterten mich, zuerst fragend, dann erschrocken.

Dienstag, 6. November 2007, 17:05 Uhr,
Berlin-Wedding, Schulzendorfer Str. 112

»Danke, dass Sie für mich Zeit haben und ich Ihren Schlag untersuchen darf«, begrüßte Philipp den Taubenzüchter, der in den letzten Monaten mehrere Todesfälle gemeldet hatte. Er hatte alle Brieftaubenhalter kontaktiert, die über Verluste geklagt hatten, die mit der mysteriösen Infektion in Zusammenhang stehen konnten. »Wir hatten doch Dr. Lierz schon allet am Telefon erzählt«, erwiderte der Taubenzüchter mit einem Täubchen in der Hand, und es war eindeutig, wen er mit »Wir« meinte – seine wertvolle Startaube und sich selbst.

Der Brieftaubensport ist in Berlin weit verbreitet, sicher auch aus historischen Gründen: Symbole der Freiheit bei gleichzeitiger Heimatverbundenheit, und natürlich für die Übermittlung geheimer Nachrichten. Ein Grund mehr, dass mich Berlin an meine Heimat im Ruhrgebiet erinnert, denn im Pott war der Brieftaubensport zu meiner Kindheit ein ganz großes Ding. Eine Brieftaube, die bei einem Wettflug als Erste in den Schlag zurückkommt, kann sehr viel Geld verdienen: Preisgeld zum einen, aber noch viel mehr durch ihren Zuchtwert. Summen von über einhunderttausend Euro pro Tier kommen vor.

Boten der Menschheit

Die Brieftaube zählt neben Hund und Pferd zu den ältesten Begleitern des Menschen. Sie ist eine auf besondere Flugleistungen gezüchtete Form der Haustaube, die aus der im Mittelmeerraum weitverbreiteten Felsentaube domestiziert wurde. Deren Vorlieben für Felsspalten, kleine Höhlen und steinige Vorsprünge war die beste Voraussetzung dafür, dass entflogene Brief- und Haustauben schließlich als Stadttauben alle Großstädte der Welt bevölkerten. Damit sind sie eindeutig die erfolgreichsten Vögel der Erde.

Bereits vor etwa sechstausend Jahren wurden mit Brieftauben Botschaften übermittelt, und bis zur Erfindung des Telegrafen zu Beginn des 19. Jahrhunderts war die Brieftaube für die längste Zeit der Menschheit das schnellste Nachrichtenmedium. Unserem engen und historisch facettenreichen Verhältnis zu diesem ganz besonderen Vogel stehen in der Gegenwart jedoch auch zunehmend bedenkliche Entwicklungen gegenüber, zu denen Inzucht, Doping sowie fragwürdige Transport- und Haltungsformen zählen.

In vielen Kriegen haben Brieftauben unerkannt und ohne Risiko für den Menschen strategisch wichtige Nachrichten in kleinen Gefäßen am Fuß oder auf dem Rücken über die feindlichen Linien und Schlachtfelder transportiert. In Spandau steht ein Ehrendenkmal für die gefallenen Brieftauben des Ersten Weltkrieges. Sie haben das Leben menschlicher Kuriere gerettet und gleichzeitig »erfolgreiche« Kriegshandlungen ermöglicht. Dies hört sich leichter an, als es tatsächlich war: Da Brieftauben immer nur in den heimatlichen Schlag zurückfliegen und niemals ein vorher mitgeteiltes Ziel an irgendeinem anderen Platz ansteuern können – wie sollte man ihnen das auch vermitteln –, mussten sie als Kriegsboten vor ihrem Einsatz zumeist durch die feindlichen Linien geschmuggelt werden, um danach von Feindesland aus, etwa für Spione oder Saboteure, Aufklärung in die Heimat bringen zu können. Dasselbe Prinzip wird seit etwa einhundertfünfzig Jahren bei Wettflügen – Preisflüge genannt – praktiziert. Dazu werden teils mehrere Tausend Tauben mit einem speziellen Lastwagen, dem Kabinenexpress oder Kabi, in Käfigen, die mit Tränke und Belüftung ausgestattet sind, über oft mehr als tausend Kilometer vom Heimatort fortgebracht, um bei guten Wetterbedingungen möglichst schnell in den heimischen Schlag zurückzufinden. Die Taube interessiert sich nicht für fremde Länder. Sie will nur eins: nach Hause. Bei ihrem Heimflug erreicht sie Durchschnittsgeschwindigkeiten von beachtlichen einhundert Kilometern pro Stunde. Die Tiere scheinen sich an der Sonne, den Konstellationen der Sterne, dem Magnetfeld der Erde sowie optischen Eindrücken der Landschaft zu orientieren. Wie sie das auch bei völlig unbekannten Strecken genau tun, ist bis heute ein Rätsel. Im Gegensatz dazu sind die erstaunlichen Stoffwechselleistungen, die sie während dieser Extremflüge bis an die Grenze ihrer Lebenskräfte erbringen müssen, recht gut untersucht. So verlieren sie während eines Fluges erhebliche Energiedepots, die etwa zehn Prozent ihres Körpergewichtes ausmachen. Diese Energie müssen sie sich in einer Woche wieder anfressen, denn in der Saison zwischen April und Juli fliegen Alttauben bis zu vierzehn Wettflüge im Wochenabstand. Zusätzlich müssen sie unterwegs den tödlichen Attacken von Wanderfalken und Habichten in der Luft sowie von Füchsen, Mardern und anderen Räubern am Boden ausweichen. Ich habe sehr großen Respekt vor Marathonläufern, aber noch sehr, sehr viel größeren Respekt vor den Leistungen von Brieftauben.

Die Entstehung und Perfektionierung des Brieftaubensportes ist untrennbar verbunden mit der Geschichte des Ruhrgebietes. Ich erinnere mich sehr gut an die zahllosen Taubenschläge in den Hinterhöfen der Bergleute, den Kolonien, in den Zechensiedlungen. Viele Taubenväter hatten ein besonderes und oft persönliches, ja liebevolles Verhältnis zu ihren »Rennpferden des kleinen Mannes«, wie wir sie bewundernd nannten. Andere waren mehr auf Pokale aus, aber diese Unterschiede sind menschlich und genauso auch bei den Freunden großer Pferde anzutreffen. Tauben, die erst auf den hinteren Plätzen in den Schlag zurückfanden, wurde seinerzeit allerdings schon mal der Hals umgedreht, und ich vermute, das hat sich nicht geändert.

Den Züchtern aus meiner Kindheit dienten ihre Tauben bei ihrem schmutzigen, gefährlichen, anstrengenden und gesundheitsschädigenden Alltag in der Grube als Sinnbilder für Freiheit, Himmel, Heimatverbundenheit, Sauberkeit, Schönheit und auch Stolz, wenn die eigenen Züchtungen Preise gewannen. Die Schläge von erfahrenen Taubenvätern waren oft dicht dekoriert mit Siegerrosetten und Pokalen. Ja, der Sport bedeutete auch für die Taubenzüchter Ehrgeiz und Freude am Sieg. Jeder Taubenvater hatte seine Geheimtricks und Tipps zum Thema Futter, Haltung und Zuchtregime. Auch hatte man gelernt, dass die streng monogamen, also lebenslang an einen Geschlechtspartner gebundenen Tiere, wesentlich schneller heimfanden, wenn der geliebte Partner zu Hause eingesperrt blieb. Nur die Liebe zählt. Das Zurücklassen von noch zu bebrütenden Eiern oder hungrigen Nestlingen dieser sehr fürsorglichen und sozialen Tiere hat ähnliche Effekte. Die Sehnsucht nach der Familie beflügelt die Tauben zu Rekordleistungen. Sie will heim zu ihren Angehörigen, von denen sie durch ihren Züchter, der sie doch gleichzeitig hoch schätzt, vielleicht sogar in gewisser Weise liebt, getrennt wurde.

Wie auch bei Rennpferden und Hunden blieb es oft nicht bei natürlichen »Maßnahmen«. So ist Doping von Brieftauben ein großes und oft einträgliches Geschäft. Als ich Student der Tiermedizin war, erhielt ich mehrmals Anfragen aus der Heimat, ob ich gewisse Mittelchen – oft illegale oder auch völlig unsinnige – auf inoffiziellem Weg oder kostenfrei besorgen könne.

Für ihre Tiere und den Sport gehen Taubenväter – der Begriff Taubenmütter ist mir ehrlich gesagt noch nicht begegnet – durchaus auch Risiken ein. Nicht zuletzt, weil Brieftauben eine Reihe von Infektionskrankheiten auf den Menschen übertragen können. Dazu zählen Salmonellose, Ornithose und Vogeltuberkulose, die jedoch zumeist nur immungeschwächte Personen wirklich bedrohen. Nicht selten und ganz besonders heimtückisch ist die Taubenzüchterlunge, eine fehlgesteuerte Überreaktion des menschlichen Immunsystems gegen den oft und lange eingeatmeten Haut-, Feder-, Kot- und Futterstaub im eigenen Taubenschlag, paradoxerweise beim Saubermachen. In der Folge kann die Atmung lebenslang erheblich beeinträchtigt sein. Da die berufsbedingte Staublunge (Silikose) der Bergleute ähnliche Symptome zeigen kann und Zechengesellschaften üblicherweise sehr großzügig waren bei der Kompensation von Berufskrankheiten, verdankte wohl so mancher Taubenvater seinen üppig ausgestatteten Frühruhestand seinem Hobby und nicht seinen Schädigungen durch die Arbeit unter Tage.

Als Tierpathologe habe ich die erstaunlichen Eigenschaften von Brieftauben auch von einer ganz anderen Seite kennengelernt. US-amerikanische Forscher haben Brieftauben die optische Erkennung von mikroskopischen und röntgenologischen Brustkrebsmustern beigebracht. Dank ihrer natürlichen und durch jahrhundertelange Zucht optimierten Fähigkeiten der Mustererkennung hätten sie danach umgehend zu Fachärzten für Pathologie ernannt werden müssen. Ihr Einsatz als Mustererkenner in der Medizindiagnostik wird weiterhin ernsthaft diskutiert. Bei gleichem Arbeitspensum wären die Kosten für Haltung und Futter ungleich geringer als für ihre weißbekittelten Kollegen, was der Kostenexplosion in der Medizin entgegenzuwirken helfen könnte.

Heute werden bei Brieftauben verschiedene Probleme infolge der teils starken Inzucht zur Leistungsoptimierung beobachtet, wozu besonders eine reduzierte Fruchtbarkeit zählt. Hier sehe ich einige verblüffende Parallelen zu Milchkühen, die durch Zucht auf extreme Stoffwechselleistungen mit vierzig Litern Milch pro Tag erhebliche Probleme in der Fortpflanzung zeigen, abgesehen von einer stark verkürzten Lebenserwartung. Auf mehr als acht Liter tägliche Milchleistung ist eine Kuh durch die Evolution nicht vorbereitet; so viel würde ein Kälbchen maximal am Tag trinken. Ein ähnliches Missverhältnis besteht zwischen dem natürlichen Flugradius einer Felsentaube und den unmenschlichen und fast untaublichen Distanzwettflügen der befiederten Boten. Der Erschöpfungstod von Athleten, die nicht in Topform sind, wird hier leicht in Kauf genommen. Auch stehen die Haltungs- und Transportformen von Brieftauben zuweilen unter Kritik, nicht ganz unähnlich den traurigen Anbindehaltungen von Rindern und den schlimmen Transportbedingungen auf ihrem oft viel zu langen Weg zum Schlachthof. Kann ein über mehr als eintausend Kilometer führender Transport zum Ort des Preisflugstarts im engen Kabinenexpresskäfig vereinbar sein mit einer artgerechten Taubenhaltung?

Auch die Witwermethode scheint mir makaber: Die gern zu Hochzeiten aufgelassenen Tauben, oft weiße, spektakuläre Zuchtformen, steigen nicht auf, um die Brautleute samt Gästen zu erfreuen, sondern um zu ihren im heimischen Schlag gelassenen Lebenspartnern zurückzukehren. Sie weisen aber zuchtbedingt häufig ein stark reduziertes Orientierungsvermögen auf, sind also für Wettflüge ungeeignet. Wenn sie unterwegs verloren gehen, bleibt ein Tauben-Witwer oder eine Witwe daheim einsam zurück. Wenn die menschlichen Brautleute, denen die Tauben ein Symbol der Liebe, Hoffnung und Unschuld sein sollen, von diesen Opfern wüssten, würden sie sich wohl nicht mehr so unbeschwert erfreuen an dem Bild der in den idealerweise blauen Himmel aufsteigenden weißen Hochzeitstauben.

Dienstag, 6. November 2007, 17:15 Uhr,
Berlin-Wedding, Schulzendorfer Str. 112

Manche Fragen kann man nicht mit dem Mikroskop klären. Deshalb besuchte Philipp einen Taubenzüchter nach dem anderen, um herauszubekommen, welcher mögliche Endwirt des neuen Parasiten die Tauben infizierte, wahrscheinlich über seine Kotausscheidung. »Zu welchen anderen Tieren haben denn Ihre Tauben

Kontakt?«, fragte er die Züchter und schaute sich die gesamte Schlaganlage sowie das Grundstück dahinter genau an.

Dabei wurde er aus gut einhundert Metern Entfernung mit scharfem Blick genau beobachtet, ohne dass er es merkte. Dieser Späher brauchte kein Fernglas, denn seine gelben Augen waren dafür gemacht, seine Beute vor dem tödlichen Angriff sorgsam auszuwählen. Der anvisierte pathologische Detektiv machte sich zu den Antworten seines Interviewpartners Notizen auf dem Block, auf dem er für jeden Züchter und Taubenschlag eine neue Seite protokollierte, ahnungslos, dass ein Schatten seine Schwingen über ihn breitete.

Dieselbe Frage stellte Philipp Olias weiteren sechzehn Berliner Züchtern und notierte alle Tierarten, die ihm als Kontakttiere genannt wurden. Erwartungsgemäß war die Liste lang, angeführt von Hunden, Katzen, Wildtauben, aber natürlich auch Ratten und Mäusen. Danach folgten Fledermäuse, Steinmarder und Füchse. Einige Züchter nannten des Weiteren Spatzen, Kohlmeisen, Stare, Elstern sowie Greifvogelarten wie Bussarde und Falken. Drei hatten Habichte beobachtet, die gern auf den Drahtdächern des Freiflugbereiches saßen und die Tauben interessiert beäugten. Dass Taubenzüchter nicht unbedingt Greifvogelfreunde sind, ist allgemein bekannt. Auch Philipp Olias wurde damit konfrontiert. »Bei mir hockt öfter mal een Habicht. Unter uns, den würd ick am liebsten abknallen«, gestand ein Züchter und argumentierte: »Der Habicht, der jehört insjesamt wech. Der frisst unsre Tauben bei lebendjem Leib.« Empört stemmte er die Hände in die Seiten und nickte mit schräg geneigtem Kopf übertrieben: »Aber man darf ja nüscht machen. Der Habicht is nämlich heilichjesprochen.«

Nun, ganz so ist es nicht, doch in der Tat gehören Habichte zu den geschützten Greifvogelarten.

Einige der von den Züchtern benannten Tiere schloss Philipp aus, denn wenn der Erreger eine echte Sarkosporidienart war, müsste doch der Endwirt den Zwischenwirt regelmäßig fressen, oder? Somit »flogen« Fledermäuse, Spatzen, Meisen und Stare von Philipps Liste. Er hatte kurz überlegt, sich zu erkundigen, ob diese Tiere irgendwie krank seien, hatte den Gedanken aber sofort wieder verworfen. Erstens – woher sollten die Taubenzüchter das wissen? Zweitens wurden die Endwirte von Sarkosporidien, ähnlich wie beim Fuchsbandwurm, nicht krank, alles andere würde aus der Perspektive der Evolution keinen Sinn ergeben.

Als nächsten Schritt zur Entlarvung des Endwirtes wollte Philipp den Muskelparasiten in das Futter aller jetzt noch infrage kommenden Tierarten einmischen, gerade so, als wenn sie eine infizierte Taube fressen würden. Dazu bewahrte er ein großes Stück der befallenen Brustmuskulatur einer verendeten Brieftaube im Kühlschrank auf, vorsorglich mit einem Totenkopf und seinem Namen versehen, und natürlich lag die Taubenbrust in unserem abgeschlossenen Spezialkühlschrank. Niemand würde sie mit einem Grillhühnchen verwechseln. »Ich brauche dann nur noch abzuwarten und mit dem Mikroskop zu überprüfen, wer die ansteckenden Eier mit seinem Kot ausscheidet«, erklärte Philipp uns.

»Prima Plan«, nickte ich.

»Und wenn er aufgeht«, ergänzte Dr. Lierz, »weißt du, was du in Polen präsentierst.«

Freitag, 11. September 2009, 14:00 Uhr,
Tiermedizinische Fakultät der Universität Ermland und Masuren,
Olsztyn (ehemals Allenstein), Polen

Der Vorsitzende der Nachmittags-Vortragsreihe unserer europaweiten Jahrestagung 2009 begrüßte das Fachpublikum: »Welcome, ladies and gentlemen, to the afternoon session of our congress on new infectious diseases. I am glad to introduce Dr. Philipp Olias from Berlin to you, who will inform us on a new deadly parasitic threat in racing pigeons.«

Die europäische Tierpathologentagung ist das jährliche Kongresshighlight unserer Zunft und findet unter den Mitgliedsstaaten jährlich wechselnd im Herbst statt. Altpathologen halten Übersichtsreferate aus der Vogelperspektive, Jungpathologen aus der Nestperspektive. Für meine Doktoranden sind ihre fünfzehnminütigen Fachvorträge in diesem Kreis quasi die Feuertaufe in den Berufsstand. Philipp bestand sie mit Bravour, denn er hatte einen Täter gefunden. Er hatte den Habicht in seinem Experiment überführt. Durch seinen Kot infizierten sich die Tauben, wie Philipp unter dem Mikroskop festgestellt hatte. Alle anderen Verdächtigen waren unschuldig.

Der Infektionsverlauf konnte eindeutig reproduziert werden. Etwa zwei Wochen nachdem sich eine Taube mit Habichtskot infiziert, befällt der in diesem Kot lauernde Parasit die Brustmuskulatur. Die Taube erkrankt noch nicht, während sich der Erreger im Brustfleisch weiter ausbreitet. Nach etwa acht Wochen verursacht der Muskelparasit über einen Trick die schwere Gehirnentzündung, ohne selbst im Gehirn zu sein. Nach unserer Hypothese verleitet der Parasit das Immunsystem der Taube dazu, das eigene Gehirngewebe als fremd anzusehen und zu zerstören. Die Immunzellen dienen nicht wie üblich als Beschützer, sondern als umprogrammierte Angreifer gegen ein eigenes Organ. Ähnlich wie Soldaten oder Agenten aus den eigenen Reihen, die zu Überläufern und Verrätern werden. Dieses Prinzip nennen wir Autoimmunität, ein Phänomen, das vielen anderen Krankheiten zugrunde liegt, zum Beispiel Rheuma, Jugend-Diabetes oder Multipler Sklerose. Die Enzephalitis der Taube führt dazu, dass sie sich weniger bewegt und schlechter fliegt, schließlich torkelt – und leichte Beute für den Habicht wird. Der Greifvogel reißt seine Beute auf und verschlingt als Erstes das leicht zugängliche Brustfleisch. Hier infiziert er sich mit dem Parasiten und dient diesem nun als Endwirt. Zukünftig wird er neue Opfer mit seinem Kot infizieren. Der Zyklus war geschlossen, der Infektionsherd identifiziert.

Abb. 1
Die **Großkopfkrankheit,** hier bei einem Labrador Retriever, kommt beim Hund seltener vor als beim Pferd, wo sie als *Big Head Disease* bekannt ist. (Siehe Seite 29)

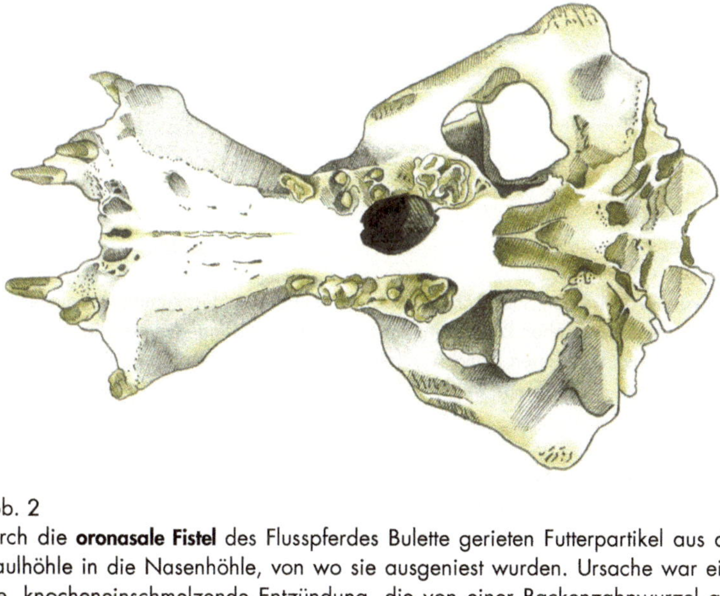

Abb. 2
Durch die **oronasale Fistel** des Flusspferdes Bulette gerieten Futterpartikel aus der Maulhöhle in die Nasenhöhle, von wo sie ausgeniest wurden. Ursache war eine alte, knocheneinschmelzende Entzündung, die von einer Backenzahnwurzel ausging. (Siehe Seite 57)

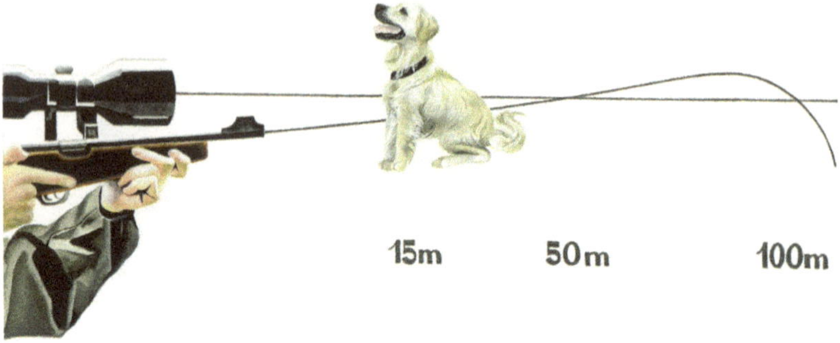

Abb. 3
Ein **Nahschussfehler** tritt auf, wenn das anvisierte Ziel deutlich näher liegt als die Entfernung, auf welche die Zieloptik eingestellt ist. Entscheidend ist der Abstand zu den Kreuzungspunkten der ballistischen Flugkurve der Kugel und der optischen Achse der Visierung. (Siehe Seite 84)

Rechte Seite:

Abb. 4
Herzwürmer bei einem Hund, hier nach Eröffnung der Herzkammern bei der Obduktion. Auch Menschen können infiziert werden, wenn eine Mücke die Larven aus dem Blut eines befallenen Hundes aufnimmt und anschließend den Halter oder andere Personen sticht. (Siehe Seite 106)

Abb. 5
Larven des **Fuchsbandwurms** befallen die Leber und breiten sich über viele Monate aus. Die blasenartigen Wucherungen und Zerstörungen der Leber erinnern an Leberkrebs, die Folgen können ähnlich sein. (Siehe Seite 125)

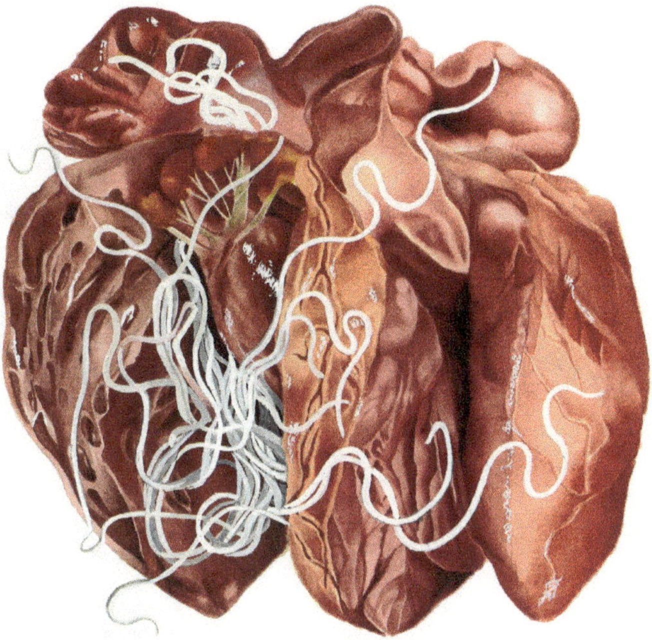

Abb. 6
Schrecklicher Anblick bei der Räumung eines **Messie-Haushaltes mit Tierhortung;** Vernachlässigung und schließlich Tierfraß durch die letzten Überlebenden. (Siehe Seite 93)

Abb. 7
Katzenpocken entstehen typischerweise im Gesicht und an den Pfoten nach kleinen Verletzungen durch erbeutete Nagetiere als Infektionsreservoir. Der klinische Verlauf hängt wesentlich von der Kompetenz des Immunsystems ab, ähnlich wie beim ebenso empfänglichen Menschen. (Siehe Seite 166)

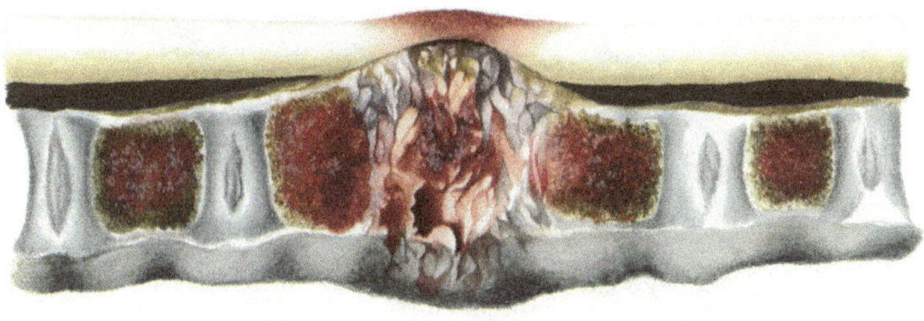

Abb. 8
Ein **Bandscheibenvorfall** bei einem Dackel infolge Degeneration und Verkalkung der Zwischenwirbelscheiben kann zur Quetschung und Zerstörung des Rückenmarks führen. Die daraus resultierende Querschnittslähmung ist oft nicht mehr therapierbar. (Siehe Seite 197)

Abb. 9
Ein Gendefekt, der bei Dackeln, Bassets, Bulldoggen und anderen Rassen zu kurzen und krummen Beinen mit mehreren Krankheitsdispositionen führt, tritt spontan auch bei vielen anderen Tierarten und beim Menschen auf. Dieses als Chondrodystrophie bezeichnete Syndrom gefiel Züchtern, die daraus die Rasse der **Dackelkatzen** schufen, auch *Munchkin*-Katzen genannt. (Siehe Seite 200)

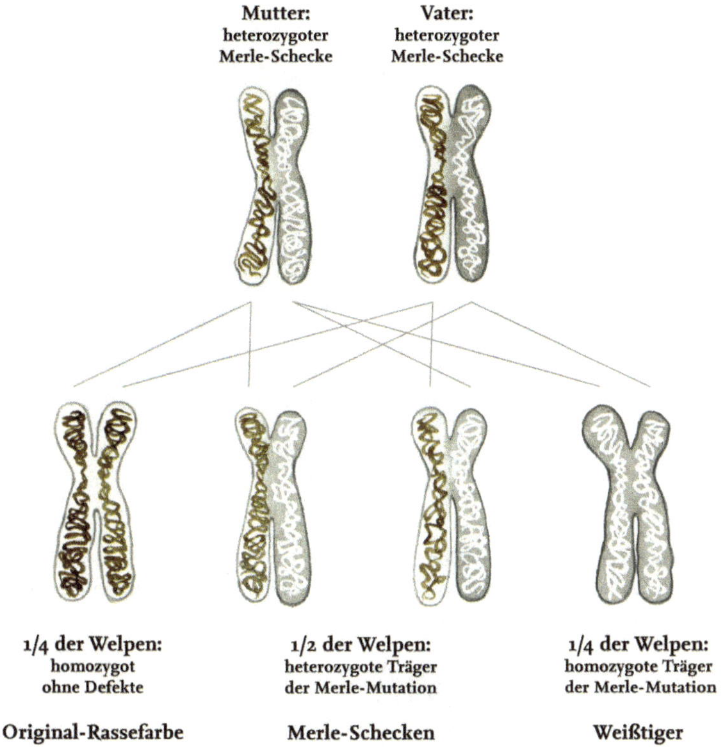

Abb. 11

Genetik bei der Vermehrung von Merle-Hunden: Die erwünschte Hellscheckung entsteht, wenn ein Hund auf einem Chromosom die Normalfarbe trägt (hier braun) und auf dem anderen Chromosom den *Silver Locus*-Gendefekt (hier weiß). Bei der Verpaarung von zwei Merle-Schecken entstehen mit statistischer Wahrscheinlichkeit auch die schwer missgebildeten Weißtiger. Diese Vermehrung verstößt gegen das Tierschutzgesetz, das jede Zucht verbietet, bei der die Entstehung von sogenannten Qualzuchten in Kauf genommen wird. (Siehe Seite 236)

gegenüberliegende Seite unten: Abb. 10

Der **Merle-Gendefekt** wurde bereits in zahlreiche Hunderassen eingezüchtet. Neben der beliebten scheckenhaften Farbaufhellung mit teils auffallend hellblauen Augen kann dieser Genschaden zu schweren Beeinträchtigungen von Sinnesleistungen führen. (Siehe Seite 233)

Abb. 12
Die **Pfautaube** stellt eine von vielen Zuchtformen bei Ziertauben dar, bei denen als schön empfundene Körperformen zu Einschränkungen der natürlichen Bewegung, des Verhaltens oder der Gesundheit führen. (Siehe Seite 241)

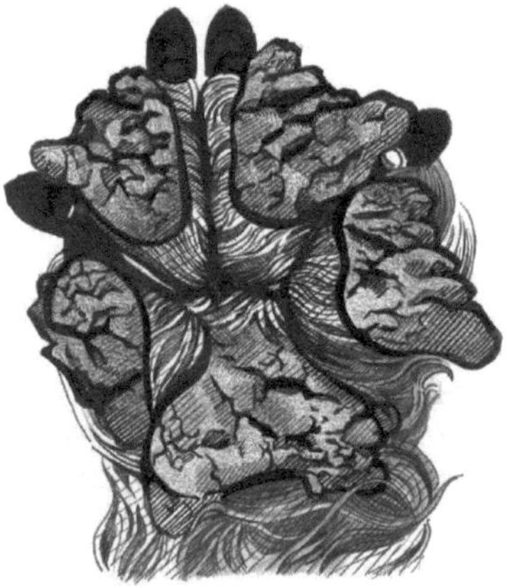

Abb. 13
Eine übersteigerte **Fußballenverhornung** kann bei einem Teil der *Kromfohrländer*-Hunde (wie auch bei einigen anderen Hunderassen) eine lebenslange, aufwendige Pediküre erforderlich machen. Das Problem resultierte aus jahrzehntelanger Inzucht in einer Rasse, die maßgeblich auf zwei Gründerindividuen zurückgeht. (Siehe Seite 247)

Wir empfahlen den Taubenzüchtern, Habichte von ihren Schlägen fernzuhalten. Ob der neue Parasit auch Menschen gefährlich werden konnte, mussten wir noch offenlassen, wie auch Philipp Olias bei seinem Vortrag resümierte: »Wir haben dafür zunächst keine Hinweise, jedoch gibt es beim Menschen wie auch bei vielen Tierarten immer wieder schwere und tödliche Gehirnentzündungen ohne bekannte Ursache, und auch bei den Tauben finden wir den Parasiten ja nicht im Gehirn.«

Trotz des Erfolges bei der Klärung des Killerzyklus und seiner Infektionswege galt es noch wichtige Fragen zu beantworten.

Heimliche Jäger

In Berlin leben dauerhaft etwa einhundert Habicht-Brutpaare. Mit ihren vielen Grün- und Waldflächen, Parks und Friedhöfen sowie großflächigen Industrieanlagen bietet die Metropole perfekte Rückzugs- und Brutmöglichkeiten. Selbst in begrünten Innenhöfen der Straßenzüge aus der Gründerzeit fühlen sich die sonst eher vorsichtigen Tiere wohl. Gleichzeitig ist der Habichtsteller ganzjährig mit Zehntausenden von Berliner Stadt- und Brieftauben reichlich gefüllt. Ein kurzer Abstecher auf einen der vielen taubenreichen Bahnhofsvorplätze oder in ein Einkaufszentrum ersetzt die mühevolle und geduldige Jagd der Habichtskollegen in den natürlichen Waldhabitaten außerhalb der Stadt. Ein erfolgreicher Anpassungsprozess des ehemaligen Hühnerdiebes. Man nimmt ihn jedoch nicht wahr: »Habichte erkennt man daran, dass man sie nicht sieht«, heißt es. Sie jagen aus der Deckung, in der Dämmerung, wendig und geschickt.

Dabei sind die Habichte in der Stadt hochwillkommen. Sie sind Natur und helfen, die fett gefütterten Tauben etwas zu dezimieren. Die faszinierenden Tiere schätzen aber auch Abwechslung. Ein Spatz, ein entflogener Wellensittich, ein Jungkaninchen oder auch mal ein Eichhörnchen erweitern ihren Speisezettel. Für betongeplagte Großstädter bieten sie darüber hinaus willkommene Beschäftigungsfelder in ihrer Freizeit. So gibt es ganze Gruppen von Habichtsfreunden und -vereinen, die mit Akribie Tiere beringen und deren Schicksale verfolgen, Horste kontrollieren und Totfunde einordnen. Ihnen allen kann der neue Parasit egal sein, denn er bedroht den Habicht selbst in keinster Weise. Das Gegenteil ist der Fall, denn der Parasit erleichtert dem Habicht in willkommener Weise seinen Nahrungserwerb!

Der Seher von Old Europe

»Den Vortrag hast du richtig klasse hingelegt«, lobte ich Philipp und berichtete ihm von den vielen anerkennenden Worten, die ich auf dem Kongress noch am selben Abend von französischen, italienischen und spanischen Kollegen hörte. »Aber verrätst du mir auch, wie du auf diesen seltsamen Namen für den Parasiten gekommen bist?«, wollte ich neugierig wissen.

Wissenschaftler, die einen Infektionserreger erstmals systematisch beschreiben, dürfen diesem üblicherweise auch einen passenden Namen geben, quasi als Trophäe in der Community. Und bei seiner Namensauswahl war Philipp ebenso einfallsreich gewesen wie bei seinen Forschungsmethoden. Erst hatten er und Dr. Lierz in Betracht gezogen, einen ihrer Nachnamen dafür zu benutzen, wie es frühere Parasitologen üblicherweise getan hätten. *Sarcocystis Masoni* wurde offenbar durch einen Herrn Mason entdeckt, und *S. Bertrami* durch Frau oder Herrn Bertram. Besonders in den USA ist diese Sitte auch aktuell verbreitet. Nur kurz hatten die beiden an *Sarcocystis Lierzii* oder *S. Oliasi* gedacht, diesen Gedanken dann aber als zu selbstverliebt schnell wieder verworfen. »In Old Europe machen wir so etwas nicht«, erklärte mir Philipp augenzwinkernd. »Wir haben doch Geist und Kultur und Tradition.« Und dann erklärte er mir seine Recherchen in der altgriechischen Mythologie: Bei ihrer Belagerung von Troja wurden die Griechen von einem Seher namens Calchas beraten. Dieser hatte die Fähigkeit, den Willen der Götter am Flug der Vögel ablesen zu können. Trotz intensiver Belagerung war Troja nicht einzunehmen, und da empfahl Calchas den griechischen Heerführern, eine List anzuwenden anstelle brutaler Gewalt. In der Nacht zuvor hatte er von einem Falken und einer Taube geträumt. Um sich dem Falkenschlag zu entziehen, hatte sich die Taube in einem Felsspalt versteckt. Der Falke versuchte vergeblich, sie darin zu packen. Schließlich ersann der Falke eine List, versteckte sich und wartete geduldig, bis die Taube den sicheren Spalt verließ. So konnte er leichte Beute machen und verschlang – wahrscheinlich – als Erstes das Brustfleisch der Taube.

»Das passt doch prima«, freute sich Philipp. »Und der Einsatz von Köpfchen anstelle von roher Gewalt ist eine schöne Botschaft.« Deshalb hatte er den neuen Parasiten *Sarcocystis calchasi* getauft und diesen Namen in seinen wissenschaftlichen Artikeln in internationalen Fachzeitschriften und den Datenbanken im Internet öffentlich gemacht.

Wo *Sarcocystis calchasi* herkam und warum er sich gerade Berlin als ersten Einsatzort aussuchte, wissen wir nicht. Wir nehmen an, dass der Calchas-Parasit sich irgendwo auf der nördlichen Hemisphäre über Tausende von Jahren zwischen seinen End- und Zwischenwirten entwickelte und dort auch noch im Stillen beheimatet ist. Vielleicht gibt es noch weitere Wirte; jedenfalls sind Tauben und Habichte, aber auch andere Greifvogelarten, über die gesamte Nordhalbkugel verbreitet. Was wiederum auch heißt, dass die Besiedelung der gesamten nördliche Hälfte der Erde nur eine Frage der Zeit sein könnte. In den nachfolgenden Jahren haben wir Meldungen über *S. calchasi* aus Minnesota, USA und Japan erhalten. Wie er nach Berlin kam, ist uns weiterhin ein Rätsel. Brachte eine Brieftaube ihn von einem ihrer langen Rückflüge mit? Oder ein Greifvogel aus dem Falknersport-Tourismus? Philipp Olias und Michael Lierz haben zwischenzeitlich alte Pathologie-Archive mittels PCR auf *S. calchasi* untersucht und können den ersten weltweit nachgewiesenen Fall, den wir als Indexfall bezeichnen, auf 1997 in Berlin datieren. Leider können wir Parasiten nicht über ihre Heimat befragen, über ihre Geschichte und Reisewege. Und der Habicht schweigt auch dazu.

Der Seher Olias wechselte nach seiner Berliner Doktorandenzeit in ein weltweit führendes Labor in den USA, um zu erforschen, wie sich einzellige Parasiten und das Immunsystem der Zwischenwirte gegenseitig mit List auszutricksen versuchen. Mittlerweile kehrte er nach Old Europe zurück und hat seine eigene Forschergruppe aufgebaut. Michael Lierz leitet heute als Professor die Klinik für Vögel, Reptilien, Amphibien und Fische an der Universität Gießen. Er arbeitet weiter über *S. calchasi* und konnte gemeinsam mit seinen Doktoranden die Infektion in bundesweit jedem dritten Taubenschlag nachweisen. Die Entwicklung eines Impfstoffes und medikamenteller Therapien stehen auf seinem Programm.

Mich als vergleichenden Pathologen interessiert die Rolle des Calchas-Parasiten bei der Entstehung von Gehirnentzündungen bei anderen Tieren oder sogar beim Menschen. Die Fachwelt kennt eine Vielzahl von tödlichen Gehirnentzündungen, bei denen kein Erreger und auch keine andere Ursache aufgedeckt werden konnte. Diese Erkrankungen werden aktuell mit der etwas frustrierenden Sammeldiagnose *Meningoencephalitis of Unknown Origin* belegt, kurz MUO (engl.: Hirn- und Hirnhautentzündung unbekannten Ursprungs). *S. calchasi* aber bedient sich einer List und versteckt sich vor seinem Entdecker. Das lässt mir keine Ruhe.

Wir sollten bescheiden sein und nicht glauben, wir hätten den letzten Unbekannten bezwungen. Wie viele exotische Parasiten, Viren, Bakterien und Pilze warten in der Welt da draußen noch auf uns und unsere Gefährten?

Tot geglaubt lebt länger

»Pocken sind ausgerottet, Lepra war Mittelalter, und Tuberkulose gab es vielleicht bei meiner Oma nach dem Krieg«, erklären mir meine Studierenden manchmal im Brustton der Überzeugung. Schön wär's – und damit ist die Märchenstunde beendet. In der Tierpathologie sind diese drei Krankheiten wenn auch nicht tägliche, so doch regelmäßige Realität. Sobald wir bei einem Patienten unklare Symptome sehen, sind wir gut beraten, auch an alte Bekannte zu denken. Die Tiere, die von ihnen heimgesucht wurden, könnten es einem übel nehmen, wenn man sie vergisst. Nun ja, wenn sie noch Zeit dazu hätten, wie auch die erkrankten Menschen. Pocken, Lepra und Tuberkulose bringen viel Leid und manchmal den Tod zu Tier und Mensch, und zwar über unsere Kuscheltiere in unsere Wohn- und Kinderzimmer.

Der unglückliche Felix

Der Kater Felix lebte in einem Potsdamer Vorort ein perfektes Katzenleben. Wenn ihm danach war, kehrte er heim zu seiner Familie im hübschen Einfamilienhaus am Waldrand und holte sich Mahlzeiten und Streicheleinheiten, im Winter öfter auch mal eine Portion Kachelofenbank. Ansonsten aber war er frei: ein Freibeuter der Nachbarschaft, des angrenzenden Feldes und des nahen Waldes. Gegen die Nachbarkater verteidigte er sein Revier bis aufs Blut, doch wenn eine schöne Kätzin des Wegs kam, verwandelte er sich in einen betörenden Schmusekater.

Im Spätsommer fielen seiner Besitzerin Silvia Winter zwei knötchenförmige Erhabenheiten am Kopf auf, etwa einen halben Zentimeter groß, in der Mitte ein kleiner Krater. »Der Racker hat sich sicher wieder herumgeprügelt«, dachte sie. Oder es waren einfach nur Pickel, die waren in der Familie gerade en vogue. Konnte er sich an den pubertierenden Zwillingen angesteckt haben? Sie lachte. Auch wenn Felix zur Familie gehörte, so weit war es noch nicht. Am nächsten Tag zählte Silvia mindestens acht Pickel, sie waren größer und sonderten etwas Sekret ab. Als Felix sich diese Stellen putzte, entdeckte sie weitere an den Vorderpfoten. Silvia, als Anästhesistin selbst Humanmedizinerin, hatte ein komisches Gefühl. Vorsichtshalber sperrte sie Katzenklappe und Fenster, um Felix am nächsten Tag für den Gang zur Tierärztin verfügbar zu halten. Denn mit Tierkrankheiten kannte sie sich nicht aus (siehe Bildtafelteil, Abb. 7).

»So ganz genau weiß ich nicht, was es ist«, konstatierte die Tierärztin nach einer gründlichen Inspektion der Knoten und einer Allgemeinuntersuchung. Sie hatte versucht, die Knoten auszudrücken, vergeblich, dabei trat nur noch mehr Sekret aus und einige bluteten. »Es kommen Zeckenbisse, Mücken oder andere Insektenstiche infrage, vielleicht Simulien oder die rote Herbstgrasmilbe, würde zur Jahreszeit gut passen«, spekulierte sie, als sie von dem Sekret einen Abstrich nahm, diesen färbte und unter ihrem Praxismikroskop auf Insektenteile durchsuchte. Nichts.

»Ach ja, die Herbstgrasmilbe«, seufzte Silvia. »Die hatten wir letztes Jahr auch, die ganze Familie. Hat höllisch gejuckt.«

Die Tierärztin nickte mitfühlend. »Ich weiß. Vielleicht hat Ihr Felix auch nur eine Allergie, die kann solche Quaddeln auslösen, Nesselsucht nennt man das, wie nach einem Spaziergang durch Brennnesseln.«

»Nesselsucht ist mir vertraut«, warf Silvia ein. Auch sie hätte einem zweibeinigen Patienten bei Nesselsucht Kortison gegeben, denn es wirkt abschwellend und lindert den Juckreiz. Felix bekam zur Sicherheit noch eine Antibiotikaspritze für den Fall, dass Bakterien im Spiel waren. Da er als freier Kater seine eigenen Zeiten hatte, konnte eine regelmäßige Medikamentengabe nicht garantiert werden, und die beiden Ärztinnen entschieden sich für ein hoch dosiertes Depotkortison.

Vor die richtige Therapie hat der liebe Gott eine korrekte Diagnose gestellt, habe ich im ersten Semester meines Studiums gelernt. Der Satz hat sich eingeprägt, und wie wahr er ist, weiß ich heute. *Kortison und Antibiotika* lautet die leider viel zu häufig eingesetzte Standardtherapie bei allen Fällen, in denen man keine Diagnose hat. Zugegeben, unter Praxisbedingungen gibt es diagnostische Grenzen durch unrealistischen Kostenaufwand, Zeit und Möglichkeiten. Oft müssen Bauchgefühl und Erfahrung herhalten. *Erfahrung ist die mehr oder weniger gute Erinnerung an eine mehr oder weniger richtig getroffene Entscheidung,* hat mir damals der Rinderprofessor Wolfgang Klee mitgegeben, und an dieses Zitat erinnere ich mich ebenfalls oft. Bauchgefühl und Erfahrung sind unverzichtbar, aber mit einer gut informierten Risikoabschätzung unter Berücksichtigung der auch nicht ganz so häufigen Ursachen hätte es für Felix besser ausgehen können.

Über Nacht waren noch mehr Knoten am Kopf und den Ohren aufgetreten, und die sofort noch einmal aufgesuchte Tierärztin entdeckte auch welche am Unterbauch und den Innenschenkeln. »Jetzt wollen wir es aber genau wissen«, sagte sie tatkräftig, aber wie sich herausstellen sollte, leider zu spät, und nahm drei etwa einen halben Zentimeter große Stanzbiopsien, die vierundzwanzig Stunden später unter meinem Mikroskop lagen.

Ich protokollierte in das elektronische Diktafon, das an meinen Computer angeschlossen ist und alle Diktate zeitgleich in den Kopfhörer meiner Sekretärin schickt: »Hochgradige Hyperplasie der Epidermis mit Spongiosen, intrazytoplasmatischen, eosinophilen Einschlusskörperchen, oberflächlicher Ulzeration und eitrig-serokrustöser Begleitentzündung. Bild wie bei Pocken.« Normale Befunde werden abgetippt, Korrektur gelesen, unterschrieben und dann per E-Mail, Post oder Fax an den Auftraggeber übersandt. Bei Gefahr im Verzug greife ich noch am Mikroskop sitzend zum Hörer, rufe den Auftraggeber an, schildere das Problem und berate, wie vorzugehen ist, so gut es mir möglich ist.

Diese Praktikerin kannte ich sogar persönlich von einer Tagung. »Hallo, Frau Kollegin«, begrüßte ich sie. »Es geht um Kater Felix der Familie Winter, darf ich Ihnen schon vorab den Befund mitteilen? Wie bitte? Gestorben? Heute Morgen?« Die Kollegin berichtete, dass die Besitzerin von Felix vor fünf Minuten angerufen habe. Felix sei am Vorabend völlig apathisch geworden und auf der Fahrt in die Tierklinik in den Armen der Tochter verstorben. Ich teilte meine Diagnose mit, woraufhin die Kollegin verstummte und nach kurzer Pause ein Geständnis ablegte. »Dann habe ich ihn umgebracht.« Und das war leider die Wahrheit.

Tödliche Pickel

Die Obduktion, zu der ich dringend riet, bestätigte meine Diagnose. Am ganzen Tierkörper fanden sich Pocken, die bei der mikroskopischen Untersuchung zwei Altersgruppen erkennen ließen: Einige Pocken am Kopf waren deutlich älter als eine Woche, mit bakteriellen Infektionen infolge der Hautbarrierestörung. Die Pocken am Bauch, den Achseln und Hintergliedmaßen waren in voller Blüte, ich schätzte sie auf etwa zwei Tage. Die Altersbestimmung von krankhaften Veränderungen unter dem Mikroskop gehört zu meinen häufigsten und wichtigsten Aufgaben, um den zeitlichen Hergang zu ordnen. Oft müssen die Zeitabschnitte auch mit Angaben aus der Patientenhistorie in Beziehung gesetzt werden, um Fragen von ursächlichen Zusammenhängen und auch mal Schuld zu klären, nicht nur vor Gericht. Besonders auffallend und etwas ungewöhnlich waren die vielen frischen Pocken in der Nasenhöhle, der Luftröhre, den Bronchien, der Lunge und sogar in der Leber von Felix. Sie waren geradezu über ihn hergefallen. So verläuft eine Pockenvirusinfektion nur bei Katzen mit einem stark geschwächten Immunsystem. Hinweise auf eine der verschiedenen Virusinfektionen, die das Immunsystem von Katzen schwächen können, gab es aber nicht. Und was schwächt das Immunsystem sonst noch? Kortison. Deshalb hatte die Kollegin sofort erkannt, dass sie einen verhängnisvollen Fehler begangen hatte, als sie diesem Patienten das Allheilmittel Kortison verschrieb. Ja, es hilft oft. Aber bei einer falschen Indikation ist es das Todesurteil – für Mensch und Tier.

Menschenpocken sind durch konsequente Impfmaßnahmen weltweit ausgerottet, in Deutschland gab es 1972 den letzten Fall. In meiner Kindheit wurden alle Kinder flächendeckend gegen Pocken geimpft. Ich selbst trage am linken Oberarm noch eine kreisrunde Narbe von der Impfung als lebenslange Erinnerung, quasi einen eintätowierten Impfpass. Auch die Polio-Impfung war bei uns Standard; heute ist sie nur noch dringend nötig in den Ländern, in denen es diese grausame Kinderkrankheit noch gibt. Wer Impfungen generell ablehnt, hat vieles nicht verstanden.

Es gibt jedoch weiterhin Schafpocken, Kanarienpocken, Eichhörnchenpocken, Elefantenpocken und jede Menge anderer Pocken bei Säugetieren und Vögeln. Sie werden durch die längst gut bekannten Pockenviren verursacht, die sich normalerweise in der Haut vermehren und dafür die infizierten Zellen zum Wachstum anregen. Dadurch entsteht die Pocke. Sie bricht im Zentrum auf und entlässt mit dem Wundsekret Millionen neuer Pockenviren, die jeden infizieren können, der mit dem Sekret in Kontakt kommt. Die meisten Pockenviren sind wirtsspezifisch. Weder Katzen noch Menschen können sich an Kanarienpocken, Schafpocken oder Elefantenpocken anstecken. Das galt zum Glück auch für Menschenpocken, daher gab es für sie kein tierisches Reservoir, in dem sie hätten überleben können, im Gegensatz zu Ebola, Grippe und Fuchsbandwurm. Bei den Pocken bildet die wichtigste Ausnahme das weitverbreitete Kuhpockenvirus, lateinisch *Orthopoxvirus bovis,* das neben Kühen auch Mäuse, Katzen, Zooelefanten und viele andere Säugetiere sowie den Menschen infizieren kann. Kleine Nagetiere gelten in vielen Regionen Deutschlands heute noch als Erregerreservoir des Kuhpockenvirus. Sie erkranken selbst kaum, infizieren aber durch Kontakt andere Tierarten, die mehr oder weniger schwer daran erkranken und bei Immunschwäche oder falscher Behandlung sterben – wie Kater Felix. Katzen infizieren sich typischerweise bei der Jagd nach kleinen Nagetieren, die im Todeskampf ihren Angreifer am Kopf oder den Vorderpfoten verletzen.

Ohne die Kortisongabe der Tierärztin hätte Felix den Pockenbefall wahrscheinlich überlebt, denn der klinische Verlauf einer Kuhpockeninfektion bei Katzen ist stark von der Immunabwehr abhängig. Gesunde Katzen bilden nur ganz wenige Pocken aus, entwickeln eine effektive Körperabwehr und überstehen die Infektion nach etwa ein bis zwei Wochen folgenlos. Die Pocken fallen einfach ab. Bei vielen Katzen verläuft die Infektion dank ihrer ungestörten Selbstheilungskräfte wahrscheinlich ganz unbemerkt. Immungeschwächte Tiere sind jedoch der Ausbreitung des Virus im Körper schutzlos ausgeliefert und können leicht daran sterben.

»Bitte informieren Sie auch umgehend die Besitzerin von Felix, Frau Dr. Winter«, bat ich die Kollegin. »Das Virus kann auch Menschen infizieren.«

»Ich weiß, danke. Kuhpocken sind eine Zoonose.« Sie klang sehr betroffen; das wäre ich an ihrer Stelle auch gewesen. Als Pathologe fällt mir öfter einmal die Rolle desjenigen zu, der eine gut gemeinte, aber dann falsche oder sogar tödliche Therapie entlarvt. Das muss nicht gleichbedeutend sein mit Schuld, denn gerade in der täglichen Routine-Tiermedizin sind die diagnostischen Möglichkeiten begrenzt, die für eine sichere und korrekte Therapie Voraussetzung sind. Dies beruht kurioserweise zumeist auf dem Wunsch des Tierbesitzers, die Kosten mögen sich in Grenzen halten.

Bei Menschen verläuft die Kuhpockeninfektion prinzipiell ähnlich wie bei Katzen. Besonders gefährdet sind Personen mit geschwächtem Immunsystem, was leider öfter vorkommt als angenommen. Wer etwas herumfragt, stößt nicht selten auf ein Familienmitglied, einen Nachbarn oder Bekannten, die oder der unter Chemotherapie steht, wegen einer Autoimmunerkrankung wie

Rheuma oder Morbus Crohn Kortison erhält oder unter einem genetisch bedingten Immundefekt leidet. Es muss ja nicht gleich AIDS sein. Für diesen Personenkreis kann das Kuhpockenvirus, ähnlich wie für Felix, dann durchaus tödliche Wirkung haben. Dafür wäre nicht einmal ein direkter Kontakt mit der Katze erforderlich. Das Wundsekret aus den Pocken und das abgefallene Pockenmaterial enthalten massenhaft Viruspartikel, die über viele Monate in der Umgebung infektiös bleiben können.

Frau Dr. Winter war das bewusst, daher führte sie einen gründlichen Hausputz durch, ließ alle Teppiche und Polster reinigen und entsorgte die Decken von Felix' Lieblingsplatz. Der Tierärztin trug sie trotz aller Trauer nichts nach, denn sie wusste, dass diese in bester Absicht die wahrscheinlichsten Ursachen korrekt behandelt hätte. Auch die Tierärztin zog ihre Konsequenzen. Frei laufende Katzen mit Knoten am Kopf oder den Pfoten wurden fortan nur mit Einmalhandschuhen angefasst und erhielten keine immunschwächenden Medikamente, stattdessen Quarantäne in der Isolierstation der Praxis, Ruhe, gutes Futter und Zuwendung aus der Distanz. Am wichtigsten jedoch: Verdachtsdiagnosen wurden durch Biopsieuntersuchungen abgesichert. Nach ein bis zwei Wochen kann ein Pockenpatient dann als genesen entlassen werden und wieder durch Wald und Wiese streifen, nun immun gegen Pocken. Felix war dieses Glück nicht vergönnt.

Lepra im Wartezimmer

Lepra hört sich furchtbar an, aber zum Glück liegt das ja weit zurück oder weit weg – Mittelalter, fernes Land. Gibt es Lepra – auch Aussatz genannt – überhaupt noch? Leider ja. Lepra konnte beim Menschen im Gegensatz zu den Pocken aus mehreren Gründen noch nicht ausgerottet werden. Weltweit erkranken jährlich etwa zweihunderttausend Menschen, zum Glück mit abnehmender Tendenz, an der schmerzhaften und schlimm entstellenden Krankheit, die meisten in Indien, Brasilien, Zentralafrika, Indonesien und Neuguinea. Dort ist es eine Krankheit der Armen und Unterversorgten. Mit geeigneter und früher Kombinationstherapie gilt Lepra als heilbar. Jedoch stellen Antibiotikaresistenzen des auslösenden Bakteriums *Mycobacterium leprae* ein zunehmendes Problem dar. Auch in Deutschland gibt es heute noch Lepra – das *Ärzteblatt* berichtete in seiner Ausgabe vom 27. Januar 2017: »Lepra: Krankheit wird unterschätzt.« Nach meiner Erfahrung gilt das auch für Katzenlepra.

Der junge Kater Fussel war wie Felix viel draußen unterwegs. Auch er entwickelte an der Wange eine kleine Umfangsvermehrung, wie wir neutral jede Art von Zubildungen nennen, bevor eine Diagnose gestellt ist. Fussels Besitzer, ein betagter alleinstehender Künstler, bemerkte die Veränderung schnell, denn Fussel war seine Muse. Stundenlang lag er auf den Füßen des Malers und begleitete dessen Pinselstriche mit kunstvollem Schnurren. Wenn der Maler nachdachte, über Farben und Formen sinnierte, kraulte er den Kater, und es dauerte nie lange, ehe ihn das Schnurren erneut inspirierte.

Die Tierärztin stellte eine Liste der möglichen Differenzialdiagnosen auf, also der infrage kommenden Krankheiten und Ursachen. Sie beriet den Patientenbesitzer über mögliche Bedeutungen, Gefahren, Therapiemöglichkeiten und Kosten. Aber vor der Therapie steht die Diagnose, und so wurde zunächst eine Biopsie entnommen und an den Pathologen des Vertrauens geschickt. Bei vierhundertfacher Vergrößerung sah ich tief in der Lederhaut zahlreiche Granulome, also kugelige Pakete von Immunzellen, die offensichtlich vergeblich versuchten, etwas zu bekämpfen. Aber was? Ich bestellte in unserem Histologielabor eine Etage tiefer eine Ziehl-Neelsen-Spezialfärbung für das Präparat, denn dieses Muster in der Haut einer frei laufenden Katze ist hoch verdächtig für eine Infektion mit *Mycobacterium lepraemurium,* dem Erreger der Katzenlepra. Zwei Stunden später bestätigte sich mein Verdacht.

Das Histologielabor eines pathologischen Institutes ist wie die Küche eines Restaurants. Die Kunst der Köche, die bei uns Laborantinnen heißen, ist alles entscheidend. Die Rezepte für pathologische Spezialfärbungen von erkranktem Gewebe sind über Jahrzehnte und teils Jahrhunderte gereift. Einige stammen aus Zeiten, in denen Alchemisten noch Gold herzustellen hofften. Wir setzen diese Spezialfärbungen ein, um bestimmte chemische oder physikalische Eigenschaften von Infektionserregern, chemischen Ablagerungen oder fehlgefalteten Proteinen wie bei der Alzheimer-Krankheit mikroskopisch sichtbar zu machen. Diese Methoden sind heute immer noch Gold wert: einfach, billig, schnell und sicher. Mykobakterien besitzen eine säurefeste Bakterienwand, die mit der Ziehl-Neelsen-Färbung selektiv angefärbt werden kann. Diese zuverlässigen und sehr einfachen Tests werden in modernen Laboren zusätzlich mittels einer PCR-Diagnostik ergänzt, hier zum Beispiel zur Identifizierung des genetischen Fingerabdrucks des Erregers der Katzenlepra.

Zwischen Katzenlepra und Kuhpocken bei Katzen gibt es eine Menge Ähnlichkeiten. Beide Erreger werden von kleinen Nagern auf Katzen übertragen, wenn das Opfer im Todeskampf den Aggressor im Gesicht kratzt oder beißt. Daher treten die Zubildungen zumeist am Kopf oder den Vorderläufen auf. Beide Erkrankungen verlaufen nur bei immungeschwächten Katzen tödlich. Und beide Erreger können auf den Menschen übertragen werden und ähnliche Hautknoten oder auch viel Schlimmeres hervorrufen. Zu den wesentlichen Unterschieden zählt die Therapierbarkeit der Katzenlepra durch Antibiotika. Während Antibiotika gegen Viren machtlos sind, können sie sowohl bei Menschenlepra als auch bei Katzenlepra zu einer völligen Heilung führen. Dafür sind jedoch mehrmonatige Therapien mit einer Kombination aus verschiedenen Antibiotika erforderlich, also eine zeit- und auch etwas kostenintensive Angelegenheit. Zusätzlich wird bei Katzen der veränderte Bereich, falls möglich, chirurgisch entfernt.

Ich sehe jedes Jahr mehrere Fälle von Katzenlepra in meiner Biopsiediagnostik. Viele der einsendenden Kolleginnen und Kollegen sind dann völlig überrascht, meistens hatten sie einen Tumor, ein Parasitenproblem oder, selten, auch mal Pocken angenommen. Selbst mehrere renommierte Tierdermatologinnen haben mir gegenüber behauptet, Katzenlepra gäbe es in Deutschland nicht. Ich empfahl, sich die Verbreitung im Nationalen Referenzzentrum für Mykobakterien in Borstel bei Hamburg bestätigen zu lassen. Dem Künstler und seinem Kater Fussel konnte durch die frühe Diagnose geholfen werden. Seine Tierärztin bekam ein Aquarell zum Dank. Es hängt jetzt im Wartezimmer, und angeblich denkt sie, wenn sie es sieht, an die Pathologie. Nun, ich finde es gibt unangenehmere Erinnerungen an meinen Beruf.

Vom Schwinden der Schwindsucht: Tuberkulose

»Wenn du deinen Teller nicht leer isst, bekommst du noch die Schwindsucht«, hat meine Großmutter mal zu mir gesagt. Natürlich hatte ich keine Ahnung, was das war, habe aber den Teller schnell geleert, um das nicht zu bekommen; es klang wenig erstrebenswert. Heute weiß ich, dass meine Großmutter mich vor der Tuberkulose schützen wollte. Diese Volksseuche war in der Nachkriegszeit ein echtes Problem, denn durch Kalorien- und Vitaminmangel waren die Selbstheilungskräfte gegen das dem Lepraerreger ähnliche Bakterium völlig am Boden. Jahre nach der Warnung meiner Oma las ich den *Zauberberg* von Thomas Mann, der in einem Schweizer Lungensanatorium spielt, und verstand nun auch, was Tuberkulose eigentlich für die Gesellschaft insgesamt und die Patienten bedeutete. Zugegeben, diese waren bei Thomas Mann wohlhabend und konnten sich teure Sanatoriumsaufenthalte leisten, um vielleicht noch zu gesunden.

Der *Zauberberg* faszinierte mich in vielerlei Hinsicht, besonders auch durch die ständigen zwischenzeiligen Gedanken an die armen Menschen dieser Zeit, die sich kein Sanatorium und nichts annähernd Heilendes gönnen konnten, sodass sie schließlich an ihrer Armut starben. Aber es gab noch eine andere Ursache: unsere Haustiere. Kühe, Ziegen und Pferde, wenn Letztere vom Russlandfeldzug noch heimgekehrt waren, hatten ihre eigene Tuberkulose. Da sie in einem ebenso schlechten oder in noch schlechterem Zustand waren als die Menschen, wurden auch sie ihre Tuberkulose nicht los und steckten sich gegenseitig an.

Thomas Mann interessierte sich nur für die zweibeinigen Patienten, nicht für die vierbeinigen. Ich erinnere mich an keine Stelle im Buch, in der er von der Tuberkulose der Tiere berichtet hätte. Doch diese war seinerzeit ein großes Problem, und vereinzelt ist sie es heute noch. Egal ob Mensch oder Tier, im geschwächten Organismus breiten sich die Erreger im gesamten Körper aus und befallen neben der Lunge viele andere Organe. Daraus entstehen Knochentuberkulose, Nierentuberkulose, Perlsucht – also Brust- und Bauchfellbefall –, Hoden- und Eutertuberkulose. Der dann einsetzende Verfall mit Todesfolge wurde als Schwindsucht bezeichnet, weil die Körpermasse, also das Gewicht, dahinschwand. »Sucht« ist ein altes Wort für Krankheit. Ungeachtet ihres Zustandes wurden Rinder in Notzeiten jedoch bis zuletzt gemolken und erst dann geschlachtet, wenn gar nichts mehr ging. Melker, Landwirte und andere Kontaktpersonen infizierten sich am Hustenauswurf der Rinder, was wie beim Menschen als offene (Rinder-)TBC bezeichnet wird.

Viele Kinder, die nie ein Rind gesehen hatten, infizierten sich über die damals noch nicht pasteurisierte Milch, denn bei einer Eutertuberkulose gelangen die infektiösen Keime massenhaft in die Milch. Das Schicksal dieser ohnehin geschwächten Kinder hieß dann wiederum Schwindsucht. Üblicherweise handelte es sich dabei um den Erreger der Rindertuberkulose, *Mycobacterium bovis,* der Menschen genauso krank machen kann wie der Erreger der Menschentuberkulose, *M. tuberculosis.* Rindertuberkulose kann auch leicht auf Schweine, Schafe, Ziegen, Hunde, Katzen und besonders Rehe und Hirsche übertragen werden, die wiederum als Reservoir dienen können. Das Hauptproblem bei der Bekämpfung bestand damals darin, dass die Diagnose erst bei der Obduktion gestellt werden konnte und somit viele Rinder und andere Haustiere unerkannt über lange Zeit die Hauptinfektionsquellen waren. Erst nach der Entwicklung eines Hauttests – dem Tuberkulintest –, der infizierte Rinder zu Lebzeiten nachwies, konnte die Rindertuberkulose bei uns in den frühen 1960er-Jahren praktisch vollständig getilgt werden. Die Bedrohung der Menschen durch Tiertuberkulose und auch die Schwindsucht der Kinder und Alten hatten ein Ende. Doch manchmal schlägt das Pendel zurück. Heute sehen wir in unserer Sektionshalle mehr Tiere, die, durch Menschen angesteckt, an dem Erreger der Menschentuberkulose versterben, als echte Tiertuberkulose. So wie der Hund Trüffel.

Angehustet

Der etwa sechs Jahre alte, 32 Kilogramm schwere Mischlingsrüde mit Namen Trüffel wurde uns von einer Tierärztin gebracht, die ihn mit infauster, also hoffnungsloser Prognose auf Besitzerwunsch euthanasiert hatte. Trüffel hatte über Wochen an Gewicht verloren, alle Therapiemaßnahmen blieben erfolglos. Ein Röntgenbild hatte schließlich zahlreiche etwa gleich große Verschattungen in der Lunge gezeigt, ein Bild wie bei Krebsmetastasen. Verwundert war die Kollegin nur, weil sie nirgendwo einen Primärtumor gefunden hatte. Keine Neoplasie in den Knochen, in der Schilddrüse, in der Bauchspeicheldrüse, und auch Milz und Leber waren im Röntgen unauffällig. Der Obduktionsauftrag zielte auf die Feststellung der Krankheitsursache. Die Todesursache, Euthanasie, war ja bekannt, wie bei etwa der Hälfte aller von uns obduzierten Tiere.

Die Gruppe, die mit der Obduktion beauftragt wurde, bestand aus acht Studierenden im zehnten Semester. Sie waren bereits seit fast zwei Wochen im Institut, und den Standardsektionsgang beherrschten sie schon recht routiniert. Eine Obduktion durch Studierende erfordert für das Lehrpersonal doppelte Aufmerksamkeit. Diese gilt nicht nur der Zerlegung des Tieres und den Befunden, sondern besonders auch der Sicherheit der Studierenden. Das Risiko von Schnitt- und Stichverletzungen sowie einer Ansteckung an einer Zoonose erfordert höchste Wachsamkeit. Dieser Hund jedoch hatte laut Auskunft der Kollegin Tumormetastasen in der Lunge, und an Krebs kann man sich nicht anstecken.

Die Lunge des völlig abgemagerten Tieres war durchsetzt mit weißlich-schleimigen, teils blutigen Gewebeuntergängen, die mir für Tumoren fast ein wenig zu weich vorkamen. Die Lungenlymphknoten waren groß wie Golfbälle und im Anschnitt ebenso zerfließlich. Auch die Studierenden fanden bei der vollständigen Obduktion keinen Primärtumor, der in die Lunge gestreut haben könnte. Eine Pfiffige mit Pferdeschwanz schlug vor, es könne sich um eine CUP handeln, also *cancer with unknown primary* (engl. für »Krebs ohne Primärherd«); sie hatte in der Vorlesung offenbar gut aufgepasst. Wir diskutierten über dieses Phänomen, das beim Menschen viel häufiger beobachtet wird als bei Haustieren. Dabei findet man in der Leiche jede Menge Metastasen, also gestreute Tumorherde, nicht jedoch den streuenden Herd. Für noch lebende Patienten ist dieses Phänomen besonders belastend, weil man kaum etwas machen kann. Weder kann man eine zu dem Tumorursprung passende Therapie auswählen, noch erhalten diese Patienten einen Platz auf Wartelisten für Organtransplantate, um vom Krebs völlig zerstörte Organe zu ersetzen. Denn der Tumor würde jedes neue Organ sofort besiedeln und zerstören.

»Wir vertagen die Debatte an das Mikroskop«, schloss ich die Mittagsbesprechung des Falles. »Vielleicht finden wir dort spezifische Muster, die uns das Ursprungsgewebe verraten.«

Achtundvierzig Stunden später waren alle wichtigen Organe in Formalin fixiert und im Labor zu mikroskopischen Präparaten verarbeitet worden. Bereits bei vierzigfacher Vergrößerung sahen die beiden diensthabenden Assistentinnen und ich die nahezu völlige Zerstörung des Lungengewebes. Was wir jedoch nicht fanden, waren Tumorzellen jeglicher Art, weder Hinweise auf einen Lungentumor, wie er beim Hund ohnehin nur selten vorkommt, noch auf Metastasen eines Tumors in einem anderen Organ. Dagegen fanden wir massenhaft Immunfresszellen bei der Arbeit – Makrophagen – sowie ein paar der Offiziere des Immunsystems, also Lymphozyten.

»Ein Feld der Verwüstung«, kommentierte eine der beiden Diensthabenden. »Aber warum?« Die starke Beteiligung und Untergänge von Makrophagen deuteten an, dass der Erreger diese Zellen offenbar befällt, vermehrt und dann zerstört; eine typische Strategie von Mykobakterien. Ich rief im Labor an: »Könnten Sie uns bitte so schnell wie möglich eine Ziehl-Neelsen-Spezialfärbung für Block 7B anfertigen.«

Kurz vor Feierabend erhielten wir das Präparat, das unseren Verdacht bestätigte: In den stark vermehrten Makrophagen der Lunge und des Lymphknotens fanden sich massenhaft säurefeste, bis etwa fünf Tausendstel Millimeter lange, leuchtend rote Stäbchen. »Das gibt's doch nicht«, hörte ich die zweite Diensthabende leise stöhnen. »Und das alles ohne Granulome?« Sie meinte damit spezielle Immunzellaggregate, die bei Wiederkäuern und auch beim Menschen durch Mykobakterien induziert werden und als typisches Muster für Lungen-TBC gelten. Ein Rinder-Lungentuberkulosepräparat, das im Institut noch aus »alten Zeiten« stammt, zeigen wir unseren Studierenden in der Ausbildung, daher fiel es den Assistenten sofort ein. »Beim Hund und anderen Fleischfressern verläuft die Tuberkulose eher mit Kolliquationsnekrosen«, erklärte ich. Also mit verflüssigenden Gewebsuntergängen. »Wer diesen Unterschied nicht kennt, würde hier nie auf Tuberkulose tippen.« Die anderen Organe waren unverändert, offenbar hatte der Hund bis zuletzt den Tuberkelbazillus in der Lunge in Schach halten können. Aber nun war Gefahr im Verzug.

Ich rief sofort bei der Hundebesitzerin an und fragte: »Wer hustet bei Ihnen?« Die Frage musste ich natürlich erklären und erhielt dann eine beunruhigende Antwort.

»Meen Vater hustet ville, aber dit kommt wohl vom villen Rouchen, sicher komplett zujeteert, der Jute. Bloß man jut, dass ick nie zu Zijaretten jejriffen habe, Herr Professa.« Ich informierte die Dame über unsere Diagnose und empfahl, infrage kommende Personen im Umfeld des Tieres dringend ärztlich auf Tuberkulose untersuchen zu lassen. Der alte Herr war mit seinem Trüffel Tag und Nacht zusammen gewesen, und es stellte sich dann tatsächlich heraus, dass er an offener Tuberkulose litt – in seinem Auswurf wies das Gesundheitsamt *Mycobakterium tuberculosis* nach. Drei weitere Familienmitglieder zeigten einen positiven Tuberkulintest, hatten sich also in der Vergangenheit infiziert, waren jedoch nicht akut krank.

Das Heimtückische an der Tuberkulose ist, dass gute Abwehrkräfte den TBC-Erreger zumeist in der Lunge, wo in der Regel die Erstinfektion stattfindet, lange oder auch für immer in Form von Granulomen in Schach halten können. Darin bleibt das Bakterium jedoch über Jahre infektiös und kann in Situationen eines geschwächten Immunsystems, oft unbemerkt, reaktiviert und ausgeschieden werden. Das gilt für Menschen und Rinder, für Lungen und Euter. Wie bei Rindern in der Nachkriegszeit ist es daher wichtig, stille Ausscheider zu identifizieren, um weitere Opfer zu vermeiden. Sonst husten die einem was. Gesunde Hunde gelten als nicht sehr empfänglich für die Infektion, ganz im Gegensatz zu Menschen und Rindern. Der sechsjährige Trüffel muss über längere Zeit von seinem Herrchen eine ordentliche Infektionsdosis verpasst bekommen haben. Sein Besitzer hatte aber sicher auch viele Menschen angehustet, vielleicht in der U-Bahn, vielleicht in der Schlange an der Kinokasse.

Neben dem betagten Hundebesitzer mit der bewegten Lebensgeschichte und seiner Familie galt meine Sorge natürlich unseren Studierenden und Präparatoren. Tröpfcheninfektionen können auch von Toten ausgehen; kleinste Spritzer beim Einschneiden, Wassertropfen und Aerosolbildungen beim Saubermachen genügen da schon. Alle Beteiligten wurden informiert, ein gesundheitsamtlicher Tuberkulintest wurde nahegelegt.

Bei einem meiner früheren Arbeitgeber litt ein Präparator an chronischer Knochentuberkulose. Erst lag der Verdacht auf eine Berufskrankheit nahe, jedoch wurde »sein« Erreger dann als *Mycobacterium avium subspezies avium* identifiziert, der Erreger der Vogeltuberkulose. Er war leidenschaftlicher Taubenzüchter, und denselben Keim fand man im Kot seiner Tauben auf dem heimischen Dachboden. Auch viele Wildvögel scheiden ihn mit ihrem Kot aus, daher sind Vögel wie Spatzen und Schwalben in Tierställen heute völlig tabu, nicht nur wegen der Salmonellen, die Wildvögel im Kot ausscheiden können, ohne selbst zu erkranken. Etwas nachdenklich werde ich jedoch, wenn ich an die vielen Berichte über Alt-Tierpathologen denke, die sich bei ihrer Arbeit in der »schlechten Zeit« immer wieder neu mit Rindertuberkulose und anderen Zoonosen infiziert hatten. Viele seien direkt nach Eintritt in den Ruhestand an Tuberkulose gestorben, hieß es. Ich selbst war schon im Studium Tuberkulintest-positiv. Danach habe ich noch viele Rinder obduziert und Hirsche untersucht, fahre aber auch häufig mit der U-Bahn durch Berlin und gehe ab und zu ins Kino. Nichts davon werde ich ändern.

Etwa ein Drittel der Weltbevölkerung gilt heute als positiv im Tuberkulintest, wovon etwa fünfundachtzig Prozent in Afrika, Südostasien und der westlichen Pazifikregion leben. Nur zwischen ein und fünf Prozent aller Infizierten entwickeln jedoch im Laufe ihres Lebens eine behandlungswürdige Tuberkulose. Der ganz überwiegende Teil hält den Erreger lebenslang in Schach und scheidet ihn auch nicht aus. Ein gut funktionierendes Immunsystem muss dabei ständig die tickende Zeitbombe kontrollieren. Tuberkulose war gestern? Weit gefehlt, sowohl beim Tier als auch beim Menschen. TBC lässt sich durch Antibiotika leicht behandeln? Auch falsch, denn bedrohlich zunehmende Resistenzen entstehen auch beim TBC-Erreger durch unsachgemäßen Antibiotikaeinsatz. Alte Bekannte sollte man eben besser nicht vernachlässigen, sie könnten es einem übel nehmen.

Zurück zur Natur

Dieser Hund war unter meinen Obduktionsfällen nicht der einzige Fall von Menschentuberkulose, die von Menschen durch innigen Kontakt auf Tiere übertragen wurde. Es werden immer mal wieder Rinder mit »echter« Menschentuberkulose, also *M. tuberculosis,* gemeldet, der Infektionsweg hat sich hier wohl umgekehrt. Echte Rindertuberkulose gibt es dagegen so gut wie nicht mehr in der industriellen Milchproduktion. Bei naturnah gehaltenen Rindern sieht das aber schon anders aus: In den letzten Jahren wurden zahlreiche Fälle von echter Rindertuberkulose bei Almrindern im Oberallgäu und in Baden-Württemberg gemeldet, die Kontakt zu Rotwild hatten. Hirsche, Hirschkühe und Hirschkälber stellen ein gefährliches und kaum zu kontrollierendes Reservoir dar. Vierzig Prozent der imposanten Geweihträger im oberen Lechtal waren infiziert. »Wenn der Hirsch hustet, steckt er alles um sich herum an«, schrieb die *Süddeutsche Zeitung* am 19. März 2013. Einundzwanzig Höfe wurden zur Seuchenbekämpfung gesperrt. Unbehandelte, also nicht pasteurisierte Milch von diesen Rindern würde uns zurück ins Jahr 1950 katapultieren.

Auch das ist *Back to Nature.* Zurück zur Natur hat jeder gern, aber Natur beinhaltet auch unzählige Gefahren und Grausamkeiten, die man ausblendet, wenn man die rosa Brille aufsetzt. Wir Menschen neigen zu Schwarz-Weiß-Denken: gute Natur versus böse und degenerierte Zivilisation. So kann nur urteilen, wer auf weichen warmen Kissen bequem und sicher in der Zivilisation hockt. Manchmal braucht es eben auch Erinnerungen an die gefährlichen Seiten der Natur und wie man damit umgehen kann. Unsere Tiere und ihre Infektionserreger spielen in dieser Vorstellung ihre ganz eigene Rolle: Wer ist hier noch Natur? Und wer Opfer unserer Zivilisation? Naturnah gehaltene Rinder sind eindeutig die Opfer, während in modernen und tierärztlich gut betreuten Großställen gehaltene Rinder ein sehr viel geringeres Risiko für Tuberkulose erfahren. Ähnliches gilt übrigens für die naturnahe Haltung von Schweinen, Hühnern und Puten, die für die Tiere selbst und über ihre Produkte auch für den Menschen mit höheren Risiken für Infektionskrankheiten einhergehen können.

Wenn meine Gedanken abschweifen, während ich auf der Suche nach Fingerabdrücken der Infektionserreger am Mikroskop sitze, ertappe ich mich manchmal bei der Frage, warum das so ist mit den Tieren, ihren Krankheitskeimen und uns. Bevor wir Menschen auf die Bühne traten, war alles Natur, geprägt von Evolution. Tiere und Erreger haben das unter sich geregelt, regional, artspezifisch, und einen Weg gefunden. Wir aber haben die Natur und die Tiere durcheinandergewürfelt und sie das Fürchten gelehrt und tun das immer schneller. Natürliche Evolution haben wir ersetzt durch Züchtung, Zivilisation und Globalisierung und damit vor allem auch die Erregerwelt der Tiere aufgewirbelt, die für uns durchaus gefährlich werden kann. Gerade diese aber lernen wir erst langsam kennen, und wir haben sie noch lange nicht im Griff. Wenn wir mal genug von der Zivilisation haben und zurück zur Natur wollen, beim Essen, Wohnen, bei Hobbys oder Reisen, dann bringt uns das unweigerlich wieder näher an die wilde, von uns aufgewirbelte Welt der Infektionserreger.

Reinrassige Irrwege

So wie ich als Kind sonntags oft mit meinem Vater spazieren gegangen war, ging ich nun mit meinem Sohn. In meiner Kindheit lief unser Dackel Nicki vorneweg, heute war es der Große Münsterländer-Mischling Benni. Was dem Hamburger sein Stadtpark und dem Münchner seine Isarauen, ist uns Berlinern der Grunewaldsee. In fünfundvierzig entspannten Minuten einmal herumgelaufen, ab und zu ins Wasser gesprungen, im Sommer schattig und kühl, im Winter gut geschützt und am Schluss ein warmer Kakao in der zünftigen Gaststätte neben dem Parkplatz. Ein schönes Ritual, wie es sonntäglich auf vielen Promenaden zelebriert wird.

Mein Sohn zupfte mich am Ärmel. »Guck mal, Papa. Die Frau sieht aus wie ihr Hund.«

»Da hast du wohl recht«, bestätigte ich. Beide trugen weiße Locken, liefen ein wenig steif, und in ihren Gesichtern war eine gewisse Ähnlichkeit nicht zu leugnen, wie man es ja oft entdeckt zwischen Menschen und ihren Hunden.

An einer Wiese blieben wir stehen und beobachteten einen Dalmatiner und einen Pudel-Mix, die hinter einem Ball herjagten. Dreimal holte der Dalmatiner die Beute.

»Machen die Flecken ihn schneller?«, fragte mein Sohn.

Interessante These, dachte ich. »Nein.«

»Wofür sind die Flecken dann gut?«

»Sie gefallen dem Hundebesitzer. Dem Hund sind sie erst mal egal, wobei ...«, ich zögerte. Jetzt wurde es schon wieder kompliziert, wie so oft, wenn Kinder einfache Dinge fragen. Die Wahrheit ist nämlich, dass ich zwar weiß, dass seine Flecken den Dalmatiner nicht schneller machen, sondern eher krank. Aber ich weiß nicht, ob dem Dalmatiner die Flecken gefallen würden. Oder eigentlich weiß ich es doch. Jedenfalls wäre er ohne Flecken kein Dalmatiner mehr, dafür aber mutmaßlich ein gesünderer Hund. Doch damit würde ich meinen Sohn verwirren, der bei unserem letzten Spaziergang vor einer Woche erst die Nachricht verdauen musste, dass Otter und Füchse nicht zu den Hunden zählten, obwohl sie aussahen wie Hunde, während Chihuahua und Dogge, die sehr verschieden aussahen, beide Hunde waren. Die Welt ist kompliziert. Zum Glück hatte er mir geglaubt, wenn auch nicht, weil ich Professor war. Er vertraute mir.

»Kann man die Flecken abwaschen?«

»Nein, es ist die Fellfarbe. Das ist so gezüchtet.«

»Warum?

»Wie ich schon sagte, weil es den Menschen gefällt. Das ist so beim Züchten. Da bastelt man sich einen Hund mit Extras.«

»Warum?«

»Weil Menschen unterschiedliche Bedürfnisse haben. Der eine wünscht sich einen Hund, mit dem er gut joggen kann, also braucht der Hund lange Beine und eine große Lunge. Ein anderer verreist oft, und da muss der Hund in die Handtasche passen, also klein sein und nicht so zappelig. Und so kann man sich den Hund, den man haben will, eben züchten.«

»Und was für einen Hund brauchen wir?«

Diesmal musste ich keine Sekunde überlegen. »Den, den wir haben.«

»Habt ihr den auch bestellt, Mama und du?«

»Nein, wir haben das genommen, was schon da war.«

»Papa, aber die Flecken sind lustig.«

»Ja, das stimmt. Aber vielleicht geht es dem Hund nicht so gut damit.«

»Aber er ist der Schnellste. Er hat den Ball immer geholt!«

»Ja, schon. Aber seine Dalmatiner-Flecken sind nicht nur hübsch, die bringen ihm auch Krankheiten, und deshalb muss er öfter zur Tierärztin als ein Hund ohne Dalmatiner-Flecken, und das gefällt ihm gar nicht. Mit seinen Flecken kommen nämlich Pi-

pisteine, Gehirnkrankheiten, Hautentzündungen, und einige Dalmatiner sind völlig taub.« Ich hörte mir selbst zu und grinste. Das Gespräch machte mir großen Spaß. Ich schlug sozusagen über die Stränge. Wenn meine Studierenden wüssten, wie ich neuroektodermale Migrationsstörungen und Inzuchtdepressionen auch erklären kann …

»Unser Benni hat aber auch viele Flecken, machen die auch krank?«, lautete die logische Rückfrage meines Sohnes.

»Nein, nicht alle Hundeflecken machen krank, nur die Dalmatiner-Flecken.«

»Weißt du was, Papa? «

»Was denn?«

»Ich möchte unseren Hund nie, nie hergeben, auch wenn er nicht so schnell läuft wie der … Ballmatiner.«

»Dalmatiner«, verbesserte ich und nickte. »Ich auch nicht.«

»Ich hab ihn lieb, so wie er ist.«

»Ich auch«, wiederholte ich. »Ich würde auch nie einen anderen haben wollen.«

Mein Sohn schob seine vom Eis klebrige Hand in meine. »Und haben die Besitzer von dem Dalmatiner ihren genauso lieb?«

»Ich hoffe, ja«, sagte ich, denn ich kannte die Realität. Wenn es um Tierarztkosten geht, endet manche Tierliebe schnell.

Hand in Hand gingen wir weiter, und ich spürte, dass mein kleiner Sohn einer großen Frage auf der Spur war. Er dachte nach. Dann blieb er mitten auf der Promenade stehen, schaute mich an und wollte wissen: »Papa, wir haben einen Mischling, oder?«

Ich nickte und dachte: eine Promenadenmischung.

»Und was ist eigentlich Züchten?«

»Züchten ist das Gegenteil von Natur«, erklärte ich ihm. »Jedes Lebewesen ist nach einem Bauplan zusammengesetzt, so wie deine Legoraumschiffe. Auch für Hunde gibt es ein Baukastensystem. Man kann die Steine nehmen, die man will, um den Hund zu bauen. Farbe, Größe und Form sucht man sich zusammen. Das ist Zucht. Aber der Bauplan des Lebens heißt nicht Lego, sondern

DNA, und die einzelnen Seiten der Bauanleitung sind die Chromosomen. Auf den Chromosomen sind die Gene aufgelistet, das sind die Beschreibungen, wie jedes Bauteil aussehen muss und wo es hingehört.«

Mit großen Augen schaute er mich an. Hatte er mich verstanden? Ich setzte noch einmal an. »Die Natur lebt von Veränderung und Anpassung, und dazu würfelt sie mit den Genen. In jeder neuen Generation sind bei jedem Lebewesen eine Handvoll Gene anders als bei den Eltern. Entweder es entstehen dabei Fehler, und der Baustein ist kaputt oder an einer falschen Stelle verbaut, dann funktioniert dein Raumschiff nicht mehr. Oder die Veränderung ist eigentlich egal, wie wenn dein Raumschiff jetzt rot wäre statt blau. Oder, und das passiert eher selten, dein Raumschiff ist schneller geworden oder verbraucht beim Fliegen weniger Energie, es hat sich also irgendwie verbessert.«

Er nickte.

»Das kennst du auch von Menschen. Manche haben blonde Haare, manche schwarze, braune und wieder andere rote.«

»Oder gar keine Haare«, lachte er.

Nun nickte ich und fuhr fort. »Manchmal kommt es vor, dass so eine Bauplanänderung bei den Nachkommen gut ist und das Leben erleichtert, schützt oder verlängert, bei Tieren also vielleicht längeres Fell wachsen lässt, wenn gerade wieder eine Eiszeit bevorsteht. Und die mit längerem Fell können dann besser überleben und mehr Nachkommen haben. Das ist dann Evolution«, dozierte ich.

»Aber warum gibt's nicht nur gute Veränderungen, sondern auch schlechte?«

»Weil die Natur nur zufällig würfeln kann, und nicht in eine Richtung«, versuchte ich es zu vereinfachen. »Die Druckfehler in den Bauplänen, man nennt sie Mutationen, passieren überall in den Genen wie Unfälle, das können wir Menschen noch nicht kontrollieren oder reparieren, weder bei Tieren noch bei uns selbst. Und die Fehler, die gerade nicht so gut zur Umwelt passen oder krank machen, werden durch Aussterben aussortiert. Das nennt man Selektion.«

»Das ist aber gemein für die armen Tiere, die mit so was geboren werden!«

»Ja, da hast du recht«, sagte ich. »Aber der Natur ist das einzelne Tier völlig egal.«

Mein Sohn kehrte zur Kernfrage zurück. »Und wer hat den Hund mit den Flecken zusammengebaut?«

Allmählich brach mir der Schweiß aus. Eine Vorlesung war ein Kindergeburtstag gegen diese punktgenaue Grundlagenphilosophie.

»Menschen«, sagte ich.

»Und unseren Benni?«

»Benni ist bloß von seinen Eltern zusammengebaut worden. Weil er ein Mischling ist, gab es für ihn kein Zuchtziel. Da mischt sich der Mensch nicht ein, das machen die Hunde unter sich aus.«

Schlechte Wortwahl, schalt ich mich selbst. Verwirrend, wenn ich von Mischlingen und der Einmischung der Menschen sprach. Doch mein Sohn hielt sich nicht mit Wortklaubereien auf, er wollte weiterkommen im Thema. »Und was ist besser?«

Ja, das wurde ich auch schon mal von meinen Studierenden gefragt. Damals war meine Antwort länger, als ich meinem Filius jetzt zumuten wollte. Ich rettete mich mit einer einfachen Beschreibung der Zusammenhänge.

»Beim Züchten entscheiden wir Menschen anstelle der Natur, wer sich vermehren darf und wer ausstirbt. Und wenn wir mit denselben Wunschhunden immer weiterzüchten, sehen die irgendwann alle gleich aus, das nennt man dann reinrassig. Nur wissen wir nicht immer sofort, was gut ist und was schlecht ist für das Tier. Denn für die Zuchtauswahl entscheidet ein Züchter nach seinen eigenen Wünschen und nicht nach den Wünschen der Tiere oder den Empfehlungen der Natur. Nur die Natur formt Tiere optimal. Mit Zucht können wir Tiere und Pflanzen nie besser machen, sondern nur bestimmte Eigenschaften hervorheben oder ändern, oft zum Nachteil von anderen Eigenschaften oder auf Kosten der Gesundheit. Zucht führt immer weg von der Natur.«

»Dann will ich gar keinen Hund mit solchen Flecken, Papa.«

»Ja«, sagte ich und wünschte mir, wir Großen könnten in manchen Situationen so klar entscheiden wie die Kleinen.

»Kann man den Dalmatiner wieder gesund züchten?«

»Innerhalb der einzelnen Rassen ist das schwer. Wenn man sie mit anderen Hunden zusammenbringt, ist es leichter. Manchmal muss eine Rasse oder Zuchtlinie dann auch ganz aussterben.«

»Wie die Dinosaurier?«

»Ja. Die sind auch ausgestorben.«

»Aber das waren keine Hunde?«

»Nein, Saurier.«

»Ich kenne aber einen Hund, der heißt Dino.«

Kannte er einen Hund dieses Namens, oder meinte er einen australischen Dingo, einen verwilderten Haushund? Ich wollte nachfragen, aber da teilte er mir schon sein Resümee mit.

»Papa, ich fände es besser, wenn es dann lieber keine reinrassigen Hunde gibt. Dann können alle gesund sein. Und man muss ja nicht immer der Schnellste sein und den Ball erwischen, oder?«

»Nein, das muss man nicht und kann es trotzdem schön haben«, sagte ich und fügte in Gedanken dazu: als Hund und als Mensch.

Beste Freunde?

Seit zwischen vierzehn- und vierzigtausend Jahren – genauer sind selbst die besten genetischen Analysen nicht – ist der Hund des Menschen bester Freund. So ganz genau wissen wir nicht einmal, ob am Anfang der Wolf die Nähe des Menschen suchte oder der Mensch einen Gefährten. Mir gefällt der Gedanke, dass sich beide gesucht und gefunden haben.

Das Leben der Hunde war die meiste Zeit eher ein Hundeleben als ein reines Vergnügen. Als Menschen forderten wir von unserem Gefährten Höchstleistungen in Disziplinen, in denen er uns aufgrund seiner Natur weit überlegen war, mit seiner unglaublich empfindlichen Nase, seinem feinen Gehör, seiner Wachsamkeit, Zähigkeit, seinem Mut, Instinkt und, wenn es sein musste, auch seiner selbstlosen Verteidigungsbereitschaft. Wir sicherten uns seine Dienste und vielleicht auch seine Freundschaft mit regelmäßiger Ernährung und Schutz gegen die Widrigkeiten der Natur, an unserem Feuer und in unserer Höhle. Mit der Auswahl der Besten schufen wir über Tausende von Jahren faszinierende Tiere, die mit ihren atemberaubenden Leistungen alles übertrafen, was die ersten Wölfe konnten. Gesellige, aber aufmerksame und verteidigungsbereite Hütehunde, zuverlässige Wachhunde, spektakuläre Lawinenhunde und nicht zuletzt die verschieden spezialisierten Jagdhunde, also Apportierhunde, Vorstehhunde, Stöberhunde, Schweißhunde, Bau- oder Erdhunde (Dackel) und die »jagenden Laufhunde«, zu denen auch die vielen Bracken zählen. Das Spektrum wird noch breiter, wenn man überlappende Nutzungen und kombinierte Eigenschaften betrachtet. So war der Schäferhund der Überlieferung nach nicht nur Schafhüter, sondern auch der Bewacher von Hab und Gut des Schäfers, also gleichzeitig ein Wachhund. Kein anderer Aspekt unseres Umgangs mit Tieren ist faszinierender als die Domestikation des Wolfes (lat. *Canis lupus*) zum *Canis lupus familiaris*. In diesem wissenschaftlichen Namen für unseren Haushund steckt die zoologische Information, dass es sich nur um eine an den Menschen angepasste Unterart handelt und die Spezies Wolf nie verlassen wurde.

In weit über zehntausend Hundegenerationen der Domestikation und Züchtung haben wir unsere Hunde von ihrer ursprünglichen Wildtierart weiter entfernt als alle anderen Haus- oder Nutztiere. Gleichzeitig ist das Spektrum von Aussehen, Anatomie, Größe, Verhalten und Krankheitsanfälligkeit viel breiter als bei allen anderen bekannten Tierarten der Erde. Wir hätten Probleme, einem Außerirdischen zu erklären, dass es sich beim »Hund« um eine einzige Tierart handeln soll. Konsequent betrachtet haben wir mit dem *Canis lupus familiaris* ein neues Tier geschaffen. Hunde sind faszinierend, wir lieben sie und machen sie zu unseren Partnern. Zugleich sind sie uns vollkommen ausgeliefert.

In der Schaffung eines neuen Designer-Tieres ohne natürliches Pendant liegt aber auch die Herausforderung, Artgerechtigkeit und naturgemäßen Umgang neu zu definieren. Der Vergleich mit dem Wolf in Fragen der Ernährung, des Verhaltens und vieler anderer Eigenschaften ist nicht mehr belastbar. Die Natur des Hundes ist schon lange nicht mehr natürlich, sondern menschengeprägt.

Eine kurze Geschichte der Hundezucht

Vereinsmäßig organisiert und mit öffentlichen Wettbewerben garniert wurde die Hundezucht erst ab Mitte des 19. Jahrhunderts, zunächst in der englischen *Dog Show Society*, der ähnliche Klubs in Deutschland und anderen Ländern folgten. Publikumswirksame Hundeschauen wurden erfunden, die wie Schönheitswettbewerbe mit der Vergabe von Siegertiteln für die Tiere und Pokalen für Herrchen und Frauchen endeten. Ausstellungen, Wettbewerbe und Championships wurden bis in unsere Zeit mit klar definierten Zuchtzielen, strengen Regelwerken und Ausschlusskriterien perfektioniert. Vor noch etwa einhundert Jahren musste jede Hunderasse eine bestimmte Funktion übernehmen, etwa hüten, Kaninchenbauten sprengen, apportieren oder bewachen. Der Hund als Gesellschafter war kaum verbreitet. Heute dagegen müssen die meisten nur noch schön, auffällig und vielleicht auch noch lieb sein und ihren Frauchen und Herrchen gefallen. Sie sind zu Familienmitgliedern aufgerückt und brauchen dafür keine besondere Leistung mehr zu erbringen. Ihr hübsches, süßes, drolliges, niedliches und natürlich extravagantes Aussehen steht im Vordergrund und prädestiniert sie gelegentlich zum bequemen Ersatz eines Kindes oder eines Sozialpartners. Früher waren Hunde ein Mittel, um einen praktischen Zweck zu erreichen, heute sind sie meistens selbst der Zweck, oder sie sollen einfach nur ihren Halter glücklich machen.

Als Tierpathologe beobachte ich, dass unsere Hundezucht in den letzten Jahren vielfach ins Kraut geschossen ist, sowohl in ihren Zuchtzielen als auch in den vielen Defekten, die bewusst in Kauf genommen werden. Besonders besorgniserregend ist die Zucht auf Extremformen und Extravaganz. Große Hunderassen werden immer größer, kleine immer kleiner. Kurzes Fell wird immer kürzer oder gar vollständig weggezüchtet. Erlaubt ist, was gefällt? Nackthunde und Nacktkatzen – der letzte Schrei? Wenn sie könnten, würden sie schreien.

Man lässt die zum Teil bedauernswerten Kreaturen auf Hundeschauen im Kreis laufen, hübsch frisiert und aufgeföhnt, ganz ähnlich wie die Züchter selbst, und macht danach Fotos mit leicht angehobenem Köpfchen oder niedergedrücktem Po. Nach meiner Beobachtung interessieren echte Leistungen oft nicht mehr, und Charaktereigenschaften werden mehr verschleiert als geprüft. Die Gewinnerchampions steigen sogleich im Wert und werden mit Siegern des anderen Geschlechts verkuppelt, um noch mehr und noch schönere und teurere Sieger hervorzubringen. Frauchen und Herrchen werden reich und berühmt, Hündchen nur berühmt und von Generation zu Generation immer kränker. Durch künstliche Ejakulation und weltweite Verschickung von Tiefgefriersperma wird der Zuchtfortschritt immer effektiver. Aber was dabei herauskommt, ist immer weniger perfekt. Ob Legoraumschiff oder Hund: Man kann einen einmal in eine Rasse gezüchteten Defekt ebenso wenig leicht entfernen wie ein tragendes Teil im Lego-Bauwerk. Die Schönheit im Auge des Betrachters ist manchmal leider die Krankheit im Körper des Tieres.

Ähnlich wie mit der Schönheit ist es auch mit der Effizienz. Damit wären wir bei unseren Milchkühen, die 40 statt 8 Liter Milch am Tag geben. Dafür werden sie zwar krank, weniger fruchtbar und sterben viel früher, aber Hauptsache, der Output stimmt. In diesem Buch klammere ich die Nutztiere bewusst aus, es gäbe aus Sicht des Tierpathologen allerhand zu berichten. Doch wir sollten uns der Wahrheit stellen, dass wir in der Zucht unserer geliebten Heimtiere ähnlich vorgehen.

Die Fremdheit unserer Hunde von natürlichen Verwandten und ihre innerartliche Diversität wären allein schon bemerkenswert. Eine weitere Besonderheit unterscheidet unsere »besten Freunde«, wie man oft über Hunde liest, von allen anderen Geschöpfen dieser Welt, und diese ist höchst alarmierend: Die vielfältigen, hoch problematischen Züchtungsfolgen mit systematischen und vorhersehbaren Anfälligkeiten für Krankheiten und Leiden nehmen stark zu. Wir müssen umdenken und handeln! Gerade die Hundefreunde sind in der Pflicht, das zu stoppen – zum Wohl ihrer Tiere. Manche unserer Heimtiere brauchen unsere Hilfe. Jetzt. Bevor es zu spät ist. Dabei ist das Tierleid durch Defektzüchtungen seit Jahrzehnten bekannt und wird immer besser verstanden. Geeignete Maßnahmen zur Korrektur werden nach meiner Beobachtung allerdings nur zögerlich oder gar nicht ergriffen, obwohl sie mit züchterischen und wissenschaftlichen Methoden verfügbar sind. Oder gibt die ungebrochen starke Nachfrage nach den kranken Kuriositäten auf unserem Kuscheltiermarkt den Skrupellosen unter den Züchtern recht?

Sprachlos machen mich vor allem die fehlende Sensibilität und ausbleibende Empörung vieler Hundekäufer. Hier scheint unsere Bereitschaft zu Pflege und Kompromissen zu überwiegen. Ein Zeichen von wahrer Liebe? Ähnliche Tendenzen wie bei Hunden verzeichnen wir übrigens bei Katzen, Kaninchen, Ziertauben, manchen Aquarienfischen und anderen »Lieblingen«. Warum nur lieben wir unsere Kuscheltiere krank und zu Tode?

Deutsche Schicksale

Als Paradebeispiel für unbeabsichtigt eingezüchtete Defekte gilt vielen der Deutsche Schäferhund, der weltweit als Inbegriff für Hundezucht *Made in Germany* steht. Ende des 19. Jahrhunderts war er ein perfekter, kerngesunder und bildhübscher mittelgroßer Hütehund. Für Wach- und Polizeidienste züchtete man ihn sich jedoch deutlich größer. Vor wenigen Jahrzehnten wurden seine Kraft, Bedrohlichkeit und Sprungbereitschaft durch eine nach hinten abfallende Rückenlinie und unnatürliche Weitstellungen der Hinterhand optisch unterstrichen. Dies wurde manches Mal auf Ausstellungsfotos zusätzlich durch das Herabdrücken des Hinterteils durch die Züchterhand verstärkt. Auf dem Weg vom Arbeits- zum Schauschäferhund wurden ihm unbewusst mehrere schwere Defekte angezüchtet, allen voran eine unheilbare Fehlentwicklung der Hüften, die heute als Hüftgelenksdysplasie oder HD praktisch allen Hundefreunden bekannt ist.

HD wurde erstmals beim Schäferhund beschrieben und führt zu frühem Verschleiß und Degeneration der Hüftgelenke, die wir Coxarthrose nennen. Diese geht mit Schmerzen, Bewegungsstörungen, Muskelabbau und vielen weiteren orthopädischen Komplikationen einher. Bei der ambitionierten Zucht der deutschen Symbolrasse entstanden aber noch zahlreiche weitere Gendefekte. Neben Problemen der Lendenwirbelsäule und Bewegungsabläufe kommen Ellbogendysplasie (ED), ein Innenohrsyndrom mit Gleichgewichtsstörungen, ein Versagen der Bauchspeicheldrüse, Entzündungen der Haut und der Augen hinzu. Nicht alle Vertreter der Rasse sind von allen Problemen betroffen, jedoch sind die genannten Dispositionen, also Krankheits*anfälligkeiten,* sehr viel häufiger als bei anderen Rassen.

Wer kennt sie nicht von der Hundeflaniermeile, die einst stolzen Schäferhunde, die nun im Heck schwankend, mit abfallender Rückenlinie und nachschleifenden Hinterfüßen sowie gesenktem

Blick traurig dahinschleichen? Ihre Lebenserwartung liegt deutlich unter dem Durchschnitt anderer Rassen. Heute gilt diese deutsche Paraderasse bei einigen Hundefreunden als »kaputt gezüchtet«. Der ehemals stolze Schäfer mit abfallender Rückenlinie und breit gestellten Hinterläufen auf Züchterfotos ist für manche *das* Symbol für krank gezüchtete Hunde. »Vorne Hund, hinten Frosch«, lästert selbst ein anerkannter Schäferhundexperte. Auch Polizei und Militär haben ihn ausgemustert und setzen nun weitgehend auf andere, gesündere Rassen. Solche Pauschalurteile halte ich jedoch grundsätzlich für problematisch. Vielmehr muss hier zwischen den verschiedenen Zuchtlinien unterschiedlich bewertet werden, etwa einer Schau- und einer Leistungslinie. Seit wenigen Jahren existieren erfreuliche Bemühungen, den schrägen Deutschen Schäfer durch scharfe Zuchtselektion auf ganzheitliche Gesundheit zu retten. Zum Teil werden auch rassefremde Hunde eingezüchtet, wenn unverdorbene Gene von außen benötigt werden. Von reinrassiger Zucht muss man sich mit diesem Vorgehen wohl für eine Weile verabschieden. Aber ist das ein Problem? Für die betroffenen Hunde sicher nicht, im Gegenteil.

Aus mehreren Perspektiven ist bemerkenswert, dass in der DDR parallel zur westdeutschen Population gezüchtete Deutsche Schäferhunde nach der Wiedervereinigung ein ganz anderes Bild zeigten. Abgesehen von den Unterschieden im Aussehen – die sozialistischen Schäfer waren am Ende viel dunkler mit massigerem Kopf –, schien ihr genetischer Gesundheitszustand deutlich besser. HD und andere orthopädisch bedingte Bewegungsstörungen traten bei den Osthunden kaum noch auf. So konnte über nur wenige Jahrzehnte durch konsequente Selektion auf Gesundheit, Leistung und Diensthundeeigenschaften anstelle Schönheit und abfallender Rückenlinie ein sehr viel robusterer und weniger krankheitsanfälliger Hund gezüchtet werden. Auch galt er als wesensfester, sturer, vielleicht wölfischer, aber zugleich familienfreundlich. Bei den ersten gesamtdeutschen Schönheitswettbewerben konnte sich der »Trabi«-Hund jedoch nicht sehen lassen. Für die Verbesserung des degenerierten Genpools des typischen gelb-braunen West-Schäfers jedoch waren die dunklen ostblütigen Schäfer dann sehr gefragt. Ebenso bemerkens- wie bedauernswert ist aber auch, dass die meisten »sauberen« Ost-Linien nicht konsequent mit hohem Standard weitergeführt wurden, begründet durch andere als züchterische Motive. So trauern heute manche gesundheitsorientierten Kenner der deutschen Paraderasse dem hochwertigen Ost-Schäfer nach, der leider kaum noch in reiner Form verfügbar ist. Mit viel Aufwand und Kosten wird nun nach Sperma aus versprengten Zuchtlinien in USA, Russland und Fernost gesucht, um den Mythos zu erhalten.

Mit HD wurden mittlerweile auch viele andere Hunderassen wie Golden Retriever, Berner Sennenhund und Doggen verdorben. Sogar beim Mops und manchen Katzenrassen führt HD gehäuft zu kaputten Hüften, jedoch verursacht sie hier aufgrund des geringeren Gewichts seltener klinische Folgen. Die Diagnostik, Schmerztherapie, Physiotherapie und chirurgische Korrekturen bis hin zu neuen Hüften, also Gelenksersatzimplantaten wie beim Menschen, gehören zu den Standardmaßnahmen der heutigen Tiermedizin für große Hunderassen. Zucht auf Größe bringt zusätzlich eine starke Neigung zu Knochenkrebs der langen Beinknochen mit sich. Diese als Osteosarkome bezeichneten Tumoren streuen schnell in die Lunge und töten die betroffenen Hunde im Durchschnitt weniger als ein Jahr nach Entdeckung des Krebses. Keine Therapie kann diese Hunde retten, auch eine Amputation des Beins sofort nach Diagnosestellung verlängert ihre Lebenserwartung wegen der bereits früh erfolgten Metastasierungen in der Regel nicht.

Wie konnte es so weit kommen? Denn Krankheit und Tod der Champions lagen ja nie im Sinne von Züchtern. Nun, die ersten Hundezüchter wussten noch nichts von Genetik, Inzucht und

Mutationen von DNA. Heute kennen wir die Grundregeln und Zusammenhänge ziemlich genau. Doch wir werden die Geister, die wir riefen, nicht so leicht wieder los.

Krummbeiner

Gleich nach dem Schäfer kommt der Dackel als deutscher Symbolhund, keine Frage. Er wurde nicht auf Größe gezüchtet, im Gegenteil; er hat auch keine abfallende Rückenlinie und bekommt keine HD. Dafür hat er lustige kurze, krumme Beine, ohne die er kein Dackel wäre. Und genau die sind seine Achillesferse. Ähnlich wie beim Dalmatiner sind auch beim krummbeinigen Waldi ernste Defekte mit seinem Hauptzuchtziel verbunden.

Die Ursache für die Dackelbeine und seine äußerlich nicht gleich erkennbaren Gesundheitsprobleme heißt *Chondrodystrophie*. Sie ist ein beliebtes und rasseprägendes Zuchtmerkmal auch anderer kurz- und krummbeiniger Hunde wie Mops, Bulldogge, Basset und Corgi. Der als drollig wahrgenomme Zuchterfolg beruht auf einem genetischen und daher erblichen Defekt bei der Knorpelbildung. Das aus dem Altgriechischen entlehnte Wort steht für eine Fehlentwicklung des Knorpels (*Chondros* für Knorpel, *dys* für schlecht und *trophein* für ernähren), aus der eine vorzeitige Beendigung des Längenwachstums der Beinknochen resultiert. Diese wirken daraufhin krumm mit mehr oder weniger nach außen weisenden Füßen.

Die extrem kurzen Beine sind züchterisch gewünscht und wären allein noch kein Problem. Leider jedoch führt derselbe Gendefekt gleichzeitig zu einer Minderwertigkeit des Knorpels in den Bandscheiben der Wirbelsäule, wodurch diese Hunde oft schon in jungen Jahren schmerzhafte Bandscheibenerkrankungen mit hohem Risiko eines Vorfalls in den Rückenmarkskanal erleiden. Wer schon einmal starke Rückenschmerzen oder einen Bandscheibenvorfall hatte, kann nachempfinden, wie sich das anfühlt. Weshalb gestehen wir Tieren manchmal so wenig Schmerzempfinden zu?

Schützen wir womöglich uns selbst damit? Was ich nicht weiß, macht mich nicht heiß? (Siehe Bildtafelteil, Abb. 8)

Die Quetschung des Rückenmarks beim Bandscheibenvorfall und damit der wichtigsten Nervenbahnen zum hinteren Körperbereich resultiert häufig in Lähmungserscheinungen bis hin zur vollständigen Querschnittslähmung. Diese kann vorübergehend sein und ist in einem Teil der Fälle durch eine frühe Operation oder Medikamentengabe zu lindern. Oft ist sie jedoch unheilbar. Etwa jeder vierte Dackel erleidet in seinem Leben mindestens einmal einen solchen Bandscheibenvorfall, und für wiederum etwa jeden vierten davon endet die Erkrankung mit dem Tod, zumeist durch Euthanasie.

In der Regel liegt es in der Entscheidung des Besitzers, ob der gelähmte Patient durch die Spritze erlöst wird, um lebenslanges Leiden und nicht artgerechte Haltung zu vermeiden. Oft nehmen auch Blasen- oder Darmlähmungen Einfluss auf das Todesurteil. Die einzige Alternative besteht in der Verordnung eines speziell dafür entwickelten Rollenwagens oder auch eines einfachen Kinderrollschuhs, welcher dem gelähmten Patienten für den Rest seines Lebens untergeschnallt wird, damit er sich wieder fortbewegen kann. Solche Gespanne sehen wir in hundedichten Gegenden immer mal wieder, und mir scheint, dass sich manche Hunde damit recht gut arrangieren. Die Empörung mancher Nachbarn und verständnisloser Passanten halte ich für übertrieben. Vielmehr sollte in jedem Einzelfall entschieden werden, ob und mit welcher Belastung Hund und Mensch sich in der neuen Situation arrangieren können.

Tiere scheinen insgesamt mit Behinderungen langfristig oft besser klarzukommen, als wir es aus Menschenperspektive annehmen. Umso trauriger ist es, wenn dem Besitzer eines lebensfrohen Dackels der Mut fehlt, sich mit einem Rollschuhhund in der Öffentlichkeit zu zeigen. Der Lebenswille scheint mir auch bei Tieren zu überwiegen. Auf die Gefahr hin, des unpassenden Vergleichs bezichtigt zu werden: Menschen, die von heute auf morgen im Rollstuhl sitzen müssen, verspüren in der Regel nach einer Gewöhnungsphase dieselbe Lebensfreude wie vor ihrer Lähmung. Das Leben ist dann zwar mühsamer, doch es kann noch immer schön sein. Was zählt, ist die generelle Gemütsveranlagung. Ein fröhlicher Mensch hat gute Chancen, auch im Rollstuhl wieder fröhlich zu werden, während ein mit Depressionen kämpfender vorher wie nachher unter seiner Traurigkeit leiden wird.

Für die Dackel tut mir ihre Neigung zur Bandscheibenerkrankung besonders leid, denn es sind sonst sehr robuste, gesunde und langlebige Hunde mit einem ganz eigenen, liebenswerten Charakter, wie ich aus meiner Erfahrung mit Nicki weiß. Zum Glück hatte sie nie einen Bandscheibenvorfall und wurde stolze sechzehn Jahre alt, obwohl ich sie nicht besonders schonte. Vielleicht sind es die vielen sonstigen Vorzüge des Dackels, die über Jahrzehnte zu einer scheinbaren Akzeptanz seines Bandscheibenproblems bei Dackelfreunden geführt haben? Jeder Dackelbesitzer ist gut beraten, den bekannten Empfehlungen zu folgen: den Hund schlank halten, seine Rückenmuskulatur trainieren und ihn nicht springen oder Treppen laufen lassen, um seine Bandscheiben nicht unnötig zu belasten. Doch leider sind die Bandscheiben nicht die einzige angezüchtete Baustelle an kurz- und krummbeinigen Hunden.

Herzhusten

Zum weiteren Dackelunglück ist dieser mit einem zusätzlichen Leiden öfter als andere Rassen geplagt, und zwar mit seiner Neigung zu einer Herzklappenverkrüppelung, die wir Endokardiose nennen (griechisch: *endon* für innen, *kardio* für Herz). Eine fehlerhafte Struktur der Herzklappen führt auch hier zu einem verfrühten Verschleiß mit Verkürzung und knotig-knorpeliger Verdickung der Klappen. Kurz und krumm gezüchtet sind hier also nicht nur die Beine, sondern auch viele Herzklappen. Eigentlich sollen sie den Rückfluss des Blutes von den Hauptkammern in die Vorkammern verhindern. Die verkrüppelten Klappen können jedoch nicht mehr schließen, und in der Folge strömt bei jedem Herzschlag Blut aus den Hauptkammern zurück in die Vorkammern. Das schwächt die Pumpleistung für den eigentlichen Weg des Bluts in die Hauptschlagader. Um den Dichtungsdefekt auszugleichen, muss das Herzchen sehr viel mehr Arbeit leisten und leiert dabei aus wie ein alter Pantoffel. Daraus resultiert nicht selten ein früher Herztod durch völlige Erschöpfung des kleinen Dackelherzens.

Ich erinnere mich an einen erst sechs Monate alten Dackelrüden, der an solchen Herzklappendefekten und völlig verschlissenem Herzmuskel verstarb. Selbst für einen alten, nicht chondrodystrophen Hund wären die Herzveränderungen ungewöhnlich stark gewesen. Leider sind neben dem Dackel auch andere kleine und mittelgroße Hunderassen von der Neigung zur Endokardiose betroffen. Zu Lebzeiten macht die drohende Gefahr durch den sogenannten Herzhusten auf sich aufmerksam: »Nach dem Spazierengehen oder einer Aufregung hustete der Hund ein paarmal«, berichteten mir die Besitzer des plötzlich ohne erkennbaren Grund verstorbenen sechsmonatigen Dackelrüden. »Aber nach einer Erholungsphase war der Husten wieder vorbei.« Ursache des Herzhustens ist Wasser in der Lunge als Zeichen einer schwachen Pumpleistung des Herzens, ähnlich wie bei vielen älteren Menschen. Auch kann der vergrößerte Herzvorhof auf die Lunge drücken und Husten auslösen. Eine Bronchitis oder andere Infektion, wie oft angenommen, liegt bei Hunden mit dieser Art Husten nicht vor, und Antibiotika können nicht helfen. Also: Bei Dackelhusten bitte an das Dackelherzchen denken!

Chondrodystrophie kommt übrigens auch beim Menschen in mehreren genetischen Varianten vor. Diese etwa alle zwanzigtausend Geburten einmal auftretende Missbildung (Beispielrechnung: etwa ein betroffenes Neugeborenes pro Jahr in einer Großstadt wie München) führt wie beim Dackel und Basset zu stark verkürzten und deformierten Armen und Beinen der Babys. Diese

Missbildung, bei uns selbst auch als Achondroplasie bezeichnet, bleibt lebenslang erhalten. Chondrodystrophe Menschen wurden noch vor etwa einhundert Jahren gegen Zahlung eines Eintritts öffentlich zur Schau gestellt, gern auch gemeinsam mit chondrodystrophen Hunden oder Pferden. Ja, Pferden, denn diese Missbildung tritt bei einer Vielzahl von Säugetieren auf. Eine auf Chondrodystrophie gezüchtete Katzenrasse wurde nach den *Munchkins* benannt, den Zwergen aus dem amerikanischen Märchen *Der wunderbare Zauberer von Oz.* Diese werden auch Dackelkatzen genannt und können mit ihren Stummelbeinchen weder katzentypisch springen noch klettern oder jagen. Wenn *Munchkin*-Katzen wirklich zaubern könnten, würden sie sich in normalbeinige, gesunde Katzen zurückzaubern, davon bin ich fest überzeugt (siehe Bildtafelteil, Abb. 9).

Die doppelte Witwe

Ihre Silberhochzeit konnten Maria und Paul noch im Kreis ihres Bridge-Klubs sowie all ihrer Freunde feiern. Selbst die Cousinen aus Pauls Heimat in England waren angereist. Dabei ahnten die meisten bereits, dass es für Paul die letzte große Feier sein würde, und wen Maria nicht eingeweiht hatte, der konnte es ihm ansehen. Der Krebs hatte seine Signatur in Pauls Gesicht gegraben, und er hatte über zwanzig Kilo abgenommen. Ein Jahr noch, und er hätte seine wohlverdiente Pension genießen können. Was hätten sie alles gemeinsam unternehmen können: reisen, den Schrebergarten erweitern und endlich einen Hund anschaffen, wie sie es seit zwanzig Jahren planten. So hatten sie sich ihre Zukunft erträumt. Bei Wind und Wetter Arm in Arm, und vor ihnen liefe ein schwanzwedelnder Hund – das Altwerden würde gar nicht so schlimm sein.

Doch Paul erlebte es nicht mehr. Maria blieb bei ihm, bis sein

Herz zu schlagen aufhörte. Und als er dann zum allerletzten Mal ausgeatmet hatte und nicht mehr einatmete, nie mehr, hatte sie neben unendlich tiefem Schmerz im Herzen nur drei Worte im Kopf: viel zu früh.

Am Vortag hatte er ihr fast noch ein letztes Versprechen abgenommen, obwohl doch eigentlich schon alles geregelt war, schon lange. »Du musst dir einen Hund zulegen«, hatte Paul sie gebeten. »Für uns beide und jetzt erst recht. Lass dich nicht abhalten davon, dass ich weg bin.«

»Ich weiß nicht«, hatte sie geschluchzt.

»Doch, Maria. Du musst. Das haben wir abgemacht. Wir ändern jetzt nicht unsere Pläne wegen diesem blöden Krebs, nein, das kommt nicht in die Tüte.«

Paul hatte nicht auf einem Handschlag beharrt, dazu war er viel zu feinfühlig. Er hatte es ihr offengelassen, doch als nach der Beerdigung der Alltag wieder einkehrte, ein Alltag ohne Paul, dachte sie tatsächlich immer öfter an einen Hund. Sie sprach jetzt meistens zu dem abgewetzten Ohrensessel, wenn sie Paul meinte. Der war schrecklich leer. Aber manchmal sah Maria ihren Paul doch darin sitzen. Und dann sagte er ihr wieder, was sie tun sollte. Einen Hund anschaffen. Auch ihre Freunde und Bekannten ermutigten sie. »Paul hätte das gewollt!« Ihre Nachbarn versprachen, sich um den Hund zu kümmern, auch mal Gassi zu gehen, wenn sie krank wäre. Ja, sie brachten ihr sogar einen Stapel Hundebücher aus der Bücherei mit.

In Pauls Ohrensessel blätterte Maria in den Farbatlanten über die Hunderassen der Welt. Er sollte ihr flüstern, welchen Hund er sich gewünscht hätte. Maria wollte lieber einen kleinen Hund, den sie zur Not tragen konnte. Doch dann entdeckte sie ein Hundegesicht, das ihr den Atem raubte. Der englische Bulldog, der sah aus wie Paul! Kurios! Sie schüttelte den Kopf, blätterte weiter, blätterte zurück, studierte das Bild. Doch, es gab eine Ähnlichkeit, wenn auch nur ein bisschen. Sie las die Charakterbeschreibung des Bulldogs und nickte. Ja, wie Paul irgendwie. Und aus England stammte er auch, wie ihr Mann. »Ich weiß jetzt, was es für einer sein soll«, erzählte sie ihrer Nachbarin. »Der passt aber nicht in eine Handtasche. Der ist ein bisschen größer.«

Ein Hund wie mein Mann

Wer kennt sie nicht, die Charakterfotos von Menschen und ihren Hunden, die verblüffenden Ähnlichkeiten der Kopfform, der Augen, der Nasen- und Mundpartien, perfekt ergänzt durch Frisur und harmonisch angepasste Kleidung. Wir fühlen uns einfach wohl mit dem vertrauten Anblick, den wir jeden Morgen im Badezimmerspiegel sehen, und wählen danach – bewusst oder unbewusst – die Tiere aus, mit denen wir uns umgeben. Auf meinem Radweg ins Institut begegne ich jeden Morgen einer Frau, die mit leichten, großen und eleganten Schritten einen Irish Setter ausführt. Die Frau hat ein schmales, hohes Gesicht, deutliche, aber nicht zu wuchtige Wangenknochen, eine elegante, lange Nase und tiefbraune Augen. Ihr kastanienfarbenes, über schulterlanges glattes Haar weht über den Kragen ihres leichten, mittelbraunen, knielangen Mantels, den sie bei fast jedem Wetter trägt.

Wissenschaftliche Studien belegen, dass die Bindung zu unseren Tieren umso stärker ist, je ähnlicher unsere Gesichter, Haare, Körpergröße und durch Dritte empfundene Attraktivität und Freundlichkeit sind. Verblüfft aber haben mich die Berichte mehrerer Züchter, die von Kaufinteressenten berichteten, die in ihrem neuen Hund ihren noch lebenden oder verstorbenen Partner möglichst gut wiedererkennen wollten.

Das war ursprünglich gar nicht Marias Motiv gewesen, doch nun gab es kein Zurück mehr. Es sollte ein Hund sein, der Paul ähnlich sah, der in seinen guten Zeiten ein wenig untersetzt war, mit einem etwas herabfallenden Gesicht, Halbglatze, Knubbelnase, leichten Tränensäcken und hellrosafarbener Haut. Ein Charakterkopf – wie die englische Bulldogge.

Bei der Suche nach einem Züchter in ihrer Nähe halfen die Nachbarn, die sich mit dem Internet besser auskannten als Maria. Den Computer hatte immer nur Paul bedient. Die telefonische Aussage des anerkannten Rassezüchters, wonach gleich drei Hunde abzugeben wären, zauberte den Hauch eines Lächelns auf Marias Gesicht, seit vielen Monaten das erste. Sie hatte sogar doppelt Glück, denn unter den Kandidaten waren zwei Rüden, bereits zweijährige Prachtexemplare. Natürlich musste es ein Rüde sein! Die beiden Hunde waren absolut stubenrein, wohlerzogen und sehr liebebedürftig und anschmiegsam. Aber welcher von den beiden sollte es werden? Sie ließ sich gut beraten und nahm sich Zeit mit dieser wichtigen Entscheidung. Im Abstand von mehreren Tagen fuhr sie mit dem Bus wiederholt zum Zwinger und ging abwechselnd mit den beiden Anwärtern spazieren, natürlich angeleint und anfangs in Begleitung der Tochter des Züchters. Diese verriet ihr allerhand wertvolle Tipps und Tricks zum Umgang mit diesen wirklich besonderen Hunden. Jeder Hundekauf sei eine Herzensentscheidung; der Verstand könne nicht wissen, was das Herz brauche.

Marias Herz schlug für Henry. In diesem kräftigen Kerl glaubte sie manchmal Pauls verschmitzten Blick zu erkennen, und so legte sie sich fest: »Henry ist es.«

Von da an gab es in Maria kein Halten mehr. Sie verspürte Kräfte und Lebensmut wie seit Langem nicht mehr, und daran war nicht der heiße Sommer schuld. Am nächsten Tag fuhr sie mit ihrer Nachbarin zum Züchter, um Henry heimzuholen. Auf der Rückbank des alten Volvos ihrer Nachbarin, neben sich mehrere Säcke Züchterfutter, hielt sie ihren Henry fest im Arm. Der Hund schnaufte und sabberte vor Freude, atmete erregt, und seine rastlosen Augen verrieten Maria, dass er dieselbe vorfreudige Unruhe verspürte wie sie selbst. Kurz bevor sie in ihre Straße einbogen, sie waren eine gute halbe Stunde gefahren, wurde Henry noch unruhiger und wand sich, zappelte geradezu, als wollte er sich aus Marias Umarmung befreien, als ginge es ihm nicht schnell genug. Bestimmt spürte er die Nähe seines neuen Zuhauses. Maria musste ihn sehr fest halten, damit er nicht von ihrem Schoß fiel. »Gleich sind wir da«, sagte sie zu ihm. Und tatsächlich: Er verstand sie! Hörte auf zu zappeln und sank entspannt in ihre Arme. Maria lief eine Freudenträne über die Wange: »Jetzt schläft er«, flüsterte sie zu ihrer Freundin am Steuer. »Wie schnell das geht bei so einem Hund. Sein Instinkt sagt ihm bestimmt, dass er jetzt zu Hause angekommen ist.«

Ja, Henry war nach Hause gekommen. Aber er schlief nicht. Er war tot. In Marias Armen gestorben wie Paul, und wie Paul viel zu früh. Mit nicht einmal drei Jahren.

Zwei gebrochene Herzen

Da zwischen Henry und Maria noch kein persönliches Verhältnis entstanden war, empfanden alle Beteiligten eine Beerdigung als abwegig. Der Mann der Nachbarin war Anwaltsgehilfe, und ihn interessierte vor allem die Frage nach dem Recht auf Rücktritt vom Kaufvertrag – also Geld zurück – oder auf Ersatzleistung durch den Züchter – anderer Hund ohne erneute Bezahlung. Vielleicht hätte Maria mit einem Bruder »ihres« Henry mehr Glück? Denselben hohen Kaufpreis wollte und konnte Maria schließlich nicht noch einmal aufbringen. Außerdem waren sich alle einig, dass erst einmal die Todesursache geklärt werden musste. Der betroffene Züchter gab offen zu, dass eine Schwester von Henry im Alter von gut einem Jahr auf dieselbe mysteriöse Weise verstorben war. Eine pathologische Untersuchung war damals jedoch nicht durchgeführt worden. Höchste Zeit, das nachzuholen!

Im Abschlusskommentar meines Obduktionsgutachtens zu Henry fasste ich die Hauptbefunde mit Todesfolge in für Laien verständlicher Sprache zusammen. Erstens: Die Mitralklappen des Herzens, die aufgrund ihrer Form nach der Mitra, einer Bischofsmütze, benannt sind, waren stark verkürzt, deformiert und verknorpelt. Mit diesen Klappen war keine Vorkammer mehr von der Hauptkammer abzudichten, und bei jedem Zusammenziehen des Herzens strömten große Mengen Blut in den Vorhof zurück, die dann natürlich im Kreislauf fehlten. Henrys Herz hatte über lange Zeit sehr viel Mehrarbeit leisten müssen, um den Blutdruck einigermaßen aufrechtzuerhalten, und war dabei verschlissen und vorzeitig gealtert. So ein Herz gibt dann viel zu früh auf. Die korrekte Todesursache heißt kardiogener (vom Herz ausgehender) Kreislaufschock infolge dekompensierter (also nicht mehr ausgleichbarer), dilatativer (erweiternder) Kardiomyopathie (Herzmuskelerkrankung), sekundär zur fibromyxoiden Klappenmetaplasie (verknorpelnder Herzklappenumbau). Die folgenschwere Entwicklungsstörung der Herzklappen, die als Ursache dahinter steht, wird auch als Endokardiose bezeichnet und ist zum Teil durch die Gene vorbestimmt. Der zweite Hauptbefund bestand in der Kombination aus viel zu kurzer Nase, sehr schmalen Nasenlöchern, schweren Deformationen der Nasenmuscheln, einem viel zu langen Gaumensegel und wulstigen Verdickungen der Rachen- und Kehlkopfschleimhaut, die dem Hund infolge des Rassestandards »Kurzköpfigkeit« – fachsprachlich Brachyzephalie – angezüchtet worden waren (griechisch: *brachy* für kurz, *kephalos* für Kopf). In Ruhe kann der Hund mit einer so deformierten Nase noch atmen, aber bei jeglicher Belastung entsteht schnell ein Sauerstoffmangel, der besonders auch das Herz schädigt. Durch die Endokardiose war Henrys Herz gleichzeitig so stark vorbelastet, dass es bei zusätzlichem Sauerstoffmangel viel zu früh aufgeben musste. Und ein drittes Problem verschlimmerte Henrys Todeskampf noch, wahrscheinlich war es sogar der Auslöser des Todes. Die viel zu kleine und verkrüppelte Nasenschleimhaut in der viel zu kurzen Bulldoggennase erlaubte ihm nicht genügend Wärmeabgabe, sodass er bei der sommerlichen und aufregenden Autofahrt innerlich überhitzte. Effektiv hecheln kann so ein Hund nicht. Für Henrys Überhitzung sprachen auch die massiven Blutfüllungen seiner Hirnhautgefäße und das Hirnödem. Die Summe seiner Erblasten reichte also völlig aus, seinen viel zu frühen Tod durch akutes Herz-Kreislauf-Versagen zu erklären.

Wenn mir manchmal Patientenbesitzer versichern, dass sie sehr wohl spüren würden, wie es ihrem Hund gehe, fällt mir Maria ein. Sie hielt Henrys Todeskampf für Vorfreude. Nun, vielleicht lag sie damit gar nicht so falsch, wenn man das Zuhause weiter fasst und bedenkt, welche Qual das irdische Dasein für Henry in der Sommerhitze bedeutet haben muss. Der Arme war rassenrein zum Krüppel geformt worden.

Der letzte Absatz meines Obduktionsgutachtens von Henry brachte es auf den Punkt: »Der Tod der zweijährigen englischen Bulldogge resultierte aus den gezielt angezüchteten pathologisch-anatomischen Defekten, hier einer Kombination aus dem brachyzephalen Syndrom (extreme Kurzköpfigkeit) und der Chondrodystrophie (Kurz- und Krummbeinigkeit) mit Neigung zu Endokardiose. Jede Zucht solcher Hunde nimmt die dadurch ausgelösten Leiden, Schäden und Risiken eines verfrühten Todes bewusst in Kauf.«

Atemlos durch Tag und Nacht

Der wichtigste Störenfried bei der Menschwerdung eines Hundes war und ist die Schnauze. Wie bereits ausgeführt, fühlen wir uns wohl mit Ähnlichkeit. Das kennen wir, das ist nicht gefährlich, Vertrautes glauben wir besser einschätzen zu können. Der Blick in ein Hundegesicht vermittelt schneller ein »Wir-Gefühl«, wenn das Antlitz flach, die Stirn hoch und die Augen schön nebeneinander nach vorn gerichtet sind. Eine Schnauze anstelle einer kleinen Nase ist ein Fremdkörper. Und heute nehmen wir uns als »Krone der Schöpfung« das Recht, sie anzugleichen. Zum Glück hat die Natur einen Ansatzpunkt für die Zucht geliefert: Die Länge der Schädel und damit besonders der Nasen kann – wie beim Menschen – zwischen Individuen stark variieren, und wenn man konsequent immer die kurznasigen Hunde miteinander verpaart, kann dadurch der Effekt von Generation zu Generation verstärkt werden. Bei der kurzen Generationsfolge von Hunden geht das sogar relativ schnell. So wurde die Kopflänge mancher Hunderassen allein in den letzten einhundert Jahren nahezu halbiert, und der Trend der Kopfverkürzung hält weiter an. Im Jahr 2017 wurde ein spezifischer Gendefekt dafür beim Hund identifiziert, auf den es sich nun noch effektiver züchten lässt. Brachyzephale, also kurzköpfige Rassen wie der Mops, französische und englische Bulldogge, Pekingese und Boxer sind auch aktuell sehr in Mode. Weit über zwanzig Hunderassen gelten offiziell als brachyzephal. Derselbe Trend wird, wenn auch in abgeschwächter Form, bei anderen, ursprünglich normalnasigen Hunderassen verfolgt, zum Beispiel dem Berner Sennenhund. Brachyzephalie wurde auch in Perserkatzen und Löwenkopfkaninchen eingezüchtet und wird von manchen Forschern als generelles Domestikationsmerkmal angesehen. Doch ist die Nase des Hundes wie beim Menschen ein reines Schönheitsmerkmal? Nein, an der Schnauze entscheidet sich, ob wir den Hund atmen und im Bedarfsfall auch effektiv hecheln lassen oder ob wir ihn auf Raten ersticken lassen.

Die Wahl der Qual

Herrchen und Frauchen von extrem brachyzephalen Hunden zahlen beim Züchter einen hohen Preis. Und einen noch höheren Preis bezahlt der Hund. Neben ihrer Aufgabe als Riechorgan – Hunde sind Nasentiere – übernimmt die Hundenase lebenswichtige Funktionen bei der Sauerstoffversorgung und der Temperaturregulation. Mit ihrer Verkürzung gehen zahlreiche weitere anatomische Probleme einher: zu kleine Nasenlöcher, deformierte (völlig »verbogene«) Nasenmuscheln, eine schiefe Nasenscheidewand sowie ein zu langes Gaumensegel, das den Übertritt der Luft aus der Nase in den Kehlkopf behindert. Um genügend Luft durch eine derart missgebildete Nase ventilieren zu können, müssen kurzköpfige Hunderassen mit ihrer gesamten Atemmuskulatur gegen mehr als viermal so viel Atemwiderstand anarbeiten als ein normalnasiger Hund. Wenn Sie das nachvollziehen wollen, stellen Sie sich vor, Sie müssten lebenslang durch eine stark verschnupfte Nase mit vierfacher Kraftanstrengung atmen! Bei zusätzlicher Belastung ist Sauerstoffmangel die Folge, bis zur Bewusstlosigkeit und zum Erstickungstod. Und Atemnot löst auch bei Tieren Todesangst aus. Röchelndes Schnaufen ist also nicht süß, sondern ein Ringen um das Leben. Atemzug für Atemzug ein Todeskampf. Und Frauchen oder Herrchen sagen gutmütig »Dickerchen« und tätscheln das Geschöpf, das ihnen am Ende seiner Kräfte verzweifelt nachwankt. Er hat doch nur die Menschen! Er ist ihr Werk, abhängig und ausgeliefert! Wie sollte er jemals im Leben rennen und jagen und all das tun, womit sich Hunde ihren Lebensunterhalt sichern würden.

Die Hundenase ist gleichzeitig wichtigster Ort der Wärmeregulation, also Abkühlung im Sommer und Erwärmung der Atemluft im Winter. Da Hunde nicht mit ihrer Haut schwitzen können, müssen sie hecheln, um Wärme über ihre Nasen- und Maulschleimhäute durch Verdunstung abzugeben. Eine extrem brachyzephale Hundenase kann jedoch nicht hecheln wie eine normale Hundenase. Sie ist zu kurz und deformiert, der Luftstrom chaotisch, der Kehlkopf durch das zu lange Gaumensegel oft verlegt.

All dies verursacht besonders bei sommerlichen Spaziergängen mitleiderregende Szenen. Was dies für die armen Tiere bedeutet, können Sie in jeder deutschen Großstadt und auf jeder Hundeflaniermeile an warmen Julitagen röcheln und schnaufen hören, oft lange bevor Sie die weit heraushängenden Zungen und angstvoll hervorstehenden Augen erblicken. Wirkliche Erholung finden diese bedauernswerten Kreaturen nie, denn auch ihr Ruheschlaf ist durch lästige Schnarchgeräusche gestört. Jeder zweite dieser extremen Kurzkopfhunde hat Atemprobleme beim Schlafen, und jeder vierte versucht, im Sitzen zu schlafen, da er im Liegen schlicht und einfach keine Luft bekommt. Etwa jeder zehnte erleidet im Schlaf Erstickungsanfälle. So kann sich *Atemlos durch die Nacht (und den Tag)* auch anhören.

Wir Tierpathologen kennen jahreszeitliche Spitzen von bestimmten Todesursachen. So erinnere ich mich gut an die letzten Juli- und ersten Augustwochen des heißen Sommers 2018, in dem Bulldoggen, Möpse und Co. wieder vermehrt ihren letzten Gang durch unsere Pathologie antraten. Emotional sichtlich betroffene Besitzer berichteten mir: »Gestern ist er in der prallen Mittagshitze noch eine halbe Stunde herumgetobt, heute legte er sich schon nach wenigen Minuten hin. Dann erbrach er sich und dann … war er tot.« Ich legte ihren Bully in den Kühlraum, wo an diesem Tag bereits zwei weitere Vierbeiner der »Sorte Henry« mit Hitzschlag zur Obduktion deponiert worden waren.

Das brachyzephale Syndrom, wie Fachleute es nennen, beinhaltet zusätzlich zu den komplexen Deformationen von Nase und Rachen weitere Risiken für Verkrüppelungen mit schweren Belastungen für die betroffenen Tiere. Zu den typischen Folgen zählt auch der Luftröhrenkollaps, der zur plötzlichen Atemnot mit Todesangst führt, gelegentlich auch zum Erstickungstod. Die stark erschwerte Nasenatmung kann Infekte und Entzündungen der oberen Schleimhäute sowie der Lunge nach sich ziehen. Weitreichende Folgen haben ferner die Entzündung und Erweiterung der Speiseröhre durch den Rückfluss von Magensäure infolge des Unterdrucks im Rachen und der Bauchpresse, die zur Unterstützung der erschwerten Atmung eingesetzt wird. Etwa jeder zweite dieser extremgezüchteten Hunde erbricht sich nach Angaben der Besitzer mehrmals täglich. Stellen Sie sich vor, Sie müssten mit Ihrer Bauchpresse Ihre Atmung gewaltsam unterstützen und würden dabei regelmäßig Ihre Magensäure so lange in Ihren Schlund drücken, bis sich dieser chronisch entzündet und schließlich so weit ausleiert, dass Sie nicht mehr richtig schlucken können. Dann wissen Sie, wie sich ein Leben mit dem brachyzephalen Syndrom anfühlen kann.

Das Elend setzt sich außerhalb der Atemwege weiter fort. Bei der starken Verkürzung der Nase und des Oberschädels kam bei vielen Rassen wie Boxer, Mops oder Bulldoggenrassen der Unterkiefer nicht mit: Er bleibt deutlich länger als der Oberkiefer, was als Unterbiss oder Vorbiss bezeichnet wird. Das Hervorstehen des zu lang gebliebenen Unterkiefers führt in Kombination mit weiteren Deformationen zu vielen Problemen in Bezug auf Zahnfehlstellungen, mangelhaftem Lefzenschluss, Speichelverlust und Entzündungen des Zahnfleisches. Nicht selten gesellen sich bakterielle Infektionen dazu, mit üblem Geruch und chronischen Entzündungen. Wie würden Sie sich fühlen, wenn Sie dauerhaft mit halb geöffnetem Mund leben müssten, weil Ihre hervorstehenden unteren Schneidezähne von der Oberlippe nicht mehr verschlossen werden können? Ihr Zahnfleisch trocknet aus, Sie sabbern zum Ersatz, riechen nach Fäulnis, und Ihr entzündetes Zahnfleisch schmerzt. Wenn Sie sich das vorstellen, bekommen Sie eine Ahnung, was es heißen kann, mit einem Unterbiss wie bei einem extremen brachyzephalen Syndrom leben zu müssen. Und das alles nicht etwa durch eine tragische Laune der Natur verursacht – sondern absichtlich von Menschen »gewünscht«.

Das baumelnde Auge

Unterbiss kann noch weitere Konsequenzen haben, die vor allem Besitzer mit Zuchtabsichten kennen müssen: Mit ihrem deformierten Gebiss können die Hündinnen die Fruchthüllen ihrer frisch geworfenen Welpen oft nicht aufbeißen, sodass der Züchter schnell handeln muss, ehe die Neuankömmlinge in ihren Eihäuten ersticken – anstatt ein langes Leben am Abgrund des Erstickungstodes zu führen. Und womöglich Schmerzen zu erleiden, zum Beispiel durch die oft stark in Falten gelegte Haut um die Nase, die anfällig für Verletzungen und Entzündungen sein kann.

Besonders auch der Augenlidschluss ist oft mit Defekten behaftet. Mangelnder Lidschluss kann zur Austrocknung führen, eingerollte Augenlider (Entropium) zu einem Reiben auf der Hornhaut. Beides resultiert in schmerzhaften Entzündungen bis zu schweren Hornhautgeschwüren. Brechen diese durch, kann das Auge auslaufen. Aber gerade Augenentzündungen werden in den Augen mancher Betrachter als besonderer Charakterzug dieser Kreationen geschätzt. Ist er nicht süß mit seinen Triefaugen? Nein, er weint, weil es schmerzt. Und niemand hört ihn.

Durch die eingeknautschte Kopfform kommt es nicht selten zu abgequetschten Tränennasenkanälen, sodass die Tränenflüssigkeit schräg außen über das Gesicht läuft und Spuren hinterlässt, anstatt durch ihren normalanatomischen Abfluss in die Nase zu fließen. Das finden dann Hund und Herr gleichermaßen zum Heulen.

Aber immerhin, der Hund hat noch Augen, aus denen er weinen kann. Da hat er Glück gehabt, denn seine hervorstehenden Augen sind für manche Situationen des Lebens nicht mehr ausreichend von den Augenhöhlen umschlossen. Die Augäpfel sind nicht nur anfällig für Verletzungen jeglicher Art, sie können auch sehr leicht herausfallen. Ja, Sie haben richtig gelesen. Mir ist der Fall eines Mopses bekannt, der einen simplen Sprung vom Sofa mit dem Ausfall eines Auges bezahlte. Es baumelte nur noch an seinem Sehnerv und an Weichgewebe. Die sofort aufgesuchte Tierärztin klagte völlig verzweifelt: »Ja, wo soll ich denn das jetzt wieder annähen? Der Hund hat ja gar keine Augenhöhle!«

So bezahlten beide: der Besitzer die Tierarztrechnung für die Augapfelentfernung und der Mops mit einem seiner Augen. Von Fachleuten wird dringend empfohlen, diese Hunde nicht springen oder frei draußen herumlaufen zu lassen, das Verletzungsrisiko für die Augen sei einfach zu groß. Wer schön sein soll, muss hier nicht nur leiden, sondern wird auch noch seiner Freiheit und damit seines artgerechten Verhaltens beraubt. Doch der Mensch ist schließlich nicht herzlos, Rettung naht: Manche Augentierärzte spezialisieren sich zunehmend auf die Korrektur und Behandlung von angezüchteten Glupschaugen, dem »brachyzephalen okulären Syndrom«.

Am Ende

Möpse, Bulldoggen und Co. vermissen jedoch nicht nur am Vorderende ihre Lebensfreude. Zur Freude der Züchter und Besitzer wurden sie am hinteren Ende ihres prächtigen Hundeschwanzes beraubt. Die Natur hat Wölfe, Hunde, Füchse und alle ihre Verwandten mit langen, buschigen Exemplaren ausgestattet, die für vielerlei Aktivitäten und Freuden unverzichtbar sind. Was wäre ein Spaziergang, Sprung oder Sprint ohne die Ausbalancierung aller Bewegungsabläufe durch eine geschmeidige Rute? Wie beschränkt muss Kommunikation unter Hunden ohne die Standarte sein? Uns Menschen fällt es ohnehin nicht immer leicht, Hundestimmungen korrekt zu lesen; um wie viel schwieriger wird das ohne Wedeln und Einkneifen?

Bei den genannten Rassen gehören nun aber extrem kurze, teils eingerollte oder möglichst ganz fehlende Schwänze zum ausdrücklichen Zuchtziel. »Von Natur aus kurz« steht da auch zu lesen. Ein richtiger Designerhund muss eben einen extremen Schwanz haben, und was wäre extremer als sein komplettes Fehlen? Von Natur keine Spur.

Auch lustige Schwänze zahlen den Preis der Gesundheit. Neben gestörten Bewegungsabläufen und eingeschränkter Kommunikation kennen wir Tierpathologen auch »innere« Sorgen ohne Schwanz. Die stummeligen, oft schraubenförmigen oder komplett fehlenden Schwänze von Bulldogge und Co. gehen mit einem hohen Risiko von Keilwirbelbildungen oder anderen Missbildungen der Wirbelsäule einher – bis in den Brustbereich. Bei französischen Bulldoggen sind solche Wirbelkörpermissbildungen zusätzlich mit einer Neigung zur Kniescheibenverlagerung - Patellaluxation - vergesellschaftet, bei englischen Bulldoggen mit Hang zur HD.

Auch Katzen sind davon übrigens betroffen. Die Manx-Katzen werden schwanzlos gezüchtet. Und etwa zwei Drittel der lebend geborenen Manx-Katzen sind behindert. Missbildungen von Wirbelkörpern, Becken und Rückenmark, »offene Rücken«, Nervenausfälle und fehlende Afteröffnung sind keine Seltenheit.

Das Kupieren, also Abschneiden, von Schwänzen wurde in Deutschland 1998 grundsätzlich verboten. Dafür war kein vernünftiger Grund erkennbar, von ganz wenigen Ausnahmen abgesehen. Die bei angezüchteten Kurzschwänzen als »innere Sorgen« auftretenden Defekte traten beim Kupieren nicht auf, daher ist diese Form der Defektzucht aus Pathologensicht schwerer zu bewerten als eine chirurgische Amputation. Es verwundert also, dass angezüchtete Stummelschwänze und komplett fehlende Schwänze trotz deutlicher Formulierung des Tierschutzgesetzes zu Schäden und Artgerechtheit weiterhin so hoch in Mode sind. Wo ist der vernünftige Grund?

Ihr Hund hat Mops

Der Mops gilt heute bei vielen als Paradebeispiel der kombinierten Defektzuchten, dicht gefolgt vom französischen und englischen Bully. Zu dem brachyzephalen Syndrom gesellen sich zahlreiche weitere Defekte und Risiken, deren vollständige Aufzählung hier zu weit führen würde. Interessierte finden gute Internetseiten und Spezialliteratur. Allerdings sind viele Probleme nicht einmal erforscht.

Wie geht man damit um? Wer mit seinem Mops bei der Tierärztin vorstellig wird, bekommt häufig die Krankheitsdiagnose »Ihr Hund hat Mops« zu hören. Dennoch ist genau diese Rasse schwer in Mode. In den USA lief 2018 ein Walt-Disney-Movie mit einem Mops als Hauptdarsteller an. Der nasenlose Patrick erobert als vermenschlichter Held alle Herzen im Sturm und ist bei Walt Disney makellos gesund. Was für eine Hollywood-Illusion!

Und leider weiß man aus der Erfahrung, wohin das führt. Filmindustrie und Medien sind Trendsetter. Ein früherer Hundefilm aus den Walt Disney Studios, *101 Dalmatiner*, hat damals diese

Rasse über Nacht extrem populär gemacht, woraufhin die Nachfrage bei den Züchtern explodierte. In der Folge wurden auch viele kranke und taube reinrassige und »fast-reinrassige« Dalmatiner produziert. Nicht auszudenken, welches massenhaft vervielfachte Mopsleid der neue Disneystreifen *Patrick* verursachen könnte. Wo sind die Filmstars, die einen gesunden Hund oder sogar einen Mischling in die Kamera halten?

Im Gegensatz zum gerade erwachenden Trend in Deutschland gibt es in den USA praktisch kein Empfinden gegenüber Qualzuchten. Dem deutschen Kinopublikum soll Patrick vorerst vorenthalten bleiben, man befürchtet bei uns wohl zu viel Kritik. Als ich ein kleiner Junge war, stand das Wort »mopsfidel« für etwas. Zu dieser Zeit hatten Vertreter dieser Rasse jedoch noch Nasen. Und tatsächlich sind Möpse ihrem Wesen nach sehr lebhafte, ja quirlige Tiere, die vor Lebenslust strotzen und ihren Menschen viel Freude bereiten können. Doch mopsfidel sind unsere heutigen Extrem-Möpse schon lange nicht mehr. Ihre Nasen taugen nicht mehr dazu, den Sauerstoff für lebhaftes Verhalten zu liefern. Aber das ist vielleicht gar nicht mal so schlecht, damit ihnen beim Herumtoben kein Auge herausfällt. Das Wort »mopsfidel« jedenfalls sollte abgeschafft werden.

Die Leiden eines Mopses und anderer brachyzephaler Hunde sind untrennbar mit ihrem im Rassestandard festgeschriebenen Zuchtziel »kurze Nase« verknüpft. Ihr Ausmaß ist abhängig vom Schweregrad der gewünschten Kurzköpfigkeit. Je kürzer die Nase, desto schlimmer die anatomischen Deformationen und alle daraus resultierenden Probleme. Leider haben sich viele Züchter in den letzten Jahren alle Mühe gemacht, die Nasen immer kürzer zu züchten, auch weil es der Kunde so wollte. Der Kunde hat schließlich immer recht. Dabei könnten sie das Leiden verringern, wenn sie die Schnauzen wieder hundenatürlicher, also länger züchten würden. Aber Pokale auf Ausstellungen gab es bei den meisten brachyzephalen Rassezuchtvereinen wohl nur für die kürzesten Nasen. Und damit steigen der Geld- und Zuchtwert und der Preis ihres Spermas. Und das Leid der Tiere. Allen Züchtern und Käufern muss bewusst sein, dass es gesunde Hunde mit derart kurz gezüchteten Nasen nicht geben kann.

Nur Gehirn

Skurrile Defektzuchten führen auch in meinem Alltag als Tierpathologe zu ganz besonderen, erinnerungswürdigen Momenten. Eine Tierärztin hatte mit einer sehr feinen Zange aus der Nasenhöhle entfernte Nasenschleimhautbiopsien eines Pekingesen eingesandt, um die Ursache seines Schnaufens und Röchelns herauszufinden. Unter dem Mikroskop sollte ich klären, ob es sich um eine Pilzinfektion, einen Nasentumor oder etwas anderes handelte. An »Rasse« als Ursache hatte man zunächst gar nicht gedacht. Schon beim ersten Blick bei einhundertfacher Vergrößerung erschauderte ich bis ins Mark. Kein Pilz war die Ursache für die Beschwerden. Ich sah nur Gehirn auf dem Objektträger, nichts als gesundes, ordentliches Gehirngewebe. Ich griff zum Telefon. »Wie geht es denn dem Patienten?«, fragte ich die sehr erfahrene und renommierte Praktikerin.

»Nach der Biopsieentnahme war der Hund für eine ganze Weile auffallend ruhig«, erwiderte sie vorsichtig und wollte dann wissen: »Warum fragen Sie? Was hat er denn in der Nase?«

»Nur Gehirn«, sagte ich.

»Um Gottes willen!«, rief sie, verstand aber natürlich sofort, dass sie mit ihrer Biopsiezange dort, wo bei anderen Hunden Nase ist, bei dem Pekingesen im Gehirn gelandet war, und machte sich große Vorwürfe. Sie beteuerte, sie habe extrem vorsichtig bioptiert und diesen Eingriff schon viele Hundert Mal ohne Komplikationen durchgeführt. Um ihre Selbstvorwürfe etwas zu lindern, klärte ich sie über die Umstände der viel zu kurzen Pekingesennase, der stark missgebildeten Nasenmuscheln und der weiten, unförmigen Schädel- und Gehirnvorwölbung auf.

Die Kollegin hat daraus gelernt. Für den Pekingesen blieb der

Eingriff schließlich folgenlos, das Gehirngewebe schien er nicht zu vermissen. Seine Atemstörungen wurden dennoch nicht besser, auch ohne Pilze, Tumor oder böse Keime. Er litt einfach an »Pekingese«, also einer Form des brachyzephalen Syndroms, die für seine Rasse typisch ist.

Doch was können Besitzer tun, die sich bereits einen extrem kurznasigen Mops, Pekingesen, französischen oder englischen Bulldog angeschafft haben? Sie sind gut beraten, den vielen Empfehlungen gewissenhaft zu folgen. Längere Spaziergänge oder andere körperliche Belastungen bei warmem Wetter streng vermeiden. Und bitte an die schlecht geschützten und daher leicht verletzlichen Augen denken, beim Spielen, im Wald und bei jedem Gang ins Gebüsch. Doch damit ist es nicht getan. Die vielfältigen spontan auftretenden Probleme durch das brachyzephale Syndrom erfordern oft aufwendige, kostspielige und wiederkehrende tiermedizinische Betreuungen. Bereits bei der Anschaffung solcher Rassen müssen langfristig für Herr und Hund gleichermaßen belastende Behandlungen von Augenverletzungen, Bindehaut-, Mandel- und Kehlkopfentzündungen und vieles andere einkalkuliert werden. Tierkrankenversicherungen, über die später noch zu sprechen sein wird, verlangen für solche Rassen oft deutlich höhere Monatsbeiträge als für gesündere Hunderassen oder Mischlinge. Und das hat gute Gründe. Wer sich für eine Defektzucht entscheidet, fördert nicht nur die Vermehrung und Verbreitung dieser armen Kreaturen, sondern trägt auch selbst die Konsequenzen. Von den erheblichen Kosten und dem Zeitaufwand für tierärztliche Maßnahmen einmal abgesehen, ist es für den Tierfreund auch eine hohe Belastung, das Leiden seines lieben Tieres mit anzusehen. So hat er sich das nicht vorgestellt. Wo bleibt denn da die Freude am Tier? Viele betroffene Tiere werden wegen der hohen Tierarztkosten in Tierheimen abgegeben, was ihr Elend noch vergrößert: Nun kommen zu den körperlichen Einschränkungen und Schmerzen auch noch Einsamkeit und der seelische Schmerz.

Schönheit muss leiden

In der Öffentlichkeit und selbst bei erfahrenen Züchtern werden die verschiedenen Zuchtdefekte der Hunde- und Katzenrassen leider oft durcheinandergebracht. So haben kurze und krumme Beine erst einmal nichts mit kurzen Nasen, zu viel Haut oder einem Wasserkopf zu tun. Dabei handelt es sich um völlig andere Defekte mit anderen genetischen Ursachen und anderen medizinischen Folgen für die betroffenen Kreationen. Auf dem Weg, unsere Kuscheltiere auf vielfache Weise und aus unterschiedlichsten Motiven zu besonders niedlichen, kuriosen, extravaganten, auffallenden oder schrulligen Kumpanen zu formen, haben wir Menschen schon früh gelernt, diese vielen lustigen Zuchtziele miteinander zu kombinieren. Dazu werden einfach besonders schöne Träger eines Wunschmerkmals mit Vertretern eines anderen Wunschmerkmals verpaart, und wir schauen mal, was dabei herauskommt. Leider sind die Resultate nicht immer vorhersehbar, und nicht immer geht es gut aus. Viele der Merkmale sind dominant vererbt, das heißt, sie treten in Erscheinung, auch wenn nur eine Chromosomenkopie des Defektes von einem Elternteil ererbt wurde. Durch Kreuzungen werden die Probleme daher oft verdoppelt und vervielfacht, nicht etwa weniger.

Nach heutigem Verständnis entspricht dieses Vorgehen einem genehmigungspflichtigen Tierversuch, dessen Ergebnis zu erheblichem Leid für das Tier führen kann. Die daraus hervorgegangenen Kuriositäten wie Mops, Shih Tzu, Pekingese, englische Bulldogge, Frops und Chug zeichnen sich konsequent durch Additionen aus mehreren Defekten und Gesundheitsrisiken aus. Zu den vielen Spitzen des Eisbergs zählt besonders die französische Bulldogge, die neben brachyzephalem Syndrom, Chondrodystrophie mit Hang zur »Dackel«- Lähme, HD, Kniescheibenverlagerungen und Wirbelkörpermissbildungen auch eine Neigung zur Futtermittelallergie mit Durchfällen und Flatulenz vereint. Und dabei haben wir noch nicht über die verschiedenen rassetypischen Verhaltensmuster der miteinander verkreuzten Hunde gesprochen, die sich manchmal zusätzlich nicht vertragen, was den Alltag mit ihnen für ihre Besitzer schwer machen kann.

Es mag zwar heißen, Schönheit muss leiden, doch der Mensch, der schön sein möchte, entscheidet das für sich selbst. Davon abgesehen haben Tiere, wenn überhaupt, andere Schönheitsideale als Menschen, und für Hunde ist Schönheit ziemlich sicher ein olfaktorischer – also Riech- – und kein visueller Reiz. Ich frage mich manchmal, wer hier das Tierschutzgesetz umsetzt und die Zucht dieser armen Geschöpfe verhindert, bei denen es heißen muss: Wer schön sein *muss*, muss leiden.

Nasentruppe und Sportmöpse

Schon die Ausbildung von Jungtierärztinnen beinhaltet komplexe Handlungsanweisungen für den Fall der Vorstellung eines solchen Defektzuchtproduktes in der Praxis. Eine zunehmende Zahl von Kleintier-Chirurgen bietet ausgefeilte Operationsmethoden zur funktionellen Korrektur der anatomischen Kuriositäten an. Deren Umfang überschreitet wahrscheinlich das Aufhübschen einer gealterten Filmdiva bei Weitem. Nasenlöcher werden aufgeschnitten und keilförmig vergrößert, um den vorderen Lufteintritt zu verbessern, und die Nasenflügelknorpel werden mit dem Skalpell oder Laser in die richtige Form gebracht. Nasenmuscheln werden wieder zu Nasenmuscheln geformt oder ganz herausgetrennt. Gaumensegel werden kürzer geschnitten oder kunstvoll neu gestaltet, um Schnarchen zu reduzieren und wenigstens etwas Hecheln zu ermöglichen. Schleimhautwülste und Rachenmandeln werden entfernt, Kehlkopfwucherungen abgeschabt, Stimmfalten messerscharf korrigiert und spiralförmige Kunststoffeinsätze in kollabierte Luftröhren eingeschoben, um diese wieder durchgängig zu machen. Natürlich erfolgt das alles unter Vollnarkose, mit vorheriger schriftlicher Aufklärung der Besitzer über die Narkose- und OP-Risiken. Die Gesamtkosten können den Anschaffungswert des Tieres um ein Mehrfaches übersteigen. Wie muss ein

Hund sich fühlen, wenn er das erste Mal in seinem Leben richtig atmen kann?

Als Pionier auf diesem Spezialgebiet der Hals-Nasen-Ohren-Tierchirurgie berichtet Prof. Dr. Gerhard Oechtering, Leiter der Klinik für Kleintiere der Universität Leipzig: »Meistens lassen die Halter ihre Tiere am Ende des zweiten Sommers in ihrem Besitz chirurgisch korrigieren, wenn der Leidensdruck unerträglich wird. Im ersten Sommer denken viele, das wird schon, im zweiten, wenn ihnen das Tier ans Herz gewachsen ist, halten sie sein Elend und die eigene Mehrbelastung nicht mehr aus.« Oechtering korrigiert dankenswerterweise nicht nur kurznasige Defektzuchten aus ganz Deutschland. Verzweifelte Frauchen und Herrchen reisen aus ganz Europa und sogar den USA an, oder er leistet in Übersee chirurgische Entwicklungshilfe auf diesem Gebiet. Auch war er als Pionier wesentlich an der Entwicklung dieser komplizierten Operationsverfahren beteiligt und bildet nun chirurgische Spezialisten aus, die von manchen als »Nasentruppe« bezeichnet werden.

Ich war das erste Mal sprachlos, als ich verstand, dass hier eine neue tiermedizinische Spezialisierung allein für die Skalpell-Korrektur von Defektzuchten entsteht. Wir züchten Tiere krank und sind dann gezwungen, neue Therapien zu entwickeln, um ihr Elend zu lindern. Womit wir ihnen aber zunächst einmal zusätzliches Leid durch eine wirklich schwere OP zufügen. Leider scheint es nicht möglich zu sein, diese Chirurgie routinemäßig mit Kastrationen zu kombinieren, um die Verbreitung solcher Defektgene zu verhindern.

Bei Mops- und Bulldoggenbesitzern sind diese »Eingriffe« bereits vielfach als normaler Vorgang modisch akzeptiert. »Wann hast du deinen denn machen lassen?«, fragen sie sich gegenseitig nebenbei. »Bei wem? Und was hast du dafür bezahlt?« Ähnliche Gespräche kann man wohl bei Menschen erwarten, die über ihre eigenen Brustvergrößerungen, Haarwurzeltransplantationen oder das Wangenliften sprechen. Dabei erfolgen die chirurgischen Korrekturen durch die tiermedizinische Nasentruppe nach einer strengen medizinischen Indikation und sind nicht mit Schönheitsoperationen zu verwechseln. Auch wenn sie am Ende das Leid der Tiere reduzieren, stellen sie kurzfristig außerordentliche zusätzliche Belastungen dar. Wenn Hunde Todesangst verspüren können, dann sicher hier. Die mehrstündigen und teils gefährlichen Prozeduren sind gefolgt von mehrtägigen Dauerüberwachungen auf der Intensivstation, da die weitreichenden anatomischen Korrekturen unweigerlich mit vielen Nähten, Schwellungen und Entzündungen einhergehen. Gerade in Bezug auf die ohnehin belasteten Atemwege gehen die Patienten wahrscheinlich durch eine weitere, mehrtägige Hölle. Und es dauert lange, bis alle Korrekturen ihre volle Wirkung entfalten, denn der Körper muss sich erst langsam wieder arrangieren und sortieren. Hundeköpfe funktionieren nicht wie Autos nach einem Werkstatttermin.

Und natürlich verstehen die Hunde nicht, dass es sein muss und dass danach alles besser wird. Hunde leben im Jetzt. Sie erinnern sich aber anschließend an die Hölle, was geschah, wo es geschah und wer ihnen das angetan hat. Wer würde es ihnen da verübeln, wenn sie Panik vor Praxisgeruch, weißen Kitteln und medizinischem Instrumentarium entwickeln? Künftiger Stress ist damit vorprogrammiert, denn sie werden auch weiterhin mehr als andere Hunde in einer Tierarztpraxis oder -klinik vorgestellt werden müssen.

Dabei geht es auch anders. So zeigt die Entwicklung der Boxerzucht der letzten Jahre große Erfolge darin, die viel zu kurzen, röchelnde Köpfe mit hervorstehenden, sabbernden und entzündeten Unterkiefern wieder zu korrigieren. Die Köpfe der heutigen Boxer gefallen mir sehr viel besser als die vor wenigen Jahren noch vorherrschenden Extremkurznasenexemplare mit abschreckenden Pathologien. Beispielhaft sind auch erste Versuche einiger weniger Züchter, in die Mopsrasse mit viel Verstand andere, nicht brachyzephale Hunde einzukreuzen, um auch den Mops irgendwann wieder zum Nasentier zu machen. Gleichzeitig werden Genanalysen an den fraglichen Elterntieren durchgeführt, um andere, für den Mops typische Defekte vor der Verpaarung auszuschließen. Neben diesem als »Retromops« bezeichneten Neuanfang gibt es noch weitere Versuche, den Mops als eigentlich sehr sympathische Rasse zu retten. Dazu zählt die Züchtung des »Sportmopses« mit nicht ganz so kurzer Nase und längeren Beinen, der auch längere Joggingläufe überleben kann. Da solche neuen Zuchtlinien jedoch das Einkreuzen anderer Rassen oder sogar von Mischlingen bedingen, handelt es sich weder um echte Möpse noch um neue Rassen. Vielmehr muss man sie offiziell als Mischlingshunde bezeichnen, die ihren langen und steilen Weg zu einer anerkannten Hunderasse gerade erst angetreten haben. Der »altdeutsche Mops« dagegen soll dem originalen Genpool des Mopses aus dem Deutschland der Fünfziger- und Sechzigerjahre entsprechen, wobei die Mopsgesundheit ganzheitlich berücksichtigt werden soll. Solche Entwicklungen empfindet der Tierpathologe als erste Morgendämmerung in der finsteren Nacht der heutigen Hundezucht.

Egal welcher Weg eingeschlagen wird, Hauptsache, der Mops bekommt wieder mehr Schnauze. Diese Nachricht geht aber neben den Züchtern genauso an die Käufer von Möpsen und ähnlichen armen Kreationen, denn nur solche Hunde werden gezüchtet, die auch gekauft werden. Schließlich ist der Kunde König. Vicco von Bülow alias Loriot mit seiner Weisheit »Ein Leben ohne Möpse ist möglich, aber sinnlos« hätte an Retromöpsen, Sportmöpsen und altdeutschen Möpsen sicher seine große Freude gehabt.

Germany's Next Top Dog

Mit Brachyzephalie und anderen leidvollen, aber trotzdem populären Zuchtdefekten lässt sich in der Werbung hervorragend Geld verdienen. Wer kennt sie nicht, die Anpreisung eines Schlankheitspulvers, gern auf dem Top-Platz kurz vor den Nachrichten gesendet. Neben seinem ansehnlichen, perfekt geformten und sportiven Frauchen im gelben Bikini watschelt eine kurzbeinige, dickliche, faltenüberzogene Kreatur mit Glupschaugen, die nur unter großen Mühen, schwabbelnd und sabbernd, mit dem Strandlauf der Schönen Schritt halten kann. Jeder nicht derart defekt gezüchtete Hund würde seinem Frauchen beim Strandlauf entspannt davonsprinten.

Auch wenn hier eine leidgeplagte, Henry-ähnliche Bulldogge gegen ein Model läuft, schlüpfen die meisten Betrachter umgehend in die Rolle des unansehnlichen Begleiters. Der kleine und hässliche Hund weckt Sympathien und Solidarität. »Ohne das Pulver bist du die Defektzucht, mit Pulver das Frauchen«, lautet wohl die Kernbotschaft des Spots. Auch viele andere Werbespots bedienen sich der effektvollen Darstellung von oft vermenschlichten Hunden, Katzen oder anderen Heimtieren, bei denen skurrile Extremzuchten oder ins Maul gelegte Menschensprache die Aufmerksamkeit auf das Produkt lenken. Und die Betrachter auf dem Sofa seufzen »Süß«. Was läuft da falsch mit unserer Wahrnehmung? Steckt in uns allen eine Maria, die nicht merkt, dass nicht die Freude, sondern der Tod zuckt?

Brachyzephalie tritt übrigens ebenso beim Menschen auf. Bei uns selbst, oder korrekter: unseren Kindern kann sie als spontane Missbildung zusammen mit anderen, höchst unerwünschten Entwicklungsstörungen zu großem Leid für die betroffenen Patienten führen. Natürlich würde niemand auf die abwegige Idee kommen, menschliche Brachyzephalie als Schönheitsideal zu verfolgen oder in der Werbung einzusetzen. Warum tun wir Menschentiere unseren Kuscheltieren da dann an? Behandelt man so seine besten Freunde?

Zuchtziel: Mangel

Wer sich eine Uhr kauft, die nach kurzer Zeit stehen bleibt, kann sie umtauschen. Und wie ist es mit einem »kaputten« Hund, der auch stehen bleibt, weil er nicht mehr kann, weil er genau genommen nie richtig konnte? Aber dafür niedlich aussah. Auf der Verpackung stand »lebenslustiger Hund«, aber drin ist ein kranker und nicht richtig funktionierender Hund, mit dem das Leben nicht schöner wird, sondern anstrengend. Er ist natürlich kein Ding, aber er »funktioniert« nicht, wie man sich das vorgestellt hat. Und nun? Kann man Tiere umtauschen, die nicht den Erwartungen entsprechen? In diesem Fall gelten grundsätzlich die Regeln des Bürgerlichen Gesetzbuches (BGB) für den Erwerb von Sachen. Ein Käufer hat Anspruch auf eine mangelfreie Ware, das heißt, im Falle eines Mangels zum Übergabezeitpunkt haftet der Verkäufer, zum Beispiel durch Rücktritt vom Kaufvertrag – Geld zurück – oder kostenfreien Ersatz durch eine mangelfreie Ware. Dies trifft auch für den Fall zu, dass der Mangel dem Verkäufer unbekannt war.

Dasselbe gilt beim Tierkauf. So haftet der Verkäufer eines Tieres grundsätzlich für alle Mängel, die bereits beim Kauf vorlagen, über die dafür rechtlich vorgesehenen Zeiträume. Eingeschlossen sind auch alle nicht gleich erkennbaren Schäden und Defekte, die erst später unter bestimmten Umständen in Erscheinung treten. Der Teufel steckt aber auch hier oft im Detail.

Tierpathologen sind oft mit Fragen des Tierkaufrechts befasst, wenn etwa wie beim Kauf einer Sache Ansprüche aufgrund von Garantie oder Gewährleistungsanspruch durch Mängelhaftung des Verkäufers angemeldet werden. Wir sind aber keine Juristen, deshalb empfehle ich in solchen Fällen die Konsultation eines Anwaltes für Zivilrecht, am besten eines der vielen auf Tierkaufrecht spezialisierten. Maria, die Witwe von Paul und Henry, nahm seinerzeit davon Abstand, als der Züchter ihre Forderung zurückwies. Wie viele andere Heimtierbesitzer auch wollte sie sich in ihrer Trauer und Verwirrung nicht noch zusätzlichen Belastungen durch einen Rechtsstreit aussetzen. Dabei hätte sie wahrscheinlich gute Chancen gehabt, ihre Forderung auch gerichtlich durchzusetzen.

Ganz entscheidend scheint mir die Frage nach der Aufklärungspflicht von Züchtern und anderen Verkäufern. So können diese sich nur durch die Mitteilung aller bestehenden Mängel und Gebrauchseinschränkungen von ihrer Pflicht zur späteren Haftung befreien, am besten zum Kaufzeitpunkt in schriftlicher Form gegen Unterschrift der Kenntnisnahme durch den Käufer. Mit dieser Verdeutlichung der Probleme gehen sie natürlich das Risiko ein, dass sie auf dem Hund sitzen bleiben. Von Profizüchtern und unternehmerischen Verkäufern von Tieren ist jedoch zu erwarten, dass sie auch die zunächst verborgenen, dem Laien beim Kauf nicht gleich ersichtlichen Einschränkungen und rassetypischen Risiken kennen und darauf hinweisen. Erfolgt keine Information über erhöhte Risiken oder zu erwartende Probleme, die von einer berechtigten Käufererwartung abweichen, kann dem Verkäufer unter Umständen arglistiges Verschweigen eines ihm bekannten Mangels vorgeworfen werden. Unterbliebene Aufklärung könnte für ihn sogar umfangreiche Schadenersatzpflichten zur Folge haben. Diese können weit über die Mängelhaftung – also z.B. Geld zurück oder anderen Hund – hinausgehen und typischerweise auch alle Tierarzt- und sonstige Folgekosten umfassen.

Tatsächlich weiß ich aus eigener Erfahrung, dass manche Züchter den zukünftigen Besitzern ihrer kurznasigen, im Hochsommer röchelnden Kreationen empfehlen, nur in den kühlen Morgen- oder Abendstunden Gassi zu gehen. Ihren Rat für die Zeit dazwischen habe ich bislang vermisst: Das Verkneifen antrainieren? Windeln in der passenden Welpengröße? Oder ein Dauerabonnement beim Teppichreiniger?

Und noch mehr Menschwerdung

Es tut mir leid, wir sind noch nicht am Ende. Genau genommen wären wir noch lange nicht am Ende, aber ich will Ihnen, meine lieben Leserinnen und Leser, nicht noch viel mehr zumuten. Für Sie ist manches von diesem Grauen womöglich neu, und ich möchte Sie nicht in die Flucht schlagen. Nein, ich wünsche mir, dass sich Ihr Blick vielleicht verändert und dass Sie womöglich erkennen, dass manches, was Sie für niedlich hielten, in Wirklichkeit stilles und verkanntes Leiden ist. Doch im Gruselkabinett fehlt noch ein wichtiges Merkmal: die Schädelform. Im Bestreben, die Hunde auf ihrem Weg zur Menschwerdung weiter zu perfektionieren, damit sie uns noch ähnlicher werden, hat man vielen einen Wasserkopf verpasst.

Wenn diese Laune der Natur beim Menschen vorkommt, bedeutet das eine Katastrophe für die Eltern und ein schreckliches Schicksal für das betroffene Kind. Bei manchen Hunden ist sie erwünscht. Sehen sie dann nicht noch niedlicher aus mit ihren großen süßen Köpfen? Nicht jeder Großkopf ist ein Wasserkopf, doch die Kurzköpfigkeit beim Mops, bei Bulldog-Rassen, Pekingesen und anderen wird vielfach mit einer Neigung zum Wasserkopf kombiniert, dem Hydrozephalus (griechisch: *hydro* für Wasser, *kephalos* für Kopf). Diese Schädel- und Gehirnmissbildung wird verniedlichend und nicht immer ganz richtig auch gern als Apfelköpfchen bezeichnet. Die manchmal auch anzutreffende Bezeichnung des Turmschädels ist ebenso fachlich inkorrekt.

Beide Begriffe verschleiern jedoch die wahre Natur dieser beim Menschen gefürchteten Störung der Gehirnentwicklung. Ein Wasserkopf, und sei es nur ein Wasserköpfchen, formt die Stirn größer, höher und menschenähnlicher, die Anordnung der Augen wird noch flacher, oft sogar in Extremformen mit einem Auswärtsschielen, dem *Strabismus divergens.* Als Paradebeispiel für das Apfelköpfchen gilt der Chihuahua, wobei auch viele andere Toy-

Rassen wie Malteser und Yorkshireterrier, aber auch manche Siamkatzen dafür disponiert sein können.

Die Übergänge zwischen erwünschtem Zuchtziel des Apfelköpfchens – Motiv: Kindchenschema – und extremem Wasserkopf mit schwersten Ausfällen von Gehirnfunktionen sind fließend. Mit dem Grad der Wasserköpfigkeit steigen auch die Fehlfunktionen des Gehirns, die von zurückgebliebenem Verhalten über Stupidität und spontane Anfallsleiden bis hin zur Lebensunfähigkeit reichen. Mit dem Apfelköpfchen ist häufig auch eine bis ins Erwachsenenalter bestehende offene Fontanelle verbunden, also ein Defekt im Verschluss der Schädelknochen, die das Gehirn für Verletzungen anfällig macht. Wie so oft in der Hundezucht fand man auch hierfür einen hübschen Begriff, der die wahre Natur der Missbildung verschleiert. Das Loch im Schädel heißt wohlklingend Molera. Leider sind Stupidität und Molera nicht die einzigen Preise, die manche dieser Hunde für die Schönheit zahlen, die ihre Halter in ihnen sehen wollen. Zahnfehlstellungen mit Neigung zu Entzündungen und frühem Zahnverlust, Atemprobleme durch die ballonartig aufgetriebenen Schädel und weitere Einengungen der Nasenwege und besonders die kaum noch geschützten Augen, die sich auch hier leicht entzünden oder bei geringem Anlass herausfallen können, sind häufige Gründe für Besuche bei der Tierärztin.

Zynisch wirkt, dass man mit der Zucht auf Neigung zum Wasserkopf denselben Tieren das Auf-die-Welt-Kommen erschwert. Je größer der Kopf, desto schwerer die Geburt. So war ein Wasserkopf auch beim Menschen zu jeder Zeit ein gefürchtetes, nicht selten für Mutter und Kind tödliches Geburtshindernis. Bei Hund und Katze bedeutet der angeborene Wasserkopf ebenso eine typische Indikation für einen Kaiserschnitt. »Hunde- und Katzenrassen mit Neigung zum Apfelkopf oder Wasserkopf kommen öfter zum Kaiserschnitt als zu einer natürlichen Geburt«, berichten unsere Tiergynäkologen. Brachyzephale Hunderassen benötigen aufgrund ihrer oft übergroßen Schädel ohnehin mehr Kaiserschnitte als normalköpfige Hunde, und wenn ihnen zusätzlich noch eine Wasserkopfneigung angezüchtet wird, um das Kindchenschema noch zu betonen, sinkt der Anteil der natürlichen Geburten gegen null. Warum tun wird das den Hunden an? Während in der Natur solche Mütter und Welpen bei der Geburt keine Überlebenschance hätten, erlauben wir ihnen durch tierärztlich assistierte Geburt eine Weiterverbreitung ihrer Gene. Zucht ist das Gegenteil von Natur.

Wenn Defektzuchten über Generationen nur durch korrigierende Chirurgie oder künstliche Geburten am Leben erhalten werden können, wird es endgültig pervers. Wenn ich mir die natürliche Geburt von Hundewelpen vor Augen halte, die meistens problemlos »flutscht«, kann ich mich des Gedankens nicht erwehren, die schwere Geburt sei ein Teil der Menschwerdung des Heimtieres. Denn die Geburt von Kindern ist für Frauen ja nicht deshalb schmerzhaft, weil Eva den verbotenen Apfel aß, sondern weil der große Kindskopf mit dem großen Menschengehirn durch das kleine Becken muss. Ein normaler Hundekopf rutscht in der Regel einfach durch das Becken seiner Mutter. Soweit wir wissen, leiden Hündinnen nicht übermäßig unter Geburten. Außer, wir züchten ihnen den Geburtsschmerz durch große Welpenköpfe an …

Kindchenschema und paradoxes Helfersyndrom

Die Kombination aus Brachyzephalie und Wasserkopfneigung bildet wie kein anderes Zuchtziel das »Kindchenschema« ab, das als Motiv des Kindersatzes in der Hundehaltung oft genannt wird. Und tatsächlich, nicht nur die babyhafte Kopfform, sondern besonders auch die Geistesschwäche, Hilflosigkeit und viele andere Spontanleiden und Krankheitsanfälligkeiten dieser kombinierten Defekte erfordern volle Pflegeaufmerksamkeit. Ich will Hundeliebe als Ersatz für Kinderliebe nicht abfällig darstellen, im Gegenteil, sie kann für beide Seiten höchst willkommen und förderlich sein. Die Mutter-Kind-Bindung ist wahrscheinlich die stärkste Bindung in der Natur, und die Pflege eines hilflosen und abhängigen Wesens stellt auch beim Menschen ein tief verwurzeltes, ursprünglich arterhaltendes Verhalten mit enormen Kräften dar. Der Pflegetrieb ist ein natürliches Bedürfnis, das bei fehlender Befriedigung zu Frustration und Stress führen kann.

Doch das hier dargestellte Tierleid als Folge von Unkenntnis, Ausblenden von Wahrheiten oder dem Überwiegen anderer Motive wie Pokale, Einkommen oder Selbstdarstellung, ja sogar der Befriedigung des eigenen Pflegetriebes, muss ein Ende finden. Und es *kann* ein Ende finden, denn der Zucht- und Tierkaufmarkt wird wie jeder andere durch das Käuferverhalten geprägt. Doch die Entwicklung der letzten Jahre ist hier völlig paradox. Warum ist bislang selbst bei den Käufern dieser bedauernswerten Kreaturen kaum Verantwortungsbewusstsein und Umdenken zu erkennen? Sind dem Interessenten die Zusammenhänge beim Kauf nicht bekannt? Blendet er sie aus, weil der Wunsch nach den extravaganten oder menschenähnlichen Merkmalen des Tieres schwerer wiegt als das kritische Bewusstsein? Nehmen die Besitzer der röchelnden und von ständigen Entzündungen geplagten Hunde das Leiden gar nicht wahr, weil es von vielen Züchtern auch heute noch als »für die Rasse normal« deklariert wird? Oder stimmt es, dass manche Frauchen und Herrchen Motivation durch Nachbarn und Freunde erfahren, wenn ihr Status und Ansehen als stolze Besitzer eines so extravaganten Tieres steigen? Das ist nicht unbedingt abwertend zu verstehen, steigt doch die Anerkennung eines Menschen in seinem sozialen Umfeld immer dann, wenn dieser sich der Pflege eines Bedürftigen widmet.

Hintergründe dieser paradoxen Situation wurden durch mehrere wissenschaftliche Studien der letzten Jahre zum Verhältnis zwischen Besitzern und ihren Hunden mit überraschenden Ergebnissen aufgedeckt. Eine Untersuchung aus dem Jahr 2017 mit fast eintausend Hundebesitzern von weitgehend gesunden, mittelkranken oder stark defektgezüchteten Rassen gibt erstaunliche

Antworten. So bauen die Besitzer der leidenden Defektzuchten eine wesentlich engere emotionale Bindung zu ihren Schützlingen auf als die Besitzer der gesünderen, weniger betreuungsintensiven Rassen. Mehr noch, die Frauchen und Herrchen von französischen Bulldoggen als der am stärksten in dieser Studie belasteten Rasse würden eher als alle anderen erneut Hunde derselben Rasse kaufen. Das – teils sicher unbewusste – Kaufmotiv »Kindchenschema« als äußere Erscheinung überstrahlte ganz eindeutig die Nachteile durch starke Krankheitsbelastung. Selbst die deutlich höheren Tierarztkosten schreckten sie nicht ab.

Die Autoren der Studie kommen aber zu dem Schluss, dass es gerade *nicht* paradox ist, wenn Menschen diese leidenden Kreaturen auch wiederholt in ihre Obhut nehmen wollen. Die emotionale Bindung von Menschen an ihre Hunde konnte in einer anderen Untersuchung an der Oxytocinausschüttung beim Halter gemessen werden, einem Botenstoff, der als starker Signalgeber für zwischenmenschliche Bindung bekannt ist. In mehreren US-amerikanischen Studien wurde überzeugend dargelegt, dass Mitleid und Hilfsbereitschaft gegenüber Hunden stärker ausgeprägt waren als gegenüber Menschen, die in dieselbe Gefahr gebracht worden waren. Erwachsene Hunde und Welpen lösten bei den Studienteilnehmern größere Hingebungsbereitschaft aus als erwachsene Menschen in vergleichbarer Situation. Lediglich im Vergleich zu Kindern fand man keinen Unterschied.

Pflegebedürftigkeit, Abhängigkeit und Hilflosigkeit treten also als Motive für Kaufentscheidung und emotionale Bindung deutlich in den Vordergrund. Hunde schlüpfen immer mehr in die Rolle von Kindern und anderen pflegebedürftigen Angehörigen, wie diese psychosozialen Studien vermuten lassen. Fest etabliert ist der Gedanke, dass die stetige Verschlimmerung vieler Defektzuchten mit kurzen Nasen, hoher Stirn, großen Augen und Apfelköpfchen auf dem durch sie immer stärker bedienten Kindchenschema und der damit verbundenen »Erfüllung durch Kümmern« beruht. Neu dagegen ist die Vorstellung, dass nicht allein das kindchenartige Aussehen, sondern gerade die Kränklichkeit der Tiere und die daraus resultierende Pflegebedürftigkeit und das Mitleid zentrale Motive darstellen könnten. Heißt das gar, das Leiden der Hunde ist erwünscht? Wir dachten bislang, dass das äußerlich sichtbare Kindchenschema vieler Heimtiere die unerwünschten Nebenwirkungen in Form von Krankheitsanfälligkeit, Leid und Schmerzen lediglich mit sich bringt. Offenbar müssen wir uns mit dem Gedanken anfreunden, dass das Leiden selbst unbewusst gewünschtes Zuchtziel sein könnte, nicht nur lästige Nebenwirkung. Vielleicht macht nicht ihr Aussehen sie zu beliebten Modehunden, sondern ihre Pflegebedürftigkeit und besondere Abhängigkeit infolge ihrer Zuchtdefekte?

Hier drängen sich Parallelen auf zum sogenannten Münchhausen-Stellvertreter-Syndrom beim Menschen. Enge Angehörige, oft eigene Kinder, werden dabei absichtlich – bewusst oder unbewusst – auf vielfache Weise krank gemacht oder krank gehalten, indem ihnen Verletzungen zugefügt, Giftstoffe verabreicht oder wichtige Medikamente vorenthalten werden. Die daraus resultierende Pflegebedürftigkeit der Opfer dient der verursachenden Person als Motiv für die eigene Selbstdarstellung, zwischenmenschliche Anerkennung für Zuwendung oder einfach die Befriedigung des eigenen Pflegetriebs. Dritte Personen einschließlich des behandelnden Arztes bemerken die wahre Ursache oft lange nicht. Ein übertriebenes Helfersyndrom sowie der Ausgleich von Selbstwertdefiziten können so die anvertrauten Lieblinge mit völlig unnötigem Leid belasten.

Die Rollen von Züchter und Käufer begründen damit einen sich selbst verstärkenden Teufelskreis, der den erschütternden und vielleicht gar nicht so paradoxen Trend der letzten Jahre erklären lässt: Je üppiger das Leid der Tiere ausgeprägt ist, desto stärker sind unsere Bindung, Hilfs- und Pflegebereitschaft und damit unser Kaufverhalten. Die Züchter parieren dieses Marktverlangen durch eine weitere Optimierung ihrer Zuchtprodukte, indem sie diese Reize immer stärker ausbilden und damit noch mehr Käufer in ihren Bann ziehen. Wurde das Leiden als unbewusst *erwünschtes* Zuchtziel bislang völlig übersehen? Für einen Tierpathologen und Hundebesitzer sind das wahrhaft schaurige Gedanken – das Leid der Tiere kein Nebeneffekt, bedauerlicher Zufall oder Versehen, sondern unbewusste Absicht? Ja, das gibt es, unbewusste Absicht. Die psychologische Forschung weiß seit Langem, dass viele Entscheidungen aus dem Unterbewusstsein motiviert sind und erst im Nachhinein mit – womöglich irrelevanten – Gründen belegt werden. Gleichzeitig vernachlässigen wir andere Bereiche der Pflege in unserer Gesellschaft. Da muss man erst einmal tief durchatmen.

Diese neue Perspektive bietet auch eine Chance für eine neue Wahrnehmung und schließlich Bekämpfung des Kuscheltierleids. Aber nicht allen krank gezüchteten Tieren sieht man ihr Leid an. In mancher schönen Hülle steckt ein trauriges Schicksal.

Der Weißtiger

Das Sommersemester war vorüber, die Ferienzeit hatte begonnen, und ohne die vielen Vorlesungen konnte ich mich wieder mehr den Tiermedizinstudenten in der Obduktionshalle widmen. Die Zahl der Tiere, die wir an einem Tag obduzieren, schwankt beträchtlich; manchmal ist es nur eine Katze, und am nächsten Tag kommen ein Pferd, sechs Schweine und eine Zirkusgiraffe. Und alles ist unvorhersehbar, wie in jeder Tierarztpraxis. Die Studierenden sollen in ihren zwei Wochen, die sie ganztags in unserem Institut verbringen, möglichst viel über Krankheiten und ihre künftige Zusammenarbeit mit Tierpathologen lernen. An diesem Tag brachte die Polizei einen Hund, der auf der Autobahn 115 südlich von Berlin neben dem Rastplatz Parforceheide überfahren worden war und dabei einen schweren Unfall mit einigen zum

Teil ernsthaft verletzten Menschen verursacht hatte. Besitzer unbekannt, eine spezifische Fragestellung gab es nicht, aber vielleicht könnten wir helfen, den Besitzer ausfindig zu machen: War der Hund gechipt oder hatte er eine Tätowierung?

Vor einer Obduktion besprechen wir gemeinsam, was im Einzelfall zusätzlich zu dem Standardobduktionsgang zu berücksichtigen ist. Den Vorbericht des verunglückten Hundes konnte ich gut nutzen, um den Studierenden das Prinzip von disponierenden Vorerkrankungen zu erklären, die besonders in der tiermedizinischen Forensik von Bedeutung sind. Natürlich könnte der Hund einfach nur überfahren worden sein. Aber vielleicht konnte er dem Auto nicht so gut ausweichen, weil er eine Pfotenverletzung oder einen Gehirntumor hatte? Für die Gesamtrekonstruktion eines Falles, eventuell sogar Schuldzuweisungen oder Schadenersatzansprüche, können Dispositionen, also Vorschäden, die bestimmte Folgeprobleme wahrscheinlicher machen, sehr bedeutsam sein.

Vor der Tierkörpereröffnung erfolgten die äußere Besichtigung – Haarkleid, Körperöffnungen, Zehenendorgane – und die Todeszeitpunktbestimmung. Das elektronische Lesegerät fand keinen Chip und wir keine Tätowierung. Die Zahnaltersbestimmung wies auf ein etwa sechs bis sieben Monate altes Gebiss hin. Der mittelgroße, achtzehn Kilogramm schwere Collie-artige Hund war fast komplett weiß mit hellrosa Nasenspiegel, aber kein Albino. Er hatte wenige sehr helle gelbbraune und graue Scheckungen an den Hinterläufen und einem Ohr. Einer Studierenden fiel auf, dass beide Augen seltsam geformt und zu klein für die Augenhöhlen erschienen oder nur sehr weit in die Höhlen zurückverlagert waren, was man oft bei innerlich ausgetrockneten oder stark abgemagerten Tieren beobachtet. Der Hund war aber weder ausgetrocknet noch schlecht genährt. Der Anus und seine Umgebung waren blutverschmiert. Beide Oberschenkelknochen waren gebrochen, am linken war die Haut zerrissen und ein spitzes Knochenende stand aus der eingetrockneten schwarzroten Verletzung hervor.

Nach Entfernung des Fells wurden großflächige Blutergüsse – Hämatome – in der Unterhaut der linken Brust- und Bauchregion sowie am linken Hinterlauf sichtbar. Die Bauchhöhle war angefüllt mit fast einem Liter Blut, wonach die Todesursache »Inneres Verbluten« feststand, denn das war deutlich mehr als ein Drittel seines Gesamtbluts. Eine etwa neun Zentimeter lange Ruptur der Milzkapsel mit anhaftenden Blutgerinnseln verriet den Ort der Verblutung. Die linke Niere war ebenso geborsten und Blut hinter das Bauchfell gelaufen. Die Beckenknochen zeigten massive Trümmerfrakturen mit mehr als dreißig Knochenfragmenten, deren spitze Enden die angrenzenden Muskelpartien und den Enddarm aufgeschlitzt hatten.

Das Gesamtbild war vereinbar mit einem massiven stumpfen Trauma, also Gewalteinwirkung, auf die linke hintere Körperregion. Dennoch werden in solchen Fällen alle übrigen Organsysteme untersucht, auch mikroskopisch, um disponierende Faktoren oder von der Todesursache unabhängige Erkrankungen zu erkennen. Was bereits die Fellfarbe und die viel zu kleinen Augen – Mikrophthalmie – angedeutet hatten, wurde unter dem Mikroskop und durch einen Gentest bestätigt: Der Hund war ein Weißtiger.

Merle-Faktor

Weißtiger sind keine Albinogroßkatzen, sondern die bedauernswertesten Defektzuchten, die wir kennen. Sie entstehen unweigerlich in etwa einem Viertel der Nachkommen, wenn man zwei Merle-Hunde miteinander kreuzt (sprich: Mörl). Der sogenannte Merle-Faktor, der in den letzten Jahren in eine große Zahl von Hunderassen eingezüchtet wurde, führt zu einer großfleckigen, hellgrauen bis weißen Aufhellung der Grundfarbe des Fells. Die Hunde werden auch als Merle-Schecken bezeichnet (siehe Bildtafelteil, Abb. 10).

Wenn die Aufhellung über ein oder beide Augen reicht, ist die Iris oder Regenbogenhaut des Auges auffallend hellblau gefärbt. Diese Farbvariante ist extrem populär und weit verbreitet; auf jeder Hundeflaniermeile ist sie präsent. Ursache ist eine Mutation im *Silver Locus*-Gen des Hundes, welches kürzlich in *PMEL*-Gen umbenannt wurde. Es kodiert für ein Prämelanosomen-Protein, das für eine korrekte Pigmentbildung unverzichtbar ist. Entscheidend für den Patienten ist, ob nur eines seiner Chromosomen betroffen ist, also heterozygot, oder beide, homozygot. Zur Sicherheit sind alle Säugetiere mit dem doppelten Chromosomensatz ausgestattet. Kann ein Hund einen *PMEL*-Gendefekt mit einem gesunden Gen ausgleichen, führt dies zu der gewünschten Hellscheckung.

Nicht selten zeigen diese heterozygoten Träger, also Merle-Schecken, auch Einschränkungen in der Funktion ihrer Sinne, besonders des Gehörs. Etwa einer von einhundert dieser Hunde ist aufgrund seines Gendefektes von Geburt an vollständig taub. Gewünschter Farbeffekt und Risiko für Nebenwirkung sind hier untrennbar miteinander verbunden. Ein Tierpathologe muss daher bereits Merle-Schecken als Defektzuchten bewerten. Welpen, die jedoch zwei Defektkopien von ihren Eltern erhalten, sind doppelt gestraft. Diese sogenannten Weißtiger erkennt man an extremen Aufhellungen ihrer Grundfarbe, sie sind jedoch nicht völlig unpigmentiert wie Albinos. Zusätzlich können sie weitgehend oder völlig blind, taub oder beides sein, und ihre Augen sind oft klein und missgebildet. Da sie ihre Umgebung nicht wahrnehmen können, bleiben sie in ihrer Entwicklung und besonders in ihrem Sozialverhalten teils stark zurück. Einige Weißtiger sterben bereits in ihrer Jugend.

Der Merle-Defekt ist ein prägnantes Beispiel für vielfache Ausfallserscheinungen infolge nur eines einzigen Bauplanfehlers. Neben der Farbverteilung des Fells sowie der Seh- und Hörfähigkeit sind weitere Sinnesleistungen gestört, und wahrscheinlich kennen wir noch nicht alle Probleme. Das Merle-Gen kann darüber hinaus mit praktisch allen anderen Defekten kombiniert werden. Selbstverständlich können Tierfreunde sich auch einen Merle-Mops kaufen. Ein Defekt im selben Gen führt ebenso bei »windfarbenen« Pferden zu einer sehr hübschen Farbaufhellung, *Silver Dapple,* ist jedoch auch hier mit Missbildungen der Augen verbunden. Würden wir bei einer Uhr oder einem Auto für eine schönere Farbe solche erheblichen Funktionsdefekte in Kauf nehmen?

Besitzer von heterozygoten Merle-Hunden wie von Weißtigern sollten wissen, dass etwa die Hälfte der Hunde aus beiden Gruppen nicht gut oder gar nicht schwimmen kann. In einem wissenschaftlichen Versuch wurden Merle-Schecken, Weißtiger und ihre normal gefärbten Wurfgeschwister in die Mitte eines Wasserbeckens gesetzt. Etwa die Hälfte der Merles und der Weißtiger zeigte geringe bis starke Störungen ihrer Schwimmleistungen, auch solche, die gut sehen und hören konnten. Mehrere mussten sofort vor dem Ertrinken gerettet werden. Dagegen schwammen alle Normalgefärbten zügig zum Beckenrand und schüttelten sich das Wasser aus ihrem rassetypisch normal gefärbten Pelz. Selbst bei mehrmaligen Wiederholungen lernten die Schecken und die Weißen das Schwimmen nicht. Die Schwimmstörungen beruhen wahrscheinlich auf Defekten in Sinneszellen des Gleichgewichtsorgans; so etwas kennen wir auch bei anderen Tierarten. Ich frage mich, warum dieses womöglich lebensbedrohende Defizit kaum bekannt ist und beim Kauf auch nicht von allen Züchtern mitgeteilt wird. »Nicht so wichtig, ich kann auch nicht schwimmen«, mögen manche Hundebesitzer jetzt denken und leinen ihren scheckigen Fiffi ab sofort in Wassernähe an. Die meisten Hunde gehen aber gern ins Wasser, und in den Isarauen und am Grunewaldsee zählt das Bad zur Lebensfreude. Die Stadtverwaltungen sollten an den Ufern dringend Rettungsringe für Merle-Hunde anbringen.

Mendeln – gewusst, wie

Den Schlüssel zur korrekten Erzeugung von Merle-Schecken und Vermeidung von Weißtigern hat uns der Augustinerabt Gregor Mendel etwa zeitgleich mit der Entstehung der ersten britischen *Dog Show Society* Mitte des 19. Jahrhunderts geliefert. Natürlich kannte Mendel den Merle-Faktor nicht, aber er hat als Erster die Regeln beschrieben, nach denen sich Veränderungen von Einzelgenen vererben. Wer zwei heterozytoge Merle-Schecken anpaart, hat etwa in der Hälfte der Nachkommen die gewünschten heterozygoten Merles zu erwarten. Ein Viertel der Welpen wird gar keine Aufhellung aufweisen, kann sich also über die rassetypische Normalfarbe und völlig gesunde Augen und Ohren freuen, und schwimmen. Jeder vierte Welpe jedoch wird mit dem Schicksal eines Weißtigers gestraft sein (siehe Bildtafelteil, Abb. 11).

Danach ist in jedem Hundewurf aus zwei Merle-Schecken-Eltern üblicher Größe etwa ein Weißtiger zu erwarten. Die bewusste Anpaarung von zwei Merle-Schecken stellt daher einen klaren Verstoß gegen § 11b des Tierschutzgesetzes dar, welcher die Zucht von Wirbeltieren verbietet, wenn züchterische Erkenntnisse erwarten lassen, dass bei der Nachzucht Körperteile oder Organe für den artgemäßen Gebrauch fehlen oder untauglich sind. Auf diesen sogenannten Qualzuchtparagrafen werde ich später noch genauer eingehen. Wenn man genau hinschaut, trifft dies bereits für die heterozygoten Merle-Schecken zu, die etwa zur Hälfte nicht gut oder gar nicht schwimmen können und die, wenn auch weniger häufig als Weißtiger, an schweren Ausfällen anderer Sinnesleistungen bis zur völligen Taubheit leiden können. Der einzige zu empfehlende Weg, Merle-Schecken zu erhalten, besteht in der Anpaarung eines Merle-Schecken-Elterntieres mit einem naturfarbenen, also Nicht-Merle-Partner. Zwar werden nur etwa die Hälfte der Nachkommen die gewünschte einfache Farbaufhellung zeigen – und gleichzeitig ein geringes Risiko einer Taubheit oder anderer Sinnesstörungen –, Weißtiger können dabei aber nicht entstehen. Die andere Hälfte der Welpen wird die rassetypische

Naturfarbe zeigen und über kerngesunde Sinne verfügen. Auf dem Hundemarkt können diese paradoxerweise weniger wert sein als ihre Merle-Geschwister. Natürlich zählen diese Zusammenhänge auch zur Aufklärungspflicht von Züchtern und Profi-Verkäufern.

Und als wäre es noch nicht kompliziert genug: Es existiert noch eine weitere Hässlichkeit bei der Zucht von Merle-Hunden. Ein als *cryptic Merle* bezeichneter abgewandelter Defekt auf dem *PMEL*-Gen führt bei seinen heterozygoten Trägern zwar zu keinerlei Farbveränderungen und ist damit äußerlich nicht erkennbar. Bei einer Verpaarung mir einem Merle-Schecken entstehen jedoch mit einer 1:3-Wahrscheinlichkeit ebenso Weißtiger. Die Verwunderung ist dann groß, weil ja nicht beide Eltern eines Weißtigers Merle-Schecken waren. Hier hilft nur der Gentest auf *cryptic Merle,* der in solchen Fällen zur Aufklärung im Stammbaum führt.

Neben dem Merle-Faktor existieren in vielen verschiedenen Hunderassen noch weitere graue oder bläuliche *(»blue«)* Farbaufhellungsmutanten, die damit untrennbar verbunden andere Defekte kombinieren. Vermeintliche Schönheit im Auge des Betrachters geht auch hier auf Kosten der Tiergesundheit.

Und auch bei Katzen kennen wir beliebte Gendefekte, die unter anderem zu Farbaufhellungen des Fells und Blauäugigkeit führen. Nach einer Züchtermeinung ist die gleichzeitige Taubheit aber eine normale Begleiterscheinung von blauäugigen weißen Katzen. Taubheit sei auf Ausstellungen von Vorteil, heißt es, denn taube Katzen lassen sich nicht so leicht durch Geräusche verwirren. Man könne mit ihnen problemlos durch Stampfen auf den Boden und die dadurch ausgelösten Vibrationen kommunizieren.

Wohnzimmervermehrer und freie Liebe

Bei korrekter Berücksichtigung der mendelschen Regeln könnte die Entstehung von Weißtigern eigentlich vermieden werden. Die Vererbungsregeln des Abtes aus Schlesien werden heute jedem Schulkind beigebracht. Die Hintergründe der einzelnen Merkmale und Defekte sind jedoch deutlich komplexer und können bei typischen Tierhaltern nicht als bekannt vorausgesetzt werden. Das Risiko der Entstehung von Weißtigern und vielen anderen homozygoten Krüppeln besteht daher in der Vermehrung im häuslichen oder ländlichen Umfeld, ohne Beratung oder Kontrolle durch kenntnisreiche Züchter oder Tiermediziner. Selbstverständlich muss jedem Besitzer das Recht eingeräumt werden, seinen Fiffi mit einer Fiffine seiner Wahl aus der Nachbarschaft oder dem Bekanntenkreis zu verpaaren; wir nennen diese Leute »Wohnzimmervermehrer«. Und wenn ohne Kenntnis der Hintergründe die Wahl auf zwei hübsche Merle-Schecken fällt, ist es schon passiert. Merle-Schecken sieht man ihre Gendefekte zum Glück gleich an, daher wäre hier eine Vermeidung noch denkbar. Viele andere schicksalsträchtige Defekte mit ähnlichem Erbgang sind jedoch äußerlich nicht zu erkennen.

Ein weiteres tragisches Beispiel betrifft die Zucht von Zwergkaninchen, die erst durch das Dw-Gen zu Zwergen werden (engl. *dwarf* für Zwerg). Die gewünschten Zwerge sind heterozygot, also mischerbig, für das Dw-Gen und das gesunde dw-Gen. Homozygote, also reinerbige DwDw-Kaninchen kommen stark verkümmert und missgebildet auf die Welt und sterben oft nach wenigen Tagen. Der Genetiker spricht von einem rezessiven Letalfaktor, bei Züchtern erhalten die armen Geschöpfe verschleiernde Namen wie Kümmerlinge oder *Peanuts*, Erdnüsse.

Bei laienhaften Wohnzimmervermehrungen ist jedoch grundsätzlich mit allen Möglichkeiten zu rechnen, und es wäre unrealistisch, zu behaupten, dies würde nicht täglich tausendfach praktiziert. Gleiches trifft natürlich auf ungewollte oder unbemerkte Techtelmechtel in Nachbars Garten oder im Kaninchenstall zu, also auf »freie Liebe«. Die Realität der Entstehung solcher bedauernswerter, lebensunfähiger Kreaturen müssen Züchter eingestehen, die die Vermehrung von heterozygoten Defektträgern propagieren.

Namenlos

Das Schicksal des Weißtigers aus unserer Obduktionshalle konnte aufgeklärt werden. Auch ohne Tätowierung oder Chip wurden die Besitzer ausfindig gemacht. Auf einen Zeitungsbericht über den Verkehrsunfall mit Beschreibung des Hundes meldete sich ein Nachbar der Besitzerfamilie bei der Polizei. Diese suchte die Familie auf, die schuldbewusst und reuevoll berichtete. Sie hatten den Hund als Welpen geschenkt bekommen und seither mit ihm Probleme gehabt. Er war völlig taub und weitgehend blind und erst sehr spät mit viel Mühe stubenrein geworden. Trotz aufwendiger Zuwendung war er kaum zu erziehen gewesen und unzugänglich für jedes Spielen und andere Lebensfreude. Eine Tierärztin hatte ihn als Weißtiger entlarvt und ihnen jede Hoffnung auf Besserung genommen. Als sie in den Urlaub fuhren, in den sie keinen Hund mitnehmen konnten, hatten sie versucht, ihn bei Nachbarn oder in einer Tierpension unterzubringen. Alle angefragten Pensionen verweigerten die Aufnahme oder verlangten einen unakzeptablen Preis, den sie mit erhöhtem Personalaufwand für die Pflege begründeten. Völlig verzweifelt hatten sie das arme Tier dann auf dem Autobahnparkplatz Parforceheide aus dem Auto gelassen und waren weitergefahren in der Hoffnung, dass jemand den Hund mitnehmen und vielleicht ins Tierheim bringen würde. Die Mutter der Familie erlitt während ihres Geständnisses einen Nervenzusammenbruch. Für uns blieb der Weißtiger namenlos. Seinen Namen hätte er ohnehin nie hören können.

Vier Sünden

Mit den Studierenden, die den Hund obduziert hatten, besprach ich abschließend den Fall. Vier Sünden waren begangen worden, die wir einzeln ausführlich beleuchteten. Die erste Sünde betraf die Zucht von heterozygoten Merle-Schecken. Menschen nehmen wissentlich in Kauf, dass mit einer als hübsch empfundenen scheckigen Fellaufhellung das Risiko besteht, dass derselbe Hund über reduzierte Sinnesleistungen verfügt oder im Einzelfall sogar taub ist oder ertrinken kann.

Als noch schlimmer empfinde ich, dass unsachgemäß gezüchtet wird oder zwei Schecken unkontrolliert »mendeln« und so Weißtiger entstehen können. Die zweite Sünde bestand also darin, dass irgendjemand zwei Merle-Schecken miteinander verpaart hatte, nämlich die Eltern unseres Opfers. Diesen Welpen hatte man offenbar nur verschenken können. Die dritte und wahrscheinlich schwerste Sünde bestand in dem Aussetzen auf dem Autobahnparkplatz. Dass der taub und fast blind umherirrende Hund dann von einem Autofahrer nicht mehr früh genug erkannt wurde, mag man in Anbetracht der drei anderen kaum noch als vierte Sünde bewerten. Opfer der Sünden war nicht nur der namenlose Weißtiger selbst, sondern auch die weiteren Unfallopfer des Schicksalstages.

Im Gruselkabinett der Zuchterfolge

Nicht nur Hunde und Katzen werden zu Opfern von extremen Zuchtzielen oder fehlendem Sachverstand in der Anpaarung. Löwenkopfkaninchen leiden aufgrund ihrer Brachyzephalie häufig an Fehlstellungen der Zähne mit Neigung zu Entzündungen, Zahnausfall und Eiterbeulen – Abszessen –, die sogar die Augen herausdrücken können. Fehlende Rückenflossen bei Goldfischen verdammen diese dazu, zur Freude des Betrachters lebenslang schaukelnd durch das Becken zu schwanken. Übertrieben große und schleierähnliche Flossen verlangsamen die sonst perfekten Schwimmer und zehren an ihren Kräften. In der Natur wären sie jedem Beutejäger schutzlos ausgeliefert. Besonders skurrile Missbildungen der Fischaugen, die in der Aquarienwelt unter »Himmelsgucker«, »Blasenaugen« oder »Pop eyes« gehandelt werden, machen diese leicht verletzlich oder gänzlich unbrauchbar.

Ähnlich wie Goldfische zählen auch Tauben zu den seit über tausend Jahren gezüchteten Hobbytieren. Viele Formvarianten wie Pfautauben und Federfüßler können sich aufgrund ihrer krank gezüchteten Anatomien nicht mehr natürlich bewegen (siehe Bildtafelteil, Abb. 12).

Der gestörte Gleichgewichtssinn von Pfautauben wird vom engagierten Züchter dafür verantwortlich gemacht, dass sie auf dem Dach gern rückwärts laufend in den Kamin fallen. Im Winter erscheinen sie – ich bitte um Verzeihung – im Kaminfeuer dann gleich gebraten. Der Ratschlag des erfahrenen Pfautaubenzüchters lautet, Kamine mit einem Draht abzudecken.

Kurzschnabeltauben wurden so kurze Schnäbel angezüchtet, dass sie ihre Jungen nicht mehr ernähren können. Für die Vermehrung müssen Ammentaubenmütter eingesetzt werden, denen ihre Eier weggenommen werden und die stattdessen die Eier der Kurzschnäbel untergelegt bekommen und diese wie Kuckucke erfolgreich großziehen. Kropftauben dagegen haben einen gigantisch großen, blasenartigen Kropf, der leicht zu Fehlgärungen und Entzündungen neigt. Dieser wird als »Hängekropf« bezeichnet. Zur Therapie lautet eine Züchterempfehlung, ein Loch in einen Strumpf zu schneiden, diesen dem kranken Tier überzuziehen und es dann kopfüber aufzuhängen, bis sich der Kropf von selbst entleert. Alternativen wären der selbst durchzuführende chirurgische Kropfschnitt, Kopf ab – oder der Gang zur Tierärztin.

Völlig unerklärlich bleibt mir die Unsitte, Tauben wie Tanzmäuse mit schweren Bewegungs- und Verhaltensstörungen zu züchten, an denen sich Züchter und Halter erfreuen. Purzler, Doppeltpurzler, Rückwärtspurzler und Rollertauben sind nur im Auge des Betrachters echte Künstler, in Wahrheit basieren ihre Kunststücke auf Gendefekten. Diese können die natürlichen Bewegungsabläufe teils erheblich einschränken. So erfreuen Bodenpurzler das Gemüt ihrer Zuschauer mit bis zu einhundert Purzelbäumen am Stück, jedoch zumeist nur noch am Boden. In die Luft, ihr eigentliches Element, schaffen sie es oft grundsätzlich nicht mehr. Dauerpurzler bringen es auf mehr als zweihundert beachtliche Überschläge pro Auftritt. Rollertauben, deren Saltos in der Luft mit hartem Aufschlag auf dem Boden oder gegen Hindernisse tödlich enden, werden heroisch als »Todesroller« bezeichnet. Wenigstens entziehen sich diese selbstlosen Helden durch ihren angezüchteten Selbstmord der Weitergabe ihrer Defektgene an die nächste Generation.

Bei allen genannten Extremzuchten ist das Zuchtziel identisch mit der Ursache für Leiden, Schäden und Schmerzen sowie ein nicht mehr artgerechtes Verhalten. Sie entstehen unweigerlich aus denselben Gendefekten, auf denen das Wunschbild beruht, und können daher nicht wieder weggezüchtet werden, ohne auch das Wunschbild zu verändern. Auf das Leiden zu verzichten hieße, von dem extremen Zuchtziel Abstand zu nehmen, ganz ähnlich wie bei der Brachyzephalie, dem Wasserkopf, den extrem kurzen Schwänzen und Aufhellungsgenen. Worauf warten wir noch?

Inzest

Neben der Zucht auf extreme Merkmalsausprägung haben wir uns seit Jahrzehnten in eine zweite Sackgasse begeben. Sie entsteht auf ganz andere Weise, hat jedoch nicht weniger schlimme Folgen für die Gesundheit unserer Gefährten. Es handelt sich um körperliche Liebe, die bei Menschen aus gutem Grund verboten ist.

Bei uns Menschen galt Inzest, also geschlechtlicher Verkehr zwischen eng Blutsverwandten, etwa Geschwistern oder Eltern/Kind, zu jeder Zeit und in fast allen Kulturen als ausnahmslos tabu. Das Wort »Blutschande« wurde früher als Synonym benutzt und symbolisiert eindrucksvoll den moralischen Bann, der darauf liegt. Dieses gesellschaftlich, kirchlich und sogar gesetzlich fest zementierte Verbot hat einen guten Grund, der durch die moderne Genetik immer besser verstanden wird. Die Handvoll neuer Mutationen in jeder Folgegeneration wird wiederum an die eigenen Kinder weitergegeben, sofern ein Defekt nicht in sein eigenes Aussterben mündet. Dies erfolgte über die gesamte Geschichte der Menschheit, sodass sich in unseren Chromosomen Bauplandefekte angesammelt haben wie Satellitenschrott in der Erdumlaufbahn. Aufgrund unserer modernen Zivilisation und des medizinischen Fortschritts greifen jedoch Selektionsmechanismen nicht in der Weise, wie sie bei Wildtieren »aufräumen«. Zufällig ständig neu hinzukommende, schicksalhafte Gendefekte zieren viele Familienstammbäume. Daher besteht bei eng Blutsverwandten ein viel höheres Risiko, dieselbe Mutation zu tragen, als im Vergleich zur restlichen Bevölkerung. Aufgrund der Möglichkeit des Ausgleiches durch ein gesundes Partnerchromosom ist das Risiko einer Erkrankung bei einer Paarung in der großen weiten Welt dagegen gering. Dass aus Geschwister-, Eltern-Kind- sowie Cousin-Cousinen-Beziehungen deutlich mehr Fehlgeburten, Missbildungen und andere genetisch bedingte Krankheiten hervorgehen, weiß die Menschheit seit Tausenden von Jahren. Obwohl die längste Zeit jegliche Kenntnisse von genetischen Grundlagen fehlten, wurden die Risiken durch moralische und gesetzliche Ächtung kontrolliert.

Bei unseren Haus- und Hoftieren jedoch, bei denen selbstverständlich dieselben Zusammenhänge gelten, scheinen wir diese Moral nicht zu kennen. Was bei uns Menschen aus gutem Grund tabu ist, wird beim Tier ständig und skrupellos praktiziert. Schlimmer noch: Für die Perfektionierung von gewünschten Rassemerkmalen setzen verantwortungslose Züchter gezielt und intensiv auf Inzucht, wie es bei Tieren heißt. Damit nehmen Züchter bewusst ein erhöhtes Risiko für die Verbreitung von Gendefekten in Kauf, die zu einem weiten Spektrum an schweren Erbkrankheiten führen. Auch sinkt die Fruchtbarkeit der Tiere. Das Fachwort dafür ist Inzuchtdepression. Besonders in der heutigen Hundezuchtpraxis, aber auch bei vielen anderen Tierarten, wird die unnatürlich weite Verbreitung von Genen nur weniger Individuen bewusst gefördert oder doch billigend in Kauf genommen.

Beliebte Vererber

Einzelne Tiere, die das gewünschte Zuchtziel besonders gut abbilden, werden zu Champions gekürt und sind dann sehr begehrt, wodurch ihr Wert sowie der Preis ihres Spermas oder ihrer Eizellen enorm steigen kann. Zusätzlich fördern Maßnahmen der sogenannten assistierten Reproduktion, also der technisch unterstützten Fortpflanzung, das Problem. Künstliche Ejakulation mit hundert- bis tausendfacher Spermienportionierung, künstlicher Befruchtung, Leihmutterschaft und globaler Verschickung von tiefgefrorenem Sperma und Eizellen gehören heute zum Standard. So können einzelne Tiere unvorstellbar viele Nachkommen haben, was in der Natur ganz und gar undenkbar wäre. Diese als *Popular Sire* (engl. für »beliebte Erzeuger«) bezeichneten Tiere haben jedoch auch ihre eigenen neuen und alten Bauplandefekte, die auf diese Weise massiv weitergegeben werden. Auch deren Nachkommen kreuzt man gern wieder miteinander, wodurch die beim *Popular Sire* selbst zumeist noch unerkannt gebliebenen Defekte neben seinen gewünschten Zuchtmerkmalen stark verbreitet werden.

Der Tiergenetiker Prof. Dr. Tosso Leeb vom Institut für Genetik der Vetsuisse Fakultät der Universität Bern berichtet ein eindrucksvolles Beispiel: »In den 1990er-Jahren gab es einen Golden-Retriever-Rüden, der extrem häufig für die Zucht eingesetzt wurde und unbemerkt ein Defektgen vererbte. Dieses verursachte Ichthyose, eine Verhornungsstörung der Haut mit Neigung zu Schuppenbildung. Die Krankheit ist auch als Fischschuppenkrankheit bekannt, da betroffene Hunde anfänglich weißliche und im Laufe der Zeit zunehmend schwarz verfärbte Hautschuppen bilden. Als der Gendefekt 2011 aufgeklärt wurde, waren etwa die Hälfte aller Chromosomen in der Rasse betroffen. Das heißt, es gab ganz grob fünfundzwanzig Prozent von der Krankheit betroffene Golden Retriever, jeder zweite war Anlagenträger, und nur etwa jeder vierte Golden Retriever war anlagenfrei und gesund. Seit 2011 steht ein Gentest zur Verfügung, der eingesetzt werden kann, um Träger des Defektes von der Zucht auszuschließen.«

Als Folge von Inzucht sehen wir regelmäßig neue Erbkrankheiten, die nach detektivischer Recherche zum Teil eindeutig auf einen einzelnen Vererber zurückgeführt werden können. Oft ist es dann jedoch schon zu spät, denn derartige Krankheiten und Abstammungsursachen werden zumeist erst aufgedeckt, wenn ihre auslösenden Defektgene bereits weit verbreitet sind. Der erforderliche Aufwand, diese Defekte wieder einzufangen und zu eliminieren, indem die Trägerindividuen durch massenhafte Gentests einzeln identifiziert und systematisch aus der Zucht genommen werden, ist unvorstellbar groß. Im Übrigen ist alle Theorie auch in diesem Fall grau, denn in der Praxis stellt sich schnell die Frage, wer das durchführen und bezahlen soll. Halter und Züchter werden nach meiner Erfahrung nicht aktiv, solange sie keinen persönlichen Vorteil erkennen können, und am Fehlen eines kollektiven Gewissens scheiterte schon so manche gute Idee. Der einzige Weg scheinen konsequente Vorgaben der Zuchtverbände oder Manager von zentralen Zuchtbüchern zu sein. Oder ein Heimtierzuchtgesetz. Was hindert uns daran?

Flaschenhälse

Eine weitere Ursache der Inzuchtdepression mit gehäuften Erbkrankheiten stellt der sogenannte genetische Flaschenhals dar. Es handelt sich dabei um ein ganz ähnliches Phänomen wie beim *Po-*

pular Sire, jedoch aus der Perspektive der Gründung einer neuen Rasse, die aus nur wenigen, im Extremfall nur zwei Individuen gegründet wurde. Historisch fußt das zumeist darauf, dass zwei oder nur wenig mehr Individuen aus einer sonst großen, genetisch breiten Rasse einem Züchter sehr gut gefielen und daraus über Jahrzehnte eine eigene Rasse erschaffen wurde. Die Gründung einer neuen Rasse führt schließlich auch zu Ruhm und Ehre. In der Folge verfügen alle oder zumindest sehr viele Angehörige dieser Rasse über die zufälligen, individuellen Defekte eines oder beider Gründereltern. Diese zeigten zumeist noch keine Auffälligkeiten, entweder, weil sie noch ein gesundes zweites Chromosom zum Ausgleich besaßen, oder weil weitere Gene den Fehler kompensierten. Erst die Anhäufung in der großen Zahl der Nachkommen nach Verpaarung enger Verwandter untereinander über viele Generationen lässt die Bauplanfehler zu bedeutenden Krankheitsanfälligkeiten werden. Man spricht dann von einem engen Genpool, in dem die Summe der genetischen Variationen und damit schützender und kompensierender gesunder Gene viel geringer ist als in einer genetisch breiten, natürlich durchmischten Population.

Auch aus der Natur kennen wir genetische Flaschenhälse infolge zufälliger historischer Ereignisse, etwa regionaler Isolierung weniger Tiere oder Naturkatastrophen. Bedeutende Beispiele sind der Gepard und der Tasmanische Teufel. Wenn sich hier Erbkrankheiten in einem schmalen Genpool häufen oder wenn sich die Umwelt ändert, sterben solche Tiere schneller aus als andere. Bei uns Menschen kennen wir genetische Flaschenhälse und enge Genpools aus konsequenter Inzucht innerhalb mittelalterlicher Adelsgeschlechter und Fürstenhäuser, die Bluterkrankheiten und viele andere Erbdefekte anhäuften.

Eine Nachkriegsliebe

Eine deutsche Nachkriegsgeschichte veranschaulicht dieses Prinzip anhand der Rasse des Kromfohrländers: In der Forst und Gemarkung Krummenfohr im Siegerland hinterließen amerikanische Soldaten 1945 einen griffonähnlichen Hund, den sie als Maskottchen aus Frankreich mitgebracht hatten. Wahrscheinlich war der arme Kerl bei der rasanten Fahrt, um vor den Russen in Berlin zu sein, vom Panzer gefallen. Fernab der Heimat verliebte sich der struppige Franzose in eine in dieser Gegend ansässige, bereits achtzehnjährige Foxterrierhündin, und das Leben nahm seinen Lauf. Menopause wie beim Menschen kennen Hündinnen nicht, sie sind bis ins hohe Alter fruchtbar. Einer Anwohnerin gefielen die robusten Welpen, und sie begründete aus ihnen über Jahrzehnte die neue Rasse des Kromfohrländers.

Nach etwa fünfzig Jahren Zucht in der weitgehend geschlossenen Population mit einer schmalen genetischen Basis zeigten etwa zehn Prozent aller Kromfohrländer eine stark überschießende Pfotenballenverhornung, die wir als hereditäre, also erbliche, Fußballenhyperkeratose (HFH), englisch *Corny Feet*, bezeichnen. Die harten, trockenen Ballen reißen schnell ein und entzünden sich leicht, sodass jeder Schritt zur Qual werden kann (siehe Bildtafelteil, Abb. 13).

Nur zeitaufwendige und lebenslange Pediküre durch die Besitzer mit der Nagelfeile – Feilen für künstliche Fingernägel werden besonders empfohlen – sowie Bäder, Salben, Öle und Cremes ermöglichen dem Hund ein erträgliches Leben. Heute wissen wir, dass diese HFH-Mutation selten auch in anderen Terrierrassen vorkommt und als recht alte Mutation wahrscheinlich über die Mutter der Rasse, die Foxterrierhündin, eingebracht wurde, nicht von dem Franzosen.

Der Effekt des genetischen Flaschenhalses wurde hier deutlich wie in keiner anderen HFH-betroffenen Rasse. Durch züchterische Maßnahmen konnte der Anteil an HFH-erkrankten Kromfohrländern in den Folgejahren wieder reduziert werden. Leider hat der hohe Inzuchtgrad des Kromfohrländers darüber hinaus zu weiteren Erbkrankheiten in dieser hübschen Rasse geführt, beispielsweise einer Neigung zur Epilepsie.

Durch *Popular Sires* oder enge Genpools infolge genetischer Flaschenhälse lassen sich viele der auch bei anderen Rassen gehäuft auftretenden, aber nicht mit dem Zuchtziel beziehungsweise Rassestandard verbundenen Erbkrankheiten erklären. Neigungen zu atopischer Hautentzündung, Epilepsie oder Augenerkrankungen finden sich unter anderem bei vielen kleinen Terrierrassen mit schmalem Genpool. Allergien gegen Futtermittelinhaltsstoffe und andere Auslöser plagen zahlreiche Rassen. Boxer leiden oft an Mastzelltumoren der Haut, die tödlich enden können. Mittel- und Riesenschnauzer sind häufig von Zehenkrebs betroffen, der mit frühen Amputationen bekämpft werden muss. Etwa ein Viertel aller Nachkommen – Gregor Mendel lässt grüßen – einer Bearded-Collie-Zuchtlinie stirbt im Alter von etwa drei Jahren an einem Astrozytom, einem Gehirntumor. Die Reihe in der zweiten Sackgasse, also den nicht mit dem Zuchtziel verbundenen Erbleiden, ließe sich noch lange fortsetzen. So kennen wir heute bei Hunden weit über zweihundertfünfzig Erbkrankheiten durch einzelne Genmutationen, die in bestimmten Zuchtlinien gehäuft auftreten und nach den mendelschen Regeln vererbt werden.

Tödlicher Kopfschmerz

Erbkrankheiten aufgrund von Inzucht treffen Rassen, die bereits durch ihre Zuchtziele wie Kopfform oder Fellfarbe gestraft sind, zusätzlich. So ist der Mops, der durch die Folgen seines brachyzephalen Syndroms oft schweres Leid ertragen muss, auch bekannt für seine genetisch verursachte, unheilbare und tödliche Gehirnentzündung. Diese macht ausschließlich Möpsen Kopfschmerzen und wurde daher nach ihnen benannt: *Pug Dog Encephalitis, PDE* (engl. *pug* = Mops). Der typische PDE-Mops ist ein bis zwei Jahre alt und kündigt die Krankheit durch Krampfanfälle, Manegelaufen, demenzartiges Verhalten, Gedächtnisverlust, Nackensteifigkeit oder Kopfdrücken gegen Wände und Gegenstände an. Die Schmerzen werden immer schlimmer, eine Heilung ist unmöglich. Die betroffenen Hunde sterben unter Qualen zwischen einer Woche und einem halben Jahr nach Einsetzen der Symptome. Nach der Statistik stirbt etwa einer von hundert Möpsen daran. Mit dem seit 2012 verfügbaren Gentest auf PDE wäre es möglich, alle PDE-Defektgenträger von der Zucht auszuschließen und so die Krankheit vollständig auszurotten. Doch Mops-Zuchtverbände empfehlen lediglich, keine Möpse miteinander zu verpaaren, die laut Testergebnis jeweils nur ein Defektgen tragen, also heterozygot sind. PDE-Trägerstatus sei kein Makel für einen Zuchthund, heißt es beim Club für den Mops e.V. Für mich als Tierpathologen ist das absolut unverständlich, denn auf diese Weise lassen sich zwar doppelt betroffene, homozygote, und damit für den Gehirntod gefährdete Möpse in der nächsten Generation vermeiden. Der Gendefekt bleibt mit dieser Praxis jedoch langfristig in der Rasse erhalten, und es besteht immer das Risiko, dass zwei PDE-heterozygote Möpse ungefragt und ohne Test neue Möpse zeugen, die dann homozygot und betroffen sein können. Warum entscheidet man sich nicht für die Eliminierung von Defektgenen, die solche qualvollen und tödlich verlaufenden Erbkrankheiten verursachen?

Detaillierte Zuordnungen von Krankheitsanfälligkeiten bestimmter Zuchtlinien und Rassen finden sich in der Hunde- und Katzenliteratur sowie in langen Listen auf unzähligen Seiten im Internet; eine regelmäßig aktualisierte Auflistung zum Beispiel in der *Online Mendelian Inheritance in Animals,* kurz OMIA-Datenbank. Wissenschaftliche Fachzeitschriften berichten ständig über neue Funde, und die Lehrbücher für Tierärzte, Tierpathologen und Tiergenetiker enthalten immer längere Listen mit Erbkrankheiten und Dispositionen, also Krankheitsneigungen, der verschiedenen

Rassen. Je höher der Inzuchtgrad beim blaublütigen Rasseadel, desto höher das Risiko für schwere Schicksale. Wie das von Asko.

Jagd vorbei

Asko von der Eichenburg war ein bildschöner, jagdlich geführter alpenländischer Dachsbracken-Rüde. Sein Frauchen, eine passionierte Jägerin, hatte ihn aus einer edlen Zucht mit besten Vorfahren und rassereinem Stammbuch für gutes Geld im Alter von zehn Wochen erworben. Sie war von Beginn an glücklich mit ihm, er war perfekt gebaut mit glänzendem Fell, wachsamen Augen und sehr lauffreudig und gehorsam.

Jagd ist eine zeitintensive Passion, aber die Ausbildung eines Jagdhundes erfordert noch viel mehr Zeit. Die Jägerin und ihre Ausbildungsleiter waren hochzufrieden mit Askos Fortschritten. Der Rüde hatte seine Verbandsjugendprüfung und danach die Herbstprüfungen mit Bravour bestanden. Schweißarbeit, Spurtreue, Bringetreue und Schussfestigkeit, alles kein Problem. Die erfahrene Weidfrau war stolz auf ihren Asko und froh, dass sich die viele Freizeit, die sie in seine Ausbildung gesteckt hatte, gelohnt hatte. Sie genoss die Reviergänge und jagdlichen Einsätze mit ihrem vierbeinigen Vertrauten immer mehr. Die beiden waren vertrauensvoll miteinander verbunden und verstanden sich auf Sichtkontakt und kleinste Signale, die Außenstehende nicht einmal bemerkt hätten. Das perfekte Team für die natürlichste Aufgabe der Welt.

Asko war gerade mal zwei Jahre alt, als er begann, nachlässig zu werden. Er schlief mehr als früher und sprang weniger begeistert auf, wenn sie ihm ein Zeichen gab, dass es losging. Es geschah auch öfter, dass er eine Schweißfährte (Jägersprache für Blutspur) verlor und erfolglos zurückkehrte. Als Asko dann eines Tages im

Wald frontal gegen eine alte Eiche rannte, jaulend abprallte und danach orientierungslos und ängstlich umherirrte, machte sich die Jägerin große Sorgen und entschied sich für eine Vorstellung bei der besten Tierärztin der Kreisstadt.

Diese führte eine Allgemeinuntersuchung durch, versorgte die Platzwunde am Kopf und nahm etwas Blut ab. Anschließend erfolgte eine gründliche neurologische Untersuchung auf Funktionserhalt des zentralen und peripheren Nervensystems, einschließlich eines Seh- und Gehörtests. Asko erschien dabei sehr schreckhaft und unsicher, und sowohl der Tierärztin als auch der Besitzerin fiel seine auf dem Untersuchungstisch schwankende Hinterhand auf. Die Füße hielt er etwas zu weit auseinandergestellt, manchmal schien er auch den Kopf leicht hin und her zu bewegen.

Nach dem Sehtest sagte die Ärztin mit ernster Miene: »Ich glaube, Asko hat ein großes Problem in seinem Nervensystem. Außerdem scheint er mir fast blind zu sein.«

»O Gott«, entfuhr es der bestürzten Jägerin. »Er ist doch erst zwei Jahre alt! Was hat er denn?«

Die Doktorin zögerte und meinte, da könnten viele Ursachen dahinterstecken, und weitere Untersuchungen seien nötig. Medikamente wolle sie zunächst noch nicht geben, da sie damit auch etwas falsch machen könne, je nachdem, was es sei. Kortison könne eventuell helfen, aber falls es ein Infekt des Gehirns sei, könne Kortison unter Umständen mehr Schaden anrichten als nützen. Zunächst wolle sie die Ergebnisse der Blutuntersuchung abwarten. Sie beobachtete Asko beim Verlassen ihrer Praxis, wie er eng an der Wand entlanglief und den offenen Raum mied.

Als die Blutuntersuchung zwei Tage später keine Auffälligkeiten erkennen ließen, überwies die ratlose Tierärztin den angeschlagenen Asko in die Universitätsklinik. Dort fand man trotz langer und kostenintensiver Spezialuntersuchungen nichts, was die zunehmenden Ausfallserscheinungen erklären konnte. Eine Tierheilpraxis und danach eine Homöopathin wurden konsultiert, die ebenso erfolglos ihr Bestes gaben. Kurze Zeit darauf hörte Asko nicht mehr auf seinen Namen; er war vollständig taub geworden und bewegte sich immer weniger. An jagdliche Arbeit war schon seit Monaten nicht mehr zu denken. Selbst Gassigehen wurde immer beschwerlicher, und schließlich verlor er seine Stubenreinheit. Als Asko von der Eichenburg kaum noch fraß und Gewicht verlor, beschloss die Weidfrau, dass die Zeit gekommen war.

Vollgemüllt

Die Obduktion des kaum dreijährigen Dachsbracken-Rüden ließ zunächst lediglich einen mäßigen Ernährungszustand und eine übervolle Harnblase erkennen, alle anderen Organsysteme waren unverändert. Das Gehirn und mehrere periphere Nerven wurden für eine systematische neuropathologische Untersuchung mit zahlreichen Spezialfärbungen unter dem Mikroskop vorbereitet. Dort fanden wir in fast allen Nervenzellen des Gehirns große Mengen von Ablagerungen mit komplexen chemischen Zusammensetzungen. Diese hatten die Nervenzellen ballonartig aufgetrieben und viele bereits unwiederbringlich zerstört. Besonders in der Großhirnrinde, aber auch im für die Bewegungskoordination verantwortlichen Kleinhirn fanden wir massenhaft Leichen von Nervenzellen und Fresszellen des Immunsystems, die aufzuräumen versucht hatten.

Die mysteriösen Ablagerungen lagen überall herum, ähnlich wie im Gelände verteilter Müll nach einer wilden Studentengrillparty. Unsere Spezialfärbungen und chemischen Analysen bestätigten, dass es sich um ein weites Spektrum verschiedener degenerierter Fette und Proteine handelte, Abfallstoffe des Zellstoffwechsels. Ähnliche Müllablagerungen fanden wir auch in der Netzhaut der Augen, den Sinneszellen der Ohren sowie verschiedenen Ganglien, die wie kleine, eigene Gehirne innere Organe kontrollieren. Die Verteilung des Mülls, seine chemische Zusammensetzung sowie die dadurch vielerorts zerstörten Nervenzellen ließen keinen

Zweifel zu: Asko von der Eichenburg hatte eine Neuronale Ceroid-Lipofuszinose, kurz NCL.

Der Begriff NCL steht für eine ganze Gruppe molekulargenetisch verschiedener Krankheiten, die alle zu demselben Effekt bei den betroffenen Patienten führen. Ein Gendefekt verursacht den Ausfall eines von mehreren Enzymen, also Wirkstoffen, die bei der Abfallbeseitigung in der Zelle erforderlich sind. Daraus resultiert eine Unterbrechung der Müllabfuhr, und der Müll stapelt sich in der Zelle, bis diese daran zugrunde geht. Da Müllabfuhr immer ein komplexer Vorgang ist und viele Funktionseinheiten beteiligt sind, reicht hier unter Umständen der Ausfall eines einzigen Wirkstoffes. Stellen Sie sich vor, Ihr Hausmüll kann nicht mehr abgeholt werden, weil der Müllwagen kaputt ist. Dann ist es egal, ob der einen Motorschaden oder einen platten Reifen hat oder ob die Aufladevorrichtung klemmt. Ganz ähnlich können Defekte in einem von mindestens dreizehn verschiedenen Genen des Menschen oder neun beim Hund dafür bekannten Genen dazu führen, dass die Müllabfuhr der Zellen zusammenbricht. Dazu müssen zumeist beide Chromosomen an derselben Stelle defekt sein, es erkranken also nur homozygote Defektträger. Der Müll sammelt sich schon ab der Geburt an; bis die Zellen daran zugrunde gehen und das Tier die typischen Symptome zeigt, vergeht oft ein Jahr oder mehr. Auch beim Menschen ist diese genetische Form der NCL bekannt und tritt zumeist im Kindesalter in Erscheinung.

Das gehäufte Auftreten bei Rassen mit hohem Inzuchtgrad ist typisch für die NCL. Mindestens zwanzig verschiedene Hunderassen sind von dieser Erbkrankheit betroffen, und es werden immer noch weitere entdeckt. Oft ist nicht die gesamte Rasse betroffen, sondern nur bestimmte Zuchtlinien. Wie bei Asko wird diese unheilbare, stets tödlich verlaufende Krankheit zu Lebzeiten kaum diagnostiziert. Vielmehr geht man bei der klinischen Untersuchung nach dem Ausschlussprinzip vor. Andere mögliche Ursachen für dieselben Symptome werden dabei durch geeignete Diagnostik ausgeschlossen, also etwa ein Gehirntumor, eine Staupe oder, bei dem Jagdhund Asko sehr gut möglich, durch Zecken übertragene Frühsommermeningoenzephalitis.

Erst wenn alles andere ausgeschlossen ist, kann der klinische Neurologe die Verdachtsdiagnose auf solch eine *Speicherkrankheit* stellen, bei der Zellgifte unglücklicherweise gespeichert werden. Gewissheit erhält erst der Pathologe unter dem Mikroskop bei der Untersuchung des gestorbenen Hundes. Pathologie ist jedoch eine Wissenschaft für die Lebenden, sodass die Diagnose NCL dem Züchter und allen Besitzern von verwandten Hunden mitgeteilt werden sollte, um sie zu warnen. Da Asko homozygot für seinen NCL-Gendefekt war, muss davon ausgegangen werden, dass beide (noch) nicht erkrankten Eltern mindestens ein mutiertes Chromosom trugen, also heterozygot waren. Askos Wurfgeschwister könnten mit mindestens fünfundzwanzigprozentiger Wahrscheinlichkeit ebenso erkranken oder mit fünfzigprozentiger Wahrscheinlichkeit heterozygot sein, also Defektträger auf einem Chromosom, ohne selbst zu erkranken (siehe Abb. 11, die am Beispiel des Merle-Faktors eine ähnliche Vererbung zeigt wie beim NCL-Gendefekt. Anstelle eines Weißtigers tritt bei homozygoten Trägern die NCL auf). Ein verantwortungsvoller Züchter würde diese Eltern nicht weiter verpaaren, weder untereinander noch mit einem anderen Zuchtpartner.

Ob die Jägerin wohl eine zweite Dachsbracke aus Askos Adelsgeschlecht kaufen würde? Erste Gentests sind verfügbar, mit denen sich in einigen betroffenen Rassen feststellen lässt, ob ein Tier heterozygoter, also selbst nicht gefährdeter NCL-Mutationsträger ist. Nur mutationsfreie Eltern sollten für jegliche Zucht eingesetzt werden. Leider werden diese Tests noch viel zu selten durchgeführt, auch nicht auf der Eichenburg.

Das vermehrte Auftreten einer NCL oder eines ähnlich verursachten Erbleidens ist Züchtern oft bekannt, wenn sie über längere Zeit züchten und die Schicksale ihrer Tiere verfolgen. Daraus resultiert ihre Pflicht zur konsequenten Information der Käufer über die erhöhten Risiken und mögliche Folgen. Andernfalls könnte der Vorwurf des arglistigen Verschweigens eines Mangels gerechtfertigt sein, der umfangreiche Schadenersatzansprüche des Käufers zur Folge hätte.

Bei Asko von der Eichenburg würde ein solcher Schadenersatz typischerweise – zusätzlich zu einem Rücktritt vom Kaufvertrag mit Erstattung des Kaufpreises oder Ersatzlieferung – auch Folgekosten für die tierärztlichen Behandlungen wie auch die Aufwendungen für die jagdliche Ausbildung beinhalten. Ferner würde ein Verschweigen eines erhöhten Risikos für ein bekanntes Erbleiden erweiterte Gewährleistungsfristen nach sich ziehen. Während einfache Mängelansprüche grundsätzlich zwei Jahre nach dem Kauf verjähren, beträgt die Frist bei Schadenersatzansprüchen drei Jahre ab Kenntnis des Mangels durch den Käufer, nicht bereits ab Übergabe des Tieres. Die Jägerin hätte also nach der pathologischen Diagnose bei dem fast dreijährigen Asko von der Eichenburg noch genügend Zeit gehabt, ihre Rechtsansprüche geltend zu machen. In der Praxis hängt der Erfolg einer solchen Forderung nicht selten davon ab, ob dem Verkäufer eine Kenntnis des erhöhten Risikos nachgewiesen werden kann. Etwas Detektivarbeit kann sich hier schnell auszahlen.

Unabhängig vom eigenen Rechtsanspruch ist die Rückmeldung solcher Erkrankungen an den Verkäufer oder Züchter doppelt wichtig, sowohl in Bezug auf eine Vermeidung eines erneuten Zuchteinsatzes der Eltern als auch wegen der notwendigen Aufklärung der Käufer von Wurf- oder Halbgeschwistern.

Im Dschungel der Gene

Wir stehen erst am Anfang, wenn es darum geht, die Gesundheitsprobleme durch Inzucht bei unseren Heimtieren wirklich zu verstehen. Einerseits beobachten wir eine Vielzahl von Krankheiten und Veränderungen, bei denen wir im Dunkeln tappen, weil die Erforschung zu teuer oder aufwendig wäre. Andererseits entstehen die meisten genetisch bedingten Krankheiten wahrscheinlich nicht so einfach wie bei Asko, bei dem ein einziger Gendefekt ein schweres, eindeutiges Krankheitsbild auslöste. Vielmehr interagieren die meisten Genprodukte, in der Regel Strukturproteine oder Enzyme, in komplexer Vernetzung miteinander. Wenn eins fehlt oder schlecht arbeitet, können andere den Job zum Teil übernehmen. Hier funktioniert das Leben wie ein verworrener Dschungel. Unüberschaubare Zahlen von teils unbekannten Wesen wirken auf nur scheinbar chaotische Weise aufeinander ein, teils mit überlappenden oder ähnlichen Funktionen. Im Falle eines Einzeldefektes ist der Gesamtschaden oft nicht tödlich und klinisch nicht eindeutig zu interpretieren: ein Sicherheitsmechanismus der Natur. Erst wenn mehrere Gene in einem solchen Funktionsnetzwerk geschädigt sind, können diffuse und zunächst unverständliche Krankheitsbilder oder Anfälligkeiten entstehen. Wir sprechen von polygenen Erbkrankheiten oder genetischen Dispositionen. Diese lassen sich am Individuum oder seinem direkten Stammbaum oft nicht leicht als genetisch verursacht erkennen, weil sie nicht nach den mendelschen Regeln vererbt werden. Zu dieser Gruppe zählen die vielen Neigungen zu Überempfindlichkeitsreaktionen, also Atopien und Allergien, unter anderem bei Westies, Boxern, Labradoren, Bulldoggen und Möpsen. Sie äußern sich in Form von Erbrechen, Durchfällen, Entzündungen der Haut, Ohren oder Pfoten. In meiner Biopsiediagnostik sehe ich dieses Leiden mehrfach täglich. Da die in den Genen verankerte Komponente durch Allergenvermeidung wie hypoallergenes

Futter nicht zu beeinflussen ist, hilft oft nur lebenslange Unterdrückung der Symptome durch Medikamente. Über deren Nebenwirkungen, den Pflegeaufwand und nicht zuletzt die Kosten können viele Hundebesitzer ein Lied heulen.

Die Folge ist eine von Generation zu Generation schleichend fortschreitende Degeneration, also Anhäufung von kaum noch einzeln zu erkennenden Defekten. Genau deshalb sind manche menschlichen Fürstenhäuser und Adelsgeschlechter wohl ausgestorben.

Monster, Mumien und Mutanten

Als Mitte des 19. Jahrhunderts die erste englische *Dog Show Society* gegründet wurde, wusste man so gut wie nichts über Erbpathologie. Viele molekulargenetische Grundlagen konnten erst mit den neuen Methoden der letzten Jahre aufgeklärt werden. Seit über fünfzig Jahren jedoch wird systematisch und wissenschaftlich fundiert durch verantwortungsvolle Beobachter auf die beiden fatalen Sackgassen hingewiesen: die Zucht auf Extreme und die Inzucht.

Zu den deutschen Pionieren zählt an erster Stelle der Tierarzt Prof. Dr. Wilhelm Wegner, der am Institut für Tierzucht und Vererbungsforschung der Tierärztlichen Hochschule Hannover bis 1997 forschte und lehrte. Bereits 1975 erschien die erste Auflage seines Buchs *Kleine Kynologie* (griechisch für »Lehre über den Hund«), in der er bis zur vierten Auflage 1995 neben vielen anderen Themen zur Hundezucht besonders über rassetypische Krankheitsdispositionen aufklärte. Auch sein 1983 erstmals erschienenes Werk *Defekte und Dispositionen* war für uns als seine Studierenden prägend. Seine »Erbpathologie« gehörte zu den am besten besuchten Vorlesungen, in denen er mit bewegenden bis zynischen Geschichten und Bildern zu »Monstern, Mumien und Mutanten« in der Hundewelt den Zuhörern den Atem stocken ließ. Dieser enthusiastische Hochschullehrer, Forscher und Hundefreund wurde nicht müde, die Öffentlichkeit aufzuklären und auf die Zuchtvereine einzuwirken. Bei diesen hinterließ er jedoch kaum mehr als saure Gesichter. Er wurde von Züchtern verklagt, gewann jedoch durch seine wissenschaftlich fundierten Aussagen auf Ebenen der Verwaltungsgerichte, Oberverwaltungsgerichte und sogar beim Bundesverfassungsgericht in Karlsruhe.

»Ihre erfolglosen Klagen haben die Züchter am Ende eine schöne Stange Geld gekostet«, sagt Wegner heute. »Um das wieder hereinzuholen, müssen sie über eine lange Zeit eine Menge Tiere verkaufen.«

Heute scheint es mir für viele degenerierte Rassen zu spät zu sein. Und dies ist wohl ein Negativmerkmal von uns Menschentieren: Obwohl wir ziemlich genau wissen, wohin ein bestimmtes Verhalten führt, fahren wir damit fort, und wenn dann der schlimmste Fall eintritt, stehen wir fassungslos und entsetzt davor, so als hätte er uns überrascht. Welcher Psychologe kann mir das bitte mal erklären?

Zucht ohne Ordnung

Das deutsche Tierschutzgesetz verbot Qualzuchten erstmals in seiner Fassung von 1998, jedoch tut man sich seither mit der Auslegung des Begriffes und der Umsetzung des Verbotes schwer. Ein dazu 1999 vom Bundesministerium für Ernährung, Landwirtschaft und Forsten veröffentlichtes »Qualzuchtgutachten« sollte dabei helfen, jedoch sind bis heute viele Empfehlungen nicht umgesetzt. Das Tierschutzgesetz war scharf gemeint, wird jedoch bis heute weitgehend stumpf oder gar nicht umgesetzt. Eine Aktualisierung des Qualzuchtgutachtens ist nach dem umfangreichen wissenschaftlichen Erkenntniszuwachs der letzten zwanzig Jahre dringend erforderlich. Seine konsequente Anwendung in der Vermeidung von Qualzuchten ist überfällig. Ich persönlich finde den oft anzutreffenden Begriff »Qualzucht« übrigens unpassend, denn »quälen« beinhaltet eine bewusste Absicht, und ich würde nie einer Züchterin oder einem Züchter die Absicht unterstellen, ihre Tiere bewusst zu quälen. Vielmehr scheint es mir so zu sein, dass das Leiden billigend in Kauf genommen wird, bei mehr oder weniger gutem Kenntnisstand über die Details oder auch Ausblenden der Zusammenhänge.

Hier bietet sich ein Vergleich mit Wirkungen und Nebenwirkungen von Arzneimitteln an. Man entwickelt sie nach einer erwünschten Wirkung, jedoch sind unerwünschte Nebenwirkungen oft unvermeidbar. Entscheidend ist das Verhältnis zwischen Nutzen und Risiko: Je stärker der zu erwartende Vorteil, desto gravierender darf die Nebenwirkung sein. Bei einem lebensrettenden Krebsmedikament nimmt man Haarausfall als Nebenwirkung in Kauf, dieselbe Nebenwirkung wäre bei einem Medikament gegen Fußpilz inakzeptabel.

In Analogie dazu sollten wir bei jedem angezüchteten Erbleiden fragen, ob wir es unseren Kuscheltieren auflasten dürfen, nur damit wir unsere Freude an dem gewünschten Zuchtziel haben können. Gerade dieses Verhältnis ändert sich dynamisch über die Zeit und unterscheidet sich auch zwischen verschiedenen Kulturkreisen, ganz ähnlich wie unser Verhältnis zu landwirtschaftlichen Nutztieren oder Versuchstieren. In allen drei Bereichen nimmt unsere Empfindsamkeit aktuell zu. Gleichzeitig wollen wir aber vieles auch lieber gar nicht wissen, vielleicht um unser Gewissen zu schonen.

Extremformen von Möpsen, Bulldoggen und andere Defektkreationen sind aktuell hoch in Mode. Die konsequente Umsetzung unseres heutigen Wissens über ihr Leid hinkt dabei eindeutig hinterher. Hier liegt ein dunkler Schatten über unserer Wissensgesellschaft. Warum ist das in der Zucht so, während wir uns in der Heimtierfütterung, der klinischen Tiermedizin und ihrer Ausstattung mit Spielzeug, Körbchen und Leinen fast jeden Fortschritt leisten? Trotz aller Vermenschlichung scheinen wir uns immer noch nicht genug in ihr Leiden hineinversetzen zu können. Wir lesen in ihnen mit unseren Menschensinnen, so gut wir können, es gelingt jedoch oft nicht. Oder sind wir unfähig zu echter Empathie Tieren gegenüber?

Tierwohl in Menschenhand

»Ja, aber was tun Sie denn gegen diese furchtbaren Qualzuchten?«, fragte mich neulich eine Studentin nach der Vorlesung. Im Fach Pathologie lehre ich alle wichtigen und häufigen Tierkrankheiten, und Zuchtpathologien gehören zu vielen Organthemen. Natürlich ist unsere Vorlesungszeit begrenzt, und wir können den jungen Tierärztinnen nur einen Bruchteil der bekannten Probleme vermitteln. Neben den Fakten und Zusammenhängen versuchen wir im Studium auch einen akademischen, kritischen Geist zu vermitteln, deshalb freute ich mich sehr über die Frage. »Bei allen Obduktions- und Biopsiebefunden, bei denen Defektzuchtursachen vorliegen, weisen wir Pathologen explizit darauf hin«, antwortete ich. »Wir beabsichtigen damit, dass die niedergelassenen Tierärztinnen, die Besitzer und möglichst auch die Züchter an den Einzelschicksalen zur Einsicht gelangen und mit betroffenen Tieren nicht züchten.«

»Das klappt doch nicht. Das sieht man doch«, meinte sie.

Ich widersprach ihr. »Die Erfolge sind noch klein, doch allmählich kommt etwas in Bewegung. Wir alle müssen dranbleiben, und vor allem müssen wir die Tierfreunde aufklären.«

Aber wollen die das überhaupt hören? Über die letzten Jahrzehnte verharrte die Öffentlichkeit gegenüber der sich immer weiter zuspitzenden Entwicklung der Defektzuchten weitgehend im Dornröschenschlaf. Man wusste es nicht oder wollte es nicht wissen, die Experten waren zu leise, es gab Wichtigeres. Gleichzeitig wurden mehrere Rassen ihrem Ende entgegengezüchtet.

Seit einiger Zeit ist jedoch ein starker Trend zur Aufklärung zu beobachten. Immer öfter finden sich kritische Presseberichte zu krank gezüchteten Heimtieren und Nutztieren. Besonders die Tierärzteschaft macht zunehmend mobil gegen Defektzuchten. So lässt sich auf Internetseiten von Tierarztpraxen lesen: »Wir bedienen keine Züchter von Qualzuchten.« Die Berliner Tierärztekammer organisiert Informationsveranstaltungen zu dem Dilemma und plakatiert zur Aufklärung und Abschreckung die Stadt, fast wie die Schreckensbilder auf Zigarettenpackungen, aber mit sarkastischem Slogan. Unter dem Dach der Bundestierärztekammer prangerten fünf tierärztliche Verbände den Einsatz von Qualzuchten in der Werbung an und sandten offene Briefe an die Werbetreibenden.

Auch auf europäischer Ebene kommt Wind auf. Die *Federation of Veterinarians of Europe* (FVE) sowie die *Federation of European Companion Animal Veterinary Associations* (FECAVA) wirken auf EU-Politiker ein und versuchen, auf die konkreten Formulierungen von europäischen Verordnungen Einfluss zu nehmen. Was mich besonders freut: Studierende der Tiermedizin organisieren von sich aus öffentliche Diskussionsrunden mit leidgeplagten Besitzern, Experten und auskunftsbereiten Züchtern. Die Gesellschaft soll informiert werden, besonders die Hundebesitzer und alle diejenigen, die planen, sich einen Hund anzuschaffen.

Gespaltene Züchterwelt

Obwohl die durch Zucht verursachten Gesundheitsprobleme bei manchen Hunden und Katzen alarmierend zunehmen, scheinen mir viele Zuchtvereine und Einzelzüchter nichts oder so gut wie nichts gegen die aus meiner Sicht gravierenden Defekte ihrer »Produkte« unternommen zu haben. Noch schlagen zu wenige Verantwortungsträger den richtigen Weg ein. Stattdessen werden die Ausprägungsgrade mancher pathologischer Extremzuchtziele teilweise noch verstärkt, wobei zunehmendes Leiden in Kauf genommen wird. Und in kurzen Abständen werden neue Defekte infolge Inzucht aufgedeckt, auf den Chromosomen kartiert und einzelnen Rassen zugewiesen. Die Listen der pathologischen Mutationen werden immer länger.

Dass immer noch zu viele Züchter und Zuchtverbände ihrer von Rasseliebhabern und Tierfreunden empfundenen Verantwortung nicht nachkommen, lässt sich womöglich durch deren Interesse an Pokalen, Siegertiteln und Verkaufserlösen erklären. Gesundheit wird eben nicht mit Pokalen bei Ausstellungen und Spitzenpreisen auf dem Käufermarkt belohnt. Vielmehr lassen sich manche findigen Züchter und Schausteller offensichtlich absurde Praktiken einfallen, um nicht nur das Fell ihrer traurigen Zuchtprodukte zu frisieren. So ist zu hören, dass Wunschgewinner an warmen Ausstellungstagen schon mal mit Kühlakkus abgekühlt werden, wohl um ihre zuchtbedingt mangelhafte Wärmeregulation und Hechelprobleme auszugleichen. Und was liegt näher, als bei Zuchttauglichkeitsprüfungen auf körperliche Belastbarkeit mit Laufparcours, Zeitmessung und Pulskontrolle komplett chirurgisch korrigierte Nasen und Gaumensegel einzusetzen? Die Kandidaten würden in diesem Fall den Test auf anatomische Fitness wohl leicht bestehen, erhielten ihre Zuchtfreigabe und dürften dank des kleinen Betrugs ihre Gene weitergeben. Die Notwendigkeit zur chirurgischen Plastik in der nächsten Generation wäre dann vorprogrammiert. Ob die neuen amtlich angeordneten Zwangskastrationen Schule machen, um eine Trendumkehr auf mancher Züchterseite zu bewirken, werden die nächsten Jahre zeigen.

Welchen Eindruck hinterlässt der größte Dachverband für Hundezucht und Hundesport in Deutschland, der Verband für das Deutsche Hundewesen (VDH)? Eine genaue Betrachtung lässt trotz erkennbarer Einzelmaßnahmen auf Initiativarmut und mangelnde Konsequenz schließen. Wer sich auf der aktuellen (Dezember 2018) Internetseite des VDH über die verschiedenen Rassen informiert, stößt bereits bei den Rasseporträtfotos auf die Verherrlichung von umstrittenen Leitbildern wie unnatürliche Rückenlinien und Hinterhandstellungen beim Deutschen Schäfer, Boxer und anderen Rassen. Auch scheut der VDH immer noch nicht davor zurück, auf seiner aktuellen Internetseite mit einer sichtlich defektgentragenden Zuchtform für Hundefutter werben zu lassen und daran wahrscheinlich zu verdienen. Dies erfolgt trotz entgegengesetzter Forderungen aus der Tierärzteschaft und trotz einer generellen Zuchtverzichtempfehlung für diesen Defekt im Qualzuchtgutachten. Und obwohl Letzteres bereits im Jahr 1999 auf die vielen gesundheitlichen Sorgen von Nackthunden und anderen Nackttieren hinwies, einschließlich einer Empfehlung für ein Zuchtverbot für alle Defektgenträger auf Grundlage des Tierschutzgesetzes, unterstützt der VDH aktuell immer noch die Zucht von vier Nackthunderassen. Die Zeiten des VDH als Qualitätsmarke für zeitgemäßen Tierschutz scheinen mir längst vorbei. Dabei könnte er als Dirigent im Orchester der Züchter eine tonangebende Rolle übernehmen. Warum eigentlich nicht?

Doch wie immer stinkt der Fisch vom Kopf her: Der weltweite Dachverband für Hundezucht, die Fédération Cynologique Internationale (FCI) bestimmt die konventionellen, global geltenden Standards und Zuchtziele für die einzelnen Hunderassen, die generell auch vom VDH und vielen deutschen Züchtern als Leitlinien angesehen werden. Die FCI-Goldstandards lesen sich jedoch für einen Tierpathologen in Teilen wie eine ausdrücklich formulierte Anleitung zum Unglücklichsein für die Objekte der Zucht. Mehr noch, manche Details einiger Rassestandards könnte man problemlos als schriftlich formulierte Verstöße gegen das Tierschutzgesetz empfinden, nicht zuletzt basierend auf den Empfehlungen des vom Bundesministerium für Verbraucherschutz, Ernährung und Landwirtschaft beauftragten Qualzuchtgutachtens aus 1999. Dies gilt bereits für die erwähnte Nackthundeproblematik. Auch soll der Mops immer noch eine runde Kopfform aufweisen, mit »ziemlich« großem Kopf, was den Geburtshelfern auch in Zukunft Arbeit machen dürfte. Die optimale französische Bulldogge hat laut FCI einen sehr kurzen und breiten Fang. Bei der französischen Bulldogge und auch der englischen Bulldogge soll der Unterkiefer länger als der Oberkiefer sein, also quasi einem pathologischen Unterbiss entsprechen. Die damit verbundenen Risiken für Gesundheitsprobleme und bekannte Leiden infolge von Gebissfehlstellungen und Kopfdeformationen halten nicht davon ab. Auch die beim FCI für manche Rassen geforderten Kurzschwänze sind aus tiermedizinischer Sicht bedenklich. Der Schwanz der französischen Bulldogge soll »von Natur aus kurz« sein, heißt es. Wirkt es nicht zynisch, wenn die durch Zucht entstandenen Risiken für Missbildungen weiter vorn gelegener Wirbelkörper und orthopädische Probleme der Hinterläufe auf die »Natur« zurückgeführt werden?

Die Natur hat dem Hund einmal einen prächtigen Hundeschwanz geschenkt, mit dem er wedeln und balancieren konnte. Neben den durch solche Zucht in Kauf genommenen Risiken für anatomische und funktionelle Defekte kann bei den FCI-Vorgaben für extreme Kurzschwanzrassen wohl auch ein Verlust der Artgerechtigkeit vermutet werden. Artgerechtigkeit ist jedoch ein wesentliches Element im Geist des Tierschutzgesetzes. Manche Züchter erklären das Elend der Tiere trotzdem als rassetypisch normal und somit akzeptabel. Die Regeln kommen ja »von oben«. Hier scheinen mir Sachverstand, Empathie und Verantwortungsbewusstsein in der Zunft der Züchter noch nicht überall etabliert zu sein.

Die Umsetzung der FCI- und VDH-Empfehlungen in der täglichen Zuchtpraxis und damit die tragende Rolle bei jeder Einzelentscheidung, welche Tiere verpaart werden, liegt jedoch in der Hand der einzelnen Zuchtvereine und Individualzüchter, von denen die überwiegende Zahl nicht dem VDH angeschlossen ist. Als mögliches Prädikat für eine gute Hundezucht empfinde ich daher den Hinweis, dass sich ein Züchter oder Zuchtverein explizit *nicht* an den FCI-Standards orientiert, sondern bewusst neue, gesundheitsorientierte Wege geht. Dafür existieren bereits mehrere leuchtende Beispiele.

Zuchtverbände, die aus dem VDH ausgetreten sind oder nie dort Mitglied waren, werden als Dissidenzzüchter bezeichnet, ihre Hunde als Dissihunde. Sie züchten mit eigenen Prädikaten und »Papieren«, die nicht vom VDH anerkannt werden. Auch hier ist nicht alles Gold, was glänzt – es kommt vor allem auf die Details der selbst verordneten Regeln an und auch darauf, wie konsequent diese umgesetzt werden. Tierärztliche Untersuchungen, Hüftröntgen, Gentests und viele andere Verfahren zum Ausschluss ungeeigneter Zuchttiere finden aber bei einer zunehmenden Zahl von Dissidenzzüchtern Anwendung. Deshalb können – wohlgemerkt: können! – ihre »Papiere« unter Umständen wertvoller sein als manche rassereinen Papiere von VDH- oder FCI-Züchtern: immer dann, wenn es sich um Stammbücher und Qualitätsatteste als Nachweise eines sinnvollen Zuchtmanagements handelt, das anderswo akzeptierte Defekte ausschließt. »Wir wollen keine Qualzucht haben«, sagt der erste Vorsitzende eines solchen Revoluzzervereins. »Wir wollen gesunden Hundenachwuchs. Der Mops braucht wieder eine richtige Nase und Schnauze.« Bitte schön, geht doch.

Federhauben

Bei aller Dunkelheit des Themas bin ich immer wieder begeistert, wenn helle und aufgeweckte Studierendenköpfe die richtigen Fragen stellen, sich mit dem Status quo nicht zufriedengeben und die Initiative ergreifen. »Was sagt das Tierschutzgesetz dazu? Es gibt da doch diesen Qualzuchtparagrafen«, fragten mich die Studierenden, nachdem wir uns einige dramatische Schicksale von Defektzuchten unter unseren Obduktionsfällen angesehen hatten.

»Nach dem Geist unseres Tierschutzgesetzes müsste die Zucht von derartigen Hunden, Katzen und anderen Tieren eindeutig verboten werden«, begann ich etwas nachdenklich. »Bereits 2002 wurde der Tierschutz als erklärtes Staatsziel in unserer Verfassung niedergelegt. Entscheidend sind aber oft beispielhafte Einzelurteile der Gerichte mit Signalwirkung.« Ich erzählte von dem Federhaubenentenurteil des Bundesverwaltungsgerichtes aus dem Jahr 2009. »Damals sollte die Zucht von Enten mit einem haubenähnlichen Federauswuchs am Kopf verboten werden, weil das Zuchtziel »Federhaube« mit leidvollen Missbildungen von Gehirn und Schädel einhergehen kann. Der sogenannte Qualzuchtparagraf 11b war damals so formuliert, dass das Gericht ein Zuchtverbot ablehnte. Der Richter hatte das Urteil damit begründet, dass die schweren Gesundheitsstörungen für die Tiere nur naheliegend möglich seien, nicht jedoch überwiegend wahrscheinlich. In der Fachwelt hatte dieses Urteil zu schwerer Kritik geführt. Danach gab es erst einmal keine weiteren Initiativen zu Verboten von Qualzuchten. Die Signalwirkung dieser Auslegung des Tierschutzgesetzes von 1998 war einfach zu stark.

»Aber für die leidenden Tiere ist diese sprachliche Erbsenzählerei doch völlig egal!«, widersprachen die Studierenden.

»Ja, natürlich«, erwiderte ich. »Aber auf die genaue sprachliche Differenzierung kommt es eben an, wenn Rechtsgüter gegeneinander abgewogen werden müssen.«

»Was denn für Rechtsgüter?«, lautete die erwartete Reaktion. »Nicht nur die Tiere haben Rechte«, erklärte ich die juristische Situation, »auch die Züchter, denen hier etwas verboten werden soll, haben einen Rechtsanspruch darauf, dass ihre Freiheiten nicht mehr als im Gesetz formuliert beschnitten werden. Niemandem kann ohne Rechtsgrundlage verboten werden, über sein Eigentum, also auch Tiere, zu verfügen. Das nennen wir Rechtsstaat. Und die richterliche Entscheidung hängt oft von wenigen Worten im Gesetzestext und ihrer richterlichen Interpretation ab. Das Federhaubenentenurteil empfanden viele als eindeutig falsches Zeichen und unvereinbar mit dem Geist und den Grundsätzen des Tierschutzgesetzes. Gesetzestexte können aber korrigiert oder an geänderte gesellschaftliche Normen angepasst werden. Und das ist dann auch passiert. In jedem Fall ist eins klar: Sie alle als zukünftige Tierärztinnen und Pathologinnen sind gefordert, sich in Ihrem Beruf aktiv zum Wohl der Tiere einzubringen.«

Ich blickte in die Runde und sah viele nicken. Es war mehr als eine bloße Kopfbewegung, und ich hatte wieder einmal ein gutes Gefühl, was die nächste Generation an Tierärztinnen betrifft. In der Tiermedizin ist wahrlich nicht alles perfekt. Ferkelkastration ohne Betäubung, unkritischer Antibiotikaeinsatz und viele andere Missstände sind noch nicht vom Tisch. Aber sie werden erkannt und korrigiert. Hierfür brauchen wir konstruktive Kritikfähigkeit und Mut in der nächsten Generation, und die macht Hoffnung. Diesen Geist benötigen wir dringend auch in der Tierzucht, und die mittlerweile geänderte Fassung des § 11b des Tierschutzgesetzes ebnet den Weg in die richtige Richtung.

Mutter Courage

Diana Plange konnte kaum glauben, was sie sah, als sie im Mai 2014 der Katzenzucht im Pirolweg 14 einen Besuch abstattete. Die amtliche Tierärztin des Bezirks Spandau war von einer Nachbarin auf möglicherweise nicht tierschutzgerechte Haltung aufmerksam gemacht worden. Diana Plange kannte sich mit Hunde- und Katzenzucht gut aus. In ihrer eigenen Familie wurden seit Generationen Hunde gezüchtet. Sie selbst hatte viele Jahre Border Terrier gezüchtet und dabei nicht nur die Tiere und ihre Haltung bestens kennengelernt, sondern auch das deutsche Zucht- und Ausstellungswesen. Vor fünfzehn Jahren hatte sie ihre eigene Zucht aufgegeben, nachdem sie herausgefunden hatte, dass etwa jeder vierte Hund dieser Rasse an einer erblichen Krankheit litt. Sie hatte den Defekt selbst erkannt, wissenschaftlich beschrieben und als *Canine Epileptoid Cramping Syndrome,* CECS, bezeichnet (engl. für epilepsieartiges Krampfsyndrom des Hundes). Und selbstverständlich hatte sie ihre Befunde dem Zuchtverband mitgeteilt.

Dieser ergriff jedoch keine zielführenden Maßnahmen zur Bekämpfung dieser für die Hunde und Besitzer leidvollen Erkrankung. Nun war die Fachtierärztin für Tierschutz und Tierschutzethik mit dem Auftrag der Überwachung der Einhaltung staatlicher Tierschutzvorgaben unterwegs.

»Das kann ja wohl nicht wahr sein«, murmelte Diana Plange angesichts der Kreaturen im Pirolweg. Die Katzen, die sie vor sich sah, waren völlig nackt. Sie gehörten zu der Rasse *Canadian Sphynx*, die zusammen mit den Peterbaldkatzen, Donskoy- (oder Don-)Sphynx und anderen zu den Nacktkatzen zählt. Diese Katzen sind weitgehend haarlos und wurden in den letzten Jahren immer populärer. Sie gelten als besonders anhänglich und verschmust, jedoch suchen sie die menschliche Nähe vermutlich eher, weil sie frieren. Die Katzen sind auch wegen ihres besonders exotischen Aussehens beliebt, vor allem aber, weil man tolle Tätowierungen über den ganzen Körper anbringen kann. Und wenn einem die Tätowierungen nicht mehr gefallen, holt man sich einfach eine neue Sphynx ins Haus und probiert ein anderes Tattoo.

Die Sphynx-Katzen, die Diana Plange nun betrachtete, waren nackter als alles, was sie bis dahin gesehen hatte. Kein Haar am Körper, nicht mal Wimpern oder Tasthaare. Das Fehlen der Tasthaare war außergewöhnlich, denn einige Nacktkatzen- und Nackthunderassen verfügen wenigstens noch über rudimentäre Tasthaare. »Die sind nicht abrasiert oder ausgezupft«, sagte die Züchterin stolz, »meine Lieblinge werden so geboren.«

Die Nacktheit dieser Katzenrassen wird durch zwei verschiedene Gendefekte verursacht und ihr Ausprägungsgrad durch weitere Gene zusätzlich beeinflusst. Durch konsequente Anpaarung der nacktesten Vertreter kann es so gelingen, selbst die letzte Haaranlage zum Versiegen zu bringen. Dadurch erleiden die Katzen aber schneller als behaarte Rassen einen Sonnenbrand, neigen stärker zu Hautkrankheiten und können sich ohne ein schützendes Fell leichter verletzen. Weil sie ohne Fell viel mehr Wärme über ihre

Haut verlieren, müssen sie mehr Kalorien aufnehmen und benötigen ein besonders hochwertiges Futter. Ein erhöhter Pflegeaufwand ergibt sich durch die Notwendigkeit, Nacktkatzen öfter zu baden, da ihre Haut vermehrt Fette absondert und sie dadurch einen ranzigen Geruch ausströmen können.

Eine derartige Form der Extremzucht offenbart eindrucksvoll den Verlust der Möglichkeit eines artgerechten Verhaltens durch das Fehlen ihrer Tasthaare. Diese benötigen Katzen, um ihr angeborenes Jagd- und Beuteverhalten ausüben zu können sowie für zwischenkatzliche Sozialkontakte. Ferner orientieren sie sich damit bei Dunkelheit, beurteilen die Größe von Löchern vor dem Hindurchschlüpfen und schützen somit auch ihre Augen. Sogar Luftströmungen können mit ihnen wahrgenommen werden. Zudem unterstützen sie die Gesichtsmimik beim Ausdruck von Stimmungen. Die große Bedeutung der auch als Vibrissen bezeichneten etwa 100 bis 150 Tasthaare wird durch ihre vielfachen Verteilungen deutlich. So finden sie sich zusätzlich zur Schnauzenregion und den Lippen auch über den Augen, an den Wangen und der Rückseite der Vorderbeine. Züchter haben argumentiert, dass den Katzen die Tasthaare ja schon von Geburt an fehlen und sie daher eigentlich nichts vermissen könnten. Auch könnten selbst Katzenexperten ein Leiden dadurch nicht erkennen. Entscheidend im aktuellen § 11b des Tierschutzgesetzes ist jedoch hier der Begriff des artgemäßen Gebrauchs. In seiner Neufassung von 2013 wurde dieser Paragraf maßgeblich umformuliert. Seither ist jede Zucht verboten, wenn züchterische Erkenntnisse erwarten lassen, dass bei der Nachzucht Körperteile oder Organe für den artgemäßen Gebrauch fehlen oder untauglich oder umgestaltet sind und hierdurch Schmerzen, Leiden oder Schäden auftreten. In solchen Fällen kann die zuständige Behörde das Unfruchtbarmachen anordnen. Tasthaare gehören in der Natur untrennbar zum normalen Katzenleben. Ihr Fehlen verhindert jeglichen artgemäßen Gebrauch dieser Körperteile und stellt somit einen Schaden dar. Klarer hätte das Gesetz in diesem Punkt nicht formuliert werden können.

Das Maß der Artgerechtigkeit aber fällt uns offenbar schwer. Wie viele Tasthaare braucht die Katze und wie lang muss ein Hundeschwanz sein, um als artgerecht bezeichnet zu werden? Liegen Artgerechtigkeit und Leid ähnlich wie Schönheit nur im Auge des Betrachters? Heißt das, dass wir mit Hund und Katze alles anstellen können, wie es uns gefällt? Die moralische Verpflichtung zur Gerechtigkeit gegenüber der Art und dem einwandfreiem Umgang wird doch aus meiner Sicht nur noch stärker bei Tieren, die wir mehr als alle anderen bewusst geformt haben.

Die entschlossene amtliche Tierärztin bedauerte, dass sie nicht einfach die Zucht der gesamten Rasse verbieten konnte. Aber sie konnte die Kastration, also chirurgische Unfruchtbarmachung, der vor Ort angetroffenen Defektkatzen anordnen. Und das tat sie. Alle weiteren Katzen seien vor einer eventuellen Abgabe zu kastrieren. Die Züchterin legte erst erfolglos Widerspruch bei der Behörde ein und klagte dann vor Gericht. Ihre Klage gegen das Zuchtverbot und die Kastrationsanordnungen wurde 2015 vom Verwaltungsgericht Berlin abgewiesen. In seiner Urteilsbegründung bezog sich das Gericht einerseits auf die generellen Bewertungen des sogenannten Qualzuchtgutachtens aus 1999. Darin fand sich eine Empfehlung für ein Zuchtverbot für Katzen, bei denen die Tasthaare fehlen. Das Gericht ließ sich in seiner Urteilsfindung zusätzlich von einem tierärztlichen Gutachter unterstützen, der die fraglichen Katzen untersuchte. Der Gutachter kam zu dem Schluss, dass dem Kater die Tasthaare erkennbar vollständig fehlten und die Kätzinnen nur verkümmerte, nicht funktionsfähige Tasthaare von wenigen Millimetern Länge aufwiesen. Dies sei als Körperschaden zu werten mit Einschränkung der Möglichkeit zu arttypischem Verhalten und mit erwartbarem andauerndem Leiden. Dem Richter reichte das aus. Er wies die Klage der Züchterin ab und bestätigte die Rechtmäßigkeit von Diana Planges Anordnung.

Es handelte sich um die erste einschlägige Gerichtsentscheidung nach Neufassung des Qualzuchtparagrafen im Jahr 2013. Das Verfahren wurde von der Fachwelt begrüßt, von der Presse gelobt und von amtlichen Tierärztinnen deutschlandweit als vorbildlicher Weg gepriesen. Zwar legte die unterlegene Züchterin Berufung ein, jedoch befand das Oberverwaltungsgericht Berlin-Brandenburg die Erteilung des Zuchtverbotes und der Kastrationsanordnung in seinem Beschluss von 2016 als rechtmäßig.

Das Beispiel machte Schule. Ein zweites amtliches Zuchtverbot für nackte Sphynx-Katzen wurde in Hamburg angeordnet und juristisch im Januar 2018 bestätigt. Die beiden Sphynx-Hobbyzüchter hatten versucht, sich gegen die amtstierärztliche Anordnung der Einstellung ihrer Zucht und Kastration der Zuchttiere zu wehren.

Das Verwaltungsgericht lehnte ihren Antrag auf einstweiligen Rechtsschutz ab. Auch in diesem Fall sah das Gericht in dem Fehlen funktionstüchtiger Tasthaare einen Verstoß gegen den § 11b. Durch ihr Fehlen trete für die Tiere ein nicht unerheblicher Schaden ein. Bemerkenswert war in der Begründung auch der Satz: »Die finanziellen Interessen der Antragsteller an der weiteren Züchtung müssen hinter den Bedürfnissen und dem Tierwohl zurückstehen.« Hier wurde ausdrücklich das Tierwohl über das Recht des Besitzers auf Verfügung über sein Eigentum zur Verfolgung kommerzieller Interessen gestellt.

Das Modell Plange macht nicht nur bei Katzen Karriere. Erste amtliche Zuchtverbote wurden 2016 für französische und englische Bulldoggen mit Extremzuchtausprägungen angeordnet. Gleichzeitig wurden durch das Veterinäramt tierärztliche Maßnahmen zur möglichst weitgehenden Wiederherstellung ihrer Gesundheit eingefordert.

Die genannten Beispiele verfügen über eine Strahlkraft, die weit über die Signalwirkung des seinerzeit stark kritisierten Federhaubenentenurteils hinausgeht. Die Verbote und Urteile nach 2013 geben starken Anlass zu der Hoffnung, dass in naher Zukunft weitere Defektzuchten amtlich verboten werden, bei gleichzeitiger

Anordnung der Kastration solcher Zuchttiere. Neben zahlreichen Hunderassen befinden sich mehrere als Qualzuchten eingestufte Katzenrassen wie die *Scottish Fold*-»Faltohren«, *Devon Rex*- und Pudelkatzen im Fadenkreuz couragierter amtlicher Tierärztinnen. Wir erleben den Beginn einer Zeitenwende in der amtlichen Überwachung der deutschen Heimtierzucht durch effektiven Vollzug des Tierschutzgesetzes als konsequente Verfolgung des Staatszieles Tierschutz. Danke, Mutter Courage!

Sehnsucht nach Adel

In weniger als einem Prozent der Zeit, während der wir unsere Feuerstellen, Höhlen und Mahlzeiten mit Hunden teilten, haben wir viele Rassen unakzeptabel krank gezüchtet und zugrunde gerichtet. Reinrassigkeit wurde ursprünglich als Qualitätsmerkmal verstanden. Sie ist die alte, heile Welt, der sichere Hafen der Ordnung. Die über Jahrzehnte wider besseres Wissen teils unkorrigierten Zuchtpraktiken und das dazugehörige Käuferverhalten haben den Zusammenhang zwischen Reinrassigkeit und Qualität aber ein Stück weit zerstört, für manche Rassen womöglich unwiederbringlich. Unsere Vorliebe für Reinheit, Hochadel, Inzuchtstammbäume und »Papiere« hat sich als Irrweg herausgestellt. Ich frage mich manchmal, ob wir unseren Verlust der Aristokratie unbewusst auszugleichen versuchen, indem wir unseren blaublütigen, rassereinen Hunden und Katzen adelsähnliche Titel »von und zu« verpassen. Wollen wir damit in der kleinen Welt etwas schaffen, was wir in der großen nicht mehr haben? Adelige Degenerationen halten uns offenbar nicht davon ab.

Auch in der Gegenwart ist keine generelle Trendwende zu erkennen, von wenigen Ausnahmen abgesehen. Retromöpse, Sportmöpse, Designer- und Hybridhunde sowie die Rettung einzelner Rassen durch systematisches Einkreuzen rassefremder Hunde zeigen wertvolle Alternativen mit viel Potenzial für die Tiergesundheit auf. Aber auch hier ist der Wille noch nicht überall intelligent genug. Augenmaß und Fachwissen sind bei solchen Trends unverzichtbar. Den korrigierenden Zuchtpraktiken ist jedoch gemein, dass wir uns für einige kaputt gezüchtete Rassen zumindest für eine ganze Weile von Reinrassigkeit nach bisherigem Verständnis verabschieden müssen. Aus reinem Adel wird nun unreines, aber gesundes Fußvolk.

Offenbar muss es ein neues Konzept von Rasse und Rassepflege geben. Dabei können wir viel lernen aus der heutigen Zucht von Zoo-, Nutz- und Labortieren. Hier sind Inzucht, Zuchtdepression und die Ansammlung von Gendefekten bis zum Aussterben längst bekannt und werden durch geeignetes Vermehrungsmanagement so weit wie möglich korrigiert. Unverzichtbare Voraussetzung dafür ist die Führung eines zentralen Zuchtbuches, in dem alle an der Zucht beteiligten Individuen gelistet sind, einschließlich ihrer bekannten Stärken und Krankheitsdispositionen. Ein zentrales Zuchtmanagement entscheidet darüber, welche Individuen zuchttauglich sind und miteinander verpaart werden sollen, um die Weitergabe von Defekten möglichst zu vermeiden und die Rasse langfristig möglichst gesund zu halten. Je defektbeladener der Genpool einer Rasse heute ist, desto konsequenter muss das Zuchtmanagement sein. Der Transport von tiefgefrorenem Sperma oder Eizellen kann dabei helfen. Ein zentralisiertes Zuchtbuch erfordert jedoch die Bereitwilligkeit und verantwortungsvolle Kooperation möglichst aller Züchter einer Rasse, damit keine »schmutzigen Parallelzuchten« überhandnehmen, wie es heute zu befürchten ist. Zwar existieren bei uns bereits diverse Zuchtbuchmodelle, diese scheinen jedoch entweder nicht stringent genug gemanagt oder umfassen zu wenige Angehörige der Rasse.

In mehreren skandinavischen Ländern ist ein zentrales Zuchtbuchmodell bereits für die gesamte Hunde- und Katzenzucht erfolgreich umgesetzt, zum Teil in enger Verknüpfung mit einer Tierkrankenversicherung. In Deutschland überwiegt jedoch die Freiheit und Unabhängigkeit der Züchter in allen Entscheidungen, was sich auch in naher Zukunft wohl nicht ändern lässt. Bereits mehrere Versuche, ein Heimtierzuchtgesetz mit Rahmenbedingungen für sinnvolle Koordination, Qualitätsmanagement und Vermeidung von Tierleid zu erlassen, verliefen erfolglos. Die Konkretisierung eines Ausstellungsverbotes für Qualzuchten hat die Bundesregierung bereits 2012 erstmals in den Bundestag eingebracht. Im parlamentarischen Verfahren ist der Entwurf dann an Detailfragen gescheitert. In einer liberal-humanistischen Gesellschaft ist das Wohl unserer Tiere auch weiterhin allein von dem Verantwortungsbewusstsein freier Züchter und Käufer abhängig. Mir als Tierpathologen und täglichem hautnahen Zeugen fehlt jegliches Verständnis für diese Entwicklungen. Und als Tierfreund verzweifle ich manchmal an diesem Kuscheltierdrama. Tief in mir drinnen verspüre ich unendliche Wut. Wo bleibt die öffentliche Empörung?

Designerrassen

Ein weiterer Trend gegen den Rassefrust ist in der zunehmenden Beliebtheit von sogenannten Designerrassen oder Hybridrassen zu erkennen. Dabei werden zwei Elterntiere aus verschiedenen »reinen« Rassen miteinander verpaart, um besonders wertvolle Eigenschaften zu verbinden und gleichzeitig Nachteile der Reinrassigkeit zu umgehen. Pudel sind dabei beliebte Kreuzungspartner, da sie als besonders gesund, intelligent, wesensangenehm und sogar hypoallergen gelten. Kombiniert wird mit einer anderen Rasse, deren Fellfarbe, Größe, Kopfform oder was auch immer man einbringen möchte. Bezeichnungen wie *Labradoodle, Schnoodle* und *Golden Doodle* verraten leicht die andere Elternrasse. Ein *Puggle* entsteht aus Mops x Beagle (engl. *Pug* für Mops), ein Maltipoo aus Malteser x Zwergpudel und ein *Chug* aus Chihuahua x Mops. An den Haaren herbeigezogen wird es bei Affenhuahuas – Affe steht hier für Affenpinscher, nicht etwa für kleine Primaten –, Affenpoos, Affentzus, Affenpugs und Affenshires. Heute sind über eintausenddreihundert solcher Kombinationen bekannt. Bei rund dreihundertfünfzig VDH- oder FCI- anerkannten Hunderassen – einschließlich der vorläufig anerkannten – ist die Zahl der möglichen Kombinationen rechnerisch noch sehr viel höher. Aber die Entwicklung der Hybridrassen steckt ja auch erst in den Welpenschuhen.

Bei näherer Betrachtung dämpfen einige Details die Euphorie. Zunächst sind die Begriffe irreführend, denn es handelt sich nicht um neue Rassen, sondern um Hybride in der ersten Generation und in allen folgenden Generationen um simple Mischlinge. Aus genpathologischer Sicht ist das sehr zu begrüßen, jedoch fällt der Wert eines Mischlings gegen den eines Rassehundes beim Kaufpreis und auch in der öffentlichen Wahrnehmung leider deutlich ab. Umso erstaunlicher ist, dass diese neuen Zuchtformen teurer sein können als ihre reinrassigen Ursprünge. Von einer Rasse, also »echten Papieren«, sprechen wir erst nach einer förmlichen Aufnahme in den Olymp durch VDH oder FCI. Die Voraussetzungen dafür sind streng und können zumeist erst nach weit über zehnjähriger Reinzucht mit etwa eintausend lebenden Hunden aus mindestens acht separaten Zuchtlinien erfüllt werden, die einem einheitlichen Standard entsprechen. Davon sind die meisten heutigen Designermischlinge weit entfernt. Auch der Begriff Hybridrasse ist zwar ein netter Versuch einer Namensfindung, jedoch paradox. Ein Tier ist entweder reinrassig oder ein Mischling; ein Hybrid ist ein Mischling in der ersten Generation. Beide Definitionen schließen sich gegenseitig aus. Man ist rein oder unrein, und ein bisschen rein ist immer unrein.

Der Unterschied besteht nicht nur sprachlich, sondern offenbart sich eindrucksvoll genetisch durch ein »Auseinanderwachsen« in der zweiten Nachkommengeneration, also bei den Enkeln der vermischten Hochadelgroßeltern. Die Enkelwelpen, also die Welpen der Hybride, zeigen auffallend unterschiedliche Farben, Felleigenschaften, Körperformen oder Wesenszüge durch ungleichmäßige Verteilungen der Gene. Leider entstehen dabei auch nicht wenige Nachkommen, die dem gewünschten Kreuzungsziel so gar nicht mehr entsprechen. Von Design kann man da nicht mehr sprechen, eher von Wildwuchs. Aus Sicht des Pathologen ist das gut! Züchter der Designermischlinge geraten daher oft in Erklärungsnot, wenn sich Interessenten den »typischen« Labradoodle ab der Enkelgeneration aussuchen wollen oder sich allein anhand des Aussehens der Maltipoo-Eltern einen Welpen bereits vor seiner Geburt reservieren lassen. Die Würfe sind bunt, und viele Welpen ähneln den Eltern nicht in dem gewünschten Ausmaß. Schon Gregor Mendel kannte die genetischen Grundlagen für das Auseinanderwachsen von Hybriden ab der Enkelgeneration, ohne je einen Designerhund gesehen zu haben. Ähnlich wie beim Merle-Hund liegt der Schlüssel in der Gewusst-wie-Zucht. So sollten die gewünschten Designer- oder Hybridhunde immer direkt aus den rein-, aber verschiedenrassigen Eltern neu gezüchtet werden, nicht durch Verpaarungen der Hybride oder ihrer Nachkommen untereinander. Alles andere wäre der Weg zu einer neuen Rasse über einen genetischen Flaschenhals und Inzucht. Und genau das ist zu vermeiden.

Manchmal ist zu lesen, dass durch Kreuzungen automatisch gesündere Hunde entstehen, denn Mischlinge seien ja immer gesünder. Wir nennen das Heterosis-Effekt, wenn in der ersten Nachkommengeneration – also den Hybriden – aus zwei verschiedenen, aber reinrassigen Eltern tatsächlich einheitlich gesündere, widerstandsfähigere und fruchtbarere Tiere hervorgehen. In der nächsten Generation nach Verpaarung der Hybriden untereinander geht dieser Effekt jedoch schon wieder verloren, die Krankheitsanfälligkeit steigt wieder. Welpen von Hybriden darf man auch nicht mehr als Hybride bezeichnen, es sind dann »nur noch« Mischlinge, deren Gesundheit stark variieren kann. Die echten, also wirklich gesünderen und dem gewünschten Design entsprechenden Hybriden haben definitionsgemäß immer verschieden reinrassige Eltern.

Und noch ein weiteres Problem wird bei Designer- oder Hybridhunden oft übersehen. Manche Defektgene machen schon krank, wenn nur eine Kopie in den Chromosomen vorliegt, selbst wenn die andere Kopie intakt ist. Dazu zählen die Chondrodystrophie (Kurz- und Krummbeinigkeit) mit Neigung zur Querschnittslähmung beim Dackel sowie die polyzystische Nierenkrankheit des Bullterriers. Hybride dieser Rassen – Dackbulls oder Buckels? – können demnach beide Krankheiten entwickeln und doppelt leiden. Auch der Merle-Faktor macht keinen Unterschied zwischen Reinrassigkeit, Hybrid- oder Mischlingsstatus der Eltern. Werden zwei reinrassige Merle-Faktor-Träger aus verschiedenen Rassen verpaart, dann wird etwa jeder vierte Welpe ein Designerhund-Weißtiger sein. Dasselbe gilt für Hybrid- und Mischlingsverpaarungen. Heterosis-Effekte wirken für derartige Defektgene nicht, und auch Hybride und Mischlinge sind in diesen Fällen nicht gesünder als blaublütiger Hochadel. Die Kreation von Designerhunden macht hier keinen Unterschied.

Insgesamt werde ich bei jeder neuen Form von »Design von Tieren« ganz vorsichtig, denn dieses Konzept führte bereits zu zahlreichen Extrem- und Inzuchten, die so viel Elend beschert haben. Auf den zweiten Blick wird Design bei Tieren oft zu Pathologie. Viel sympathischer ist mir das Design von Halsbändern, Leinen und Körbchen, die meinetwegen auch passend zum Tier entworfen werden. Accessoires für Tiere zu designen scheint mir ratsamer, als Tiere zu Accessoires für den Menschen zu formen.

Genwissenschaften in der Heimtierwelt

Gibt es einen Ausweg? Selbstverständlich: Heimtierzucht muss konsequent die Zucht auf gesundheitsgefährdende Extremmerkmale sowie Inzucht vermeiden. Und die Wissenschaft der Gene kann helfen, zunächst in der Erkennung – also Diagnostik – von pathologischen Mutationen. Inzuchtfolgen, wie sie für Asko von der Eichenburg, den Kromfohrländer und die Mops-Gehirnentzündung PDE beschrieben wurden, können damit am Einzeltier, das für die Zucht eingesetzt werden soll, identifiziert werden. Ein Tropfen Blut, ein Maulschleimhautabstrich oder wenige Haare reichen oft für einen Gentest. Die tiermedizinischen Labordienstleister bieten bereits Tests für mehrere Hundert Einzelmutationen bei bestimmten Rassen an, die als Ursache für schwere Krankheiten bekannt sind. Der Preis liegt in einem gesunden Rahmen.

Verfügbarkeit und Kosten von solchen Gentests erlauben bereits heute ihren routinemäßigen Einsatz. Der Gentestmarkt der Zukunft wird wesentlich von der Nachfrage und Qualitätssicherung abhängen. Erfreulich ist der Trend zum Kombinationstest für die einzelnen Rassen, über die mit einer einzigen Probe alle bekannten Defekte in einer Rasse abgeklopft werden können. Die Zahl der rassebekannten Defekte schwankt dabei erheblich. So sind für einzelne Rassen überhaupt noch keine Einzelgendefekte bekannt, während bei den meisten Rassen die aktuelle Zahl zwischen etwa fünf und zehn liegt. Spitzenreiter scheint der Labrador zu sein mit aktuell fünfzehn bekannten Defektmarkern in seinem Rasseprofil. Mit einer weiteren Zunahme dieser Zahlen und der betroffenen Rassen ist jedoch zu rechnen.

Die einzig konsequente Entscheidung bei einem positiven Testergebnis für einen Defekt oder eine schwere Krankheit wäre der Zuchtausschluss. Leider erlauben noch zu viele Zuchtvereine die Vermehrung von heterozygoten Defektträgern, die neben dem Defektgen mit einer gesunden Chromosomenkopie ausgestattet sind und selbst nicht erkranken. Dadurch bleibt das Defektgen in der Rasse erhalten und wird in die nächsten Generationen weitergereicht. Die Annahme, dass in nicht allzu ferner Zukunft eine ausschließlich testabhängige Zuchtwahl erfolgen könne, um die Entstehung von erkrankenden Doppelträgern durch Verpaarung von zwei Heterozygoten auszuschließen, ist eine Illusion. Sogenannte Wohnzimmervermehrer und freie Liebe, beides ohne Gentests, werden in der Heimtiervermehrung immer eine große Rolle spielen und das Risiko der Entstehung von homozygoten Krüppeln aufrechterhalten. Daher gehören ernsthafte Defektgene so weit wie möglich eliminiert. Neben Gentests können auch andere Maßnahmen dazu beitragen, beispielsweise Deckzahlbeschränkungen für *Popular Sires*. Manche Züchter argumentieren, dass ihre Rassen schon so stark belastet sind, dass ein konsequenter Defektgenausschluss zu deren sicherem Aussterben führen würde. Das muss dann eben vielleicht auch sein.

Die Kenntnis der genetischen Grundlagen von Krankheitsanfälligkeiten bietet nicht nur Möglichkeiten ihrer effektiven Reduktion durch Test und Zuchtausschluss von Trägerindividuen. Die gentechnische Korrektur von Mutationen im Labor, *Genome Editing*, ist seit einigen Jahren im Prinzip keine Zukunftsmusik mehr, auch wenn das Verfahren noch in den Kinderschuhen steckt. Sogenannte Genscheren werden bereits zur präzisen Manipulation und Korrektur einzelner DNA-Buchstaben eingesetzt. Damit lassen sich mit überschaubarem Aufwand Gendefekte dauerhaft reparieren. Eine krankheitsauslösende Mutation im Bauplan kann in die gesunde Originalversion zurückgeführt werden. Bei Bakterien und Labormäusen sind Genscheren wie CRISPR/Cas9 schon gängige Praxis, aus der wir für andere Bereiche lernen können.

Natürlich träumen Mediziner davon, eines Tages genetisch verankerte Krankheiten beim Menschen heilen zu können. Bis dahin sind jedoch noch sicherheitsrelevante Verbesserungen der Verfahren und die Abwägung ethischer Fragen erforderlich. Auch bestehen erhebliche Bedenken in Bezug auf Missbrauchspotenziale. Es liegt jedoch aus vielen Gründen nahe, dass Genscheren zur Korrektur defektgezüchteter Heimtiere früher zum Routineeinsatz kommen werden als beim Menschen. Absehbar ist schon jetzt, dass sich nur ein Teil der Erbkrankheiten dafür eignen wird. Bereits erkrankte Tiere können selbst durch diese Technologie nicht unbedingt geheilt werden, vor allem wenn die Schäden wie bei Asko von der Eichenburg fortgeschritten sind. Da Genscheren jedoch die Korrektur von Defekten bereits in der Zygote ermöglichen, also dem Verschmelzungsprodukt von Spermium und

Eizelle, könnten damit alle Folgegenerationen von teuflischem Übel befreit werden.

Schön wär's, wenn wir Labrador, Mops, den Deutschen Schäfer und viele andere Rassen auf diese Weise retten könnten. Die Nasentruppe und ihre chirurgische Korrektur mit dem Skalpell würden dadurch wieder überflüssig. Ob jedoch der Wettlauf zugunsten des Fortschritts einer sicheren Genscherentechnologie entschieden werden kann, bevor einzelne Haustierrassen unkorrigierbar degeneriert sein werden, bleibt abzuwarten.

Die Genwissenschaften als eine Schlüsseltechnologie des jungen dritten Jahrtausends bieten mit Gendiagnostik und Reparaturwerkzeugen wertvolle Instrumente bei der Korrektur historischer Irrwege und Versäumnisse in der Heimtierzucht. Wie bei allen neuen Technologien mit Gefahren und Missbrauchspotenzial werden wir hier Augenmaß brauchen. Ich sehe bemerkenswerte Parallelen zu der Entwicklung der systematischen Hunde- und Heimtierzucht vor gut 150 Jahren. Man merkte, was geht, war verliebt in die Möglichkeiten und endete mit diversen Exzessen und Fehlern. Von der Historie der Tierzucht können wir für andere Technologieentwicklungen lernen, auch für die Genwissenschaften. Erfolg gebiert leider Verlangen nach noch mehr Erfolg anstelle von Raum für Reflexion, Bewertung und Korrekturen. Mit den Genscheren sollten wir ein besseres Augenmaß halten als in der Tierzucht.

Im Spiegel

Unser Umgang mit Tieren zu Beginn des dritten Jahrtausends wird immer zwiespältiger. Die meisten von uns wollen gar nicht so genau wissen, wie die Tiere, die wir essen, gehalten oder geschlachtet werden, Hauptsache, die Produkte sind günstig und frei von Risiken. Unsere Fußabdrücke in der globalen Tierwelt werden immer verheerender. 2867 Tierarten werden 2018 von der Weltnaturschutzunion IUCN als »vom Aussterben bedroht« gelistet. In den letzten 27 Jahren ging in Europa und Nordamerika die Zahl der geflügelten Insekten um 75 Prozent zurück. Ohne ein radikales Umdenken in der Landwirtschaft, so heißt es, könnten die letzten Bienen, Hummeln, Libellen und Schmetterlinge in den nächsten zehn Jahren weitgehend ausgerottet sein. Die Kleinsäuger und Vögel auf unseren Feldern zwingen wir mit Glyphosat und Co. in die Knie. Wir schauen zu, wie Eisbären, die Gallionsfiguren einer unberührten Natur, in ihrer Heimat aussterben. Trophäenjäger schießen noch immer die bereits stark dezimierten Objekte ihrer Begierde und stopfen sie aus. Sogenannte Volksmediziner verarbeiten die letzten Schlangen, Schildkröten, Tiger und Nashörner ihrer Art in skrupelloser Weise zu fragwürdigen Medizinalprodukten.

Gleichzeitig erheben wir unsere Hunde, Katzen und sonstige Kuscheltiere in Wohn- und Kinderzimmern zunehmend in den Menschenstand und machen sie zu Familienmitgliedern auf Augenhöhe. In einer vereinsamenden Gesellschaft schaffen wir uns mit ihnen immer öfter Ersatz für fehlende Sozialpartner. Drückt sich darin eine Sehnsucht nach harmonischem Umgang mit dem Tier aus, eine Versöhnung zum Ausgleich unserer Entfremdung von lebensmittelliefernden Tieren und unserer Ignoranz der Tiere da draußen?

Für mich als Tierpathologen und letzten Zeugen löst sich dieser Zwiespalt in meiner täglichen Arbeit auf, wenn ich sehe, dass wir mit unseren Kuscheltieren oft auch nicht viel besser umgehen als mit Nutztieren und Wildtieren. Auch sie benutzen wir gern, wie es uns gefällt, selbst wenn wir gern ein anderes Bild von uns und ihnen in unserem gemeinsamen Heim pflegen. Dabei denke ich nicht an extremen Missbrauch wie Tierquälerei, Vernachlässigung, Doping und Sodomie. Dies sind schändliche Ausnahmen und zumeist durch menschliche Psychopathologien begründet. Vielmehr macht mich die in Teilen der Gesellschaft erkennbare Skrupellosigkeit bei der Züchtung und Verherrlichung von offensichtlich leidenden Tieren wütend, genauso wie die Vernachlässigung von verantwortungsvoller tiermedizinischer Vorsorge und Therapie im Krankheitsfall. Warum müssen Haut- oder Milchdrüsentumoren bei Hunden erst Tennisballgröße annehmen, bevor der Besitzer von Eigenheim und Oberklassewagen mit seinem Vierbeiner zur Tierärztin geht? Warum werden Hund und Katze, Kaninchen und Frettchen nicht ausreichend entwurmt und geimpft, um Fuchsbandwurm, Staupe und Myxomatose sicher zu verhindern? Wenn es an Unwissenheit liegen sollte, hat dieses Buch hoffentlich geholfen. Bei allen weiteren Fragen wenden Sie sich einfach an Ihre Tierärztin. Die jahrzehntelange Historie von immer extremeren Defektzüchtungen bei längst ausreichender Kenntnis auf Züchterseite zeigt jedoch an, dass besseres Wissen allein nicht vor anhaltenden, systematischen Verstößen gegen den Geist des Tierschutzgesetzes schützt.

Der tiermedizinische Fortschritt unserer Zeit holt in seinen therapeutischen Möglichkeiten die Menschenmedizin fast ein. Doch ähnlich wie in der Zweibeinermedizin hat auch die tierärztliche Kunst ihren Preis. Die Kosten für Hüftgelenksprothesen, Kolikoperationen und chirurgische Korrekturen des brachyzephalen Syndroms können die Anschaffungskosten eines Tieres um ein Vielfaches übersteigen. Aber auch die empfohlenen Impfungen,

Entwurmungen und Gesundheitschecks können manchen Tierbesitzer belasten. Bei der Anschaffung eines Tieres gehört die langfristige Kalkulation von Kosten und Risiken zur verantwortungsvollen Entscheidung. Tierkrankenversicherungen können aus der Zwickmühle zwischen Belastung der eigenen Geldbörse und Vernachlässigung des Tierwohls heraushelfen. Der Jahresbeitrag von bis zu mehreren Hundert Euro mag manche zunächst abschrecken, rechnet sich jedoch in der Regel für den Halter durch Vermeidung von Risiken und Gewissenskonflikten und für das Tier durch Gewährung einer bestmöglichen Versorgung. Ein halbes Dutzend Versicherer bietet bereits ein weites Spektrum von reiner Absicherung größerer Unfälle bis zu Rundum-sorglos-Paketen an.

Für manchen überraschend sind die stark variierenden Beitragshöhen, die sich unter anderem am Alter des Tieres und der Rasse orientieren. Nach der Lektüre dieses Buches wird Sie nicht verwundern, dass bekannte Defekthunderassen um ein Vielfaches kostspieliger zu versichern sind als robuste Rassen oder Mischlinge. Die Versicherer spiegeln einfach die Realitäten wider. Und wie bei vielen anderen Versicherungen schützen Selbstbeteiligungen vor Missbrauch. Als Tierpathologe wünsche ich mir oft, dass das Tier unter meinem Seziermesser krankenversichert gewesen wäre und der Besitzer daher wesentlich früher zur Tierärztin gegangen wäre – bevor es zu spät war. Deutschland ist jedoch auch hier mit kaum fünf Prozent krankenversicherter Hunde ein Entwicklungsland mit viel Potenzial, während in Schweden, Finnland und England weit über die Hälfte versichert sind. Auch diese Zahlen spiegeln unser Verhältnis zu ihnen wider, wenn im Hochsicherheitstrakt Deutschland Autos und viele andere Güter wahrscheinlich stark überversichert sind, unsere Kuscheltiere dagegen eindeutig unterversichert. Wie wäre es, wenn wir in die Familie aufgenommene Heimtiere ähnlich wie uns selbst automatisch krankenversichern würden?

Der Münsteraner Verhaltensbiologe Professor Dr. Norbert Sachser klärt darüber auf, dass in Säugetieren wie Hund und Katze sehr viel mehr Mensch steckt, als wir bislang dachten. Die Vorstellung von reflex- und instinktgesteuerten behaarten Automaten gehört längst auf den Müllhaufen der Geschichte. Säugetiere verspüren Emotionen wie Angst, Freude und Leiden, die auf erstaunlich ähnlichen Schaltkreisen des Gehirns beruhen wie unsere eigenen Gefühle. Auch verfügen sie über die neurologischen Strukturen von Bewusstsein, Selbstbewusstsein und Persönlichkeit. Grund genug für die Annahme, dass unsere Kuscheltiere auch Krankheit, Leiden und Schmerzen ähnlich empfinden könnten wie wir.

Warum erreichen uns diese Emotionen oft nicht und lösen bei uns keine echte, natürliche Empathie aus? Das Mitfühlen und Mitleiden, emotionale Empathie, beruht auf der Funktion von Spiegelneuronen, einer besonderen Gruppe von Gehirnzellen im Stirnlappenbereich. Ihre Aktivität lässt uns die Empfindungen anderer mitfühlen und löst bei uns ähnliche Reaktionen aus, als wenn wir selbst am eigenen Leib betroffen wären. Zu diesen Reaktionen zählen Aktivitäten wie Helfen und Pflegen, aber auch komplexere Handlungsweisen zur Abwendung weiterer Gefahren. Spiegelneuronen stellen ein zentrales Element des intuitiven Zugangs zu anderen Menschen und damit des menschlichen Sozialverhaltens dar. Sie sind jedoch angewiesen auf die Signale, die sie von unseren Sinnesorganen und von den Musterverarbeitungen unseres Gehirns erhalten.

Die menschliche Evolution hat diese offenbar, wahrscheinlich mit gutem Grund, deutlich passgenauer für die Erkennung menschlicher Signale geformt als für Signale, die von Tieren ausgehen. Menschen »lesen« und verstehen andere Menschen besser als Tiere, auch wenn manche Menschen sich den eigenen Tieren näher fühlen mögen. Der Blick auf das Tier gleicht oft einem Blick in einen Zerrspiegel, den wir als solchen nicht erkennen. Aktuelle Forschungen haben aber auch gezeigt, dass Mustererkennung und

Spiegelneuronen lernfähig sind und sogar aktiv trainiert werden können. Das macht Hoffnung.

Die medizinische wie die moralische Bewertung des Zufügens von Leid, Schmerzen und Schäden sowie Verlust der Artgerechtigkeit ist nach dem Tierschutzgesetz an einen »vernünftigen Grund« geknüpft. Auf den Punkt gebracht, heißt das: Je stärker der Grund oder je gewichtiger der Zweck, desto schlimmer darf das Leiden sein. Wenn wir unseren eigenen Heimtieren die empfohlene Vorsorge oder als nötig erkennbare Therapie vorenthalten, welcher vernünftige Grund könnte dies rechtfertigen? Wenn wir Tiere wissentlich immer kränker und krankheitsanfälliger züchten, welches Zuchtziel als vernünftiger Grund oder Zweck wiegt dies auf?

Ähnliche Fragen stellen wir uns bereits seit Jahren für unseren Umgang mit Nutztieren und Versuchstieren. Die Antworten sind nicht zuletzt kontextabhängig. Ein chronisch hungernder Mensch bewertet den Umgang mit lebensmittelliefernden Tieren anders als der überversorgte Mitteleuropäer. Wenn Ihr eigenes Kind erkrankt und nur durch neu entwickelte Medikamente gerettet werden kann, sehen Sie den Umgang mit Versuchstieren aus einer anderen Perspektive. Für unsere Haustiere ist diese moralische Kernfrage jedoch völlig vernachlässigt. Das Maß für einen »vernünftigen Grund« für das vermeidbare Leid unserer Kuscheltiere ist aus der Sicht des Tierpathologen in unserem Kulturkreis noch nicht erkennbar. Mit einer Vermenschlichung tun wir ihnen unrecht, indem wir uns damit den Blickwinkel auf ihre eigenen natürlichen Wahrnehmungen und tierartgerechten Bedürfnisse verstellen.

Wie wir mit den von uns geformten Hunden und anderen befellten und gefiederten Verwandten umgehen, hält uns den Spiegel unserer eigenen Menschlichkeit vor. Damit sind nicht ihre in vielen Köpfen bereits vollzogene Vermenschlichung und Integration in unser engstes soziales Umfeld gemeint, sondern unser konkreter Umgang mit ihnen. Mit anderen Worten: Wie respekt- und würdevoll, wie mitfühlend, verantwortungsbereit und ehrenhaft behandeln wir sie in der täglichen Routine und besonders im Krankheitsfall? Vordergründig sind dies Attribute, die wir gewöhnlich nur im Umgang mit anderen Menschen benutzen. Humanität (lat. *humanitas*) jedoch bezeichnet seit der Antike eine Vielzahl von individuellen und kollektiven menschlichen Tugenden, die insbesondere auch Fremden, Schwachen, Abhängigen und Untertanen entgegengebracht werden. Erst Humanität macht uns zu Menschen. Unser Umgang mit unseren fast in den Menschenstand erhobenen Tieren ist daher auch ein Indikator dafür, wie es um unsere eigene Menschlichkeit mit allen ihren klassischen Werten bestellt ist.

Dank

Das Buch kann ich nicht abschließen ohne ein kräftiges Dankeschön an das gesamte Team, das dies alles möglich gemacht hat. Shirley Michaela Seul gebührt mein großer Dank für zahllose, grandiose Ideen sowie ihr unschätzbares Talent zu helfen, Geschichten lebensnah und mitreißend zu erzählen: Ich habe viel von dir gelernt, Shirley! Unser Lektor Jürgen Bolz hat mir auf fast freundschaftliche Weise gezeigt, wie professionell, effektiv und vertrauensvoll Verlagsarbeit sein kann. Dasselbe gilt für die Mitarbeiter des Droemer-Verlages. Frau Dr. Ulrike Strerath-Bolz bin ich tief verbunden für bewundernswert präzise und zugleich einfühlsame Sprachpolitur. Linus Beckmann sei gedankt für die beeindruckenden Zeichnungen und seine Geduld mit mir. Meinen Tierpathologenkollegen und vielen Experten angrenzender Disziplinen danke ich für wertvolle Anregungen und fachliche Durchsichten. Bei der gesamten Mannschaft der Tierpathologie der Freien Universität Berlin bedanke ich mich herzlich für jegliche und unverzichtbare Unterstützung, die mich jeden Tag wieder gern ins Institut kommen lässt. Philipp Olias sei hier stellvertretend für alle meine Doktorierenden und Nachwuchspathologen gedankt, deren Ideen und Initiativen unserer Arbeit Flügel verleihen. Michael Tsokos sage ich Dank für seine kollegiale Unterstützung und sein Vertrauen über den Zaun hinweg. Meiner Frau Barbara danke ich für den roten Faden durch das Buch und durchs Leben sowie für alle Rettungen aus Strandungen, Irrungen und Zweifeln. Uns allen gemein ist die Tierliebe und die Wertschätzung für unsere vierbeinigen Gefährten.

Leseempfehlungen und Auszug aus der genutzten Literatur

Azab, W., Dayaram, A., Greenwood, A. D., Osterrieder N.: »How host specific are herpesviruses? Lessons from herpesviruses infecting wild and endangered mammals«, in: *Annual Review of Virology* 5 (2018), S. 53–68

Baumgärtner, Wolfgang, und Gruber, Achim D.: *Allgemeine Pathologie für die Tiermedizin*. Enke, 3. Aufl., 2019

Bothe, M. K., u. a.: »Big Head Disease in a puppy with renal dysplasia«, in: *Tierärztliche Praxis Ausgabe Kleintiere Heimtiere* 37 (2009), S. 421–426

Harari, Yuval Noah: *Homo Deus. Eine Geschichte von Morgen*. C.H. Beck, 2017

Koch, D. A., u. a.: »Vergleich von transnasalem Druck und Widerstand bei brachyzephalen und normozephalen Hunden«, in: *Kleintierpraxis* 5 (2018), S. 252–260

Körner, Jürgen: *Bruder Hund & Schwester Katze*. Kiepenheuer & Witsch, 1996

Lanz, J. D.: »Kleine Killer auf Samtpfoten«, in: *Unsere Jagd*, Heft 3 (2018), S. 103ff.

Leeb, T., u. a.: »Genetic testing in veterinary dermatology«, in: *Veterinary Dermatology* 28 (2017), S. 4–e1

Liu, N. C., u. a.: »Outcomes and prognostic factors of surgical treatments for brachycephalic obstructive airway syndrome in 3 breeds«, in: *Veterinary Surgery* 46 (2017), S. 271–280

Mackensen, H., u. a.: »Beurteilung von brachyzephalen Hunderassen hinsichtlich Qualzuchtmerkmalen am Beispiel des Mopses. Merkblatt zum Erkennen von tierschutzrelevanten Merkmalen«. *Deutsches Tierärzteblatt* 7 (2017), S. 910–915

Meyer, A., u a.: »Lethal alveolar echinococcosis in a dog: clinical symptoms and pathology«, in: *Berliner und Münchener Tierärztliche Wochenschrift* 126 (2013), S. 408–414

Miller, Robert M.: *The Second Oldest Profession. The History of Veterinary Medicine.* Mosby, 1991

Murphy, Bill, und Wasik, Monica: *Rabid. A Cultural History of the World's Most Diabolical Virus.* Penguin Books Ltd., 2013

Oechtering, G. U.: »Wenn Menschen Tiere verformen«, in: *Deutsches Tierärzteblatt* 1 (2013), S. 18–23

Olias, P., u. a.: »Sarcocystis species lethal for domestic pigeons«, in: *Emerging Infectious Diseases* 16 (2010), S. 497ff.

Olias, P., u. a.: »Modulation of the host Th1 immune response in pigeon protozoal encephalitis caused by Sarcocystis calchasi«, in: *Veterinary Research* 44 (2013), S. 10ff.

Pohl, S., u. a.: »How does multilevel upper airway surgery influence the lives of dogs with severe brachycephaly? Results of a structured pre- and postoperative owner questionnaire«, in: *Veterinary Journal* 210 (2016), S. 39–45

Pospischil, Andreas: *Können tote Tiere reden? Geschichte der Veterinärpathologie und ihre Entwicklung in Zürich (1820–2013).* Chronos Verlag, 2018

Precht, Richard David: *Tiere denken. Vom Recht der Tiere und den Grenzen des Menschen.* Goldmann, 2016

Roedler, F. S., u. a.: »How does severe brachycephaly affect dogs' lives? Results of a structured preoperative owner questionnaire«, in: *Veterinary Journal* 198 (2013), S. 606–610

Sachser, Norbert: *Der Mensch im Tier.* Rowohlt, 2018

Seul, Michaela: *Luna, Seelengefährtin: Mein Hund, das Leben und der Sinn des Seins.* Integral, 2013

Szentiks, C.A., u. a.: »Polar bear encephalitis: Establishment of a comprehensive next-generation pathogen analysis pipeline for captive and free-living wildlife«, in: *Journal of Comparative Pathology* 150 (2014), S. 474–488

Wegner, Wilhelm: *Defekte und Dispositionen.* Schaper Philatelie, 1986

Wegner, Wilhelm: *Kleine Kynologie.* Terra Konstanz, 1995

Wittschen, P., u. a.: »Oronasal fistula in a 53-year-old hippopotamus (Hippopotamus amphibius)«, in: *Journal of Comparative Pathology* 137 (2007), S. 253ff.

Register